高等学校教材 9

应用数理统计

（第2版）

APPLICATION OF MATHEMATICAL STATISTICS

曹莉 文海玉 主编
王勇 田波平 主审

哈爾濱工業大學出版社
HARBIN INSTITUTE OF TECHNOLOGY PRESS

内 容 简 介

本书内容主要涉及数理统计的基本概念、参数估计、假设检验、回归分析、方差分析、正交试验、多元统计分析等。本书的知识体系结构与国内主流的数理统计教材基本一致,但例题的编排比较新颖,增加了一些实用而且比较先进的模拟方法。

本书可作为高等院校工科、经济类、财经、统计、管理等非数学专业的硕士研究生和博士研究生以及高年级本科生学习数理统计课程的教科书,亦可作为高等学校教师及工程技术人员的参考书。

图书在版编目(CIP)数据

应用数理统计/曹莉,文海玉主编.—2版(修订本).—哈尔滨:哈尔滨工业大学出版社,2013.11

ISBN 978-7-5603-3890-3

Ⅰ.①应… Ⅱ.①曹… ②文… Ⅲ.①数理统计—高等学校—教材 Ⅳ.①O212

中国版本图书馆CIP数据核字(2013)第260777号

策划编辑 刘培杰 张永芹
责任编辑 张永芹 齐新宇 李 慧
封面设计 孙茵艾
出版发行 哈尔滨工业大学出版社
社 址 哈尔滨市南岗区复华四道街10号 邮编150006
传 真 0451-86414749
网 址 http://hitpress.hit.edu.cn
印 刷 哈尔滨市工大节能印刷厂
开 本 787mm×960mm 1/16 印张14.75 字数300千字
版 次 2013年11月第2版 2013年11月第1次印刷
书 号 ISBN 978-7-5603-3890-3
定 价 48.00元

前　　言

数理统计作为应用数学中最重要、最活跃的学科之一,它在自然科学和社会科学中的应用越来越广泛深入,在国民经济和科学技术中的作用也越来越重要。作为工科研究生,理应具备数理统计的基础知识、掌握其思想方法。为了适应21世纪工科研究生教学改革和实际应用的需要,编者根据多年教学经验和我校研究生相关学科的特点,编写了这本教材。

本教材综合了编者近几年的教学笔记及在应用数理统计等书的基础上结合我校工科硕士生的教学内容编写而成。此课程是哈工大研究生院立项的学位课程,是工科院校本科生所学的工科数学《概率论与数理统计》的后续课程。在编写过程中我们注意了结合我校学生动手能力的培养,注重思想方法的介绍,注重突出数理统计学科的特点,注重它的应用性和注重与《概率论与数理统计》教材的有机衔接。

本教材共分为6章。前5章是我们讲授的主要内容,包括了数理统计的基本概念、数据分析、估计问题、假设检验、回归分析、方差分析等。这些内容涵盖了一般工科硕士研究生学习的基本要求,对于讲授的学时(36学时)来说,任务还是很重的,在实际讲授时可以根据具体情况适当删减。最后1章增加了多元统计分析的内容,在这1章中首先介绍了学习多元统计所需要的基本概念,又针对我校工科硕士学科的特点,增加了主成分分析的理论与应用。这些内容读者可以选择性地阅读。

初稿完成后,王勇、田波平教授审阅了全书,提出了许多宝贵意见,在此深深地感谢王勇教授和田波平教授。本书的出版得到了哈尔滨工业大学研究生院、哈尔滨工业大学数学系、哈尔滨工业大学出版社的大力支持,尤其得到刘培杰老师和张永芹老师给予的帮助。在此向所有协助本书出版的老师表示衷心的感谢。

在编写本书的过程中，我们参考了较多的相关文献，但是由于篇幅有限未在参考文献中一一列出，在此对文献作者表示衷心的感谢。

由于我们学识有限，虽经多次纠错和修改，书中难免有疏漏不当之处，敬请读者批评指正。

编　者

2012 年 12 月

于哈尔滨工业大学

目　录

第 1 章　基本概念及数据汇总

与概率论一样,数理统计也是研究随机现象统计规律性的一门数学学科. 该学科是一门应用性很强的学科,其方法被广泛应用于现实社会的信息、经济、工程等各个领域. 学习和运用数理统计方法已成为当今技术领域里的一种时尚,面对信息时代,为了处理大量的数据以及从中得出有助于决策的量化理论,必须掌握不断更新的数理统计知识.

1.1　数理统计简介

用观察和试验的方法去研究一个问题时,第一步需要通过观察或试验收集必要的数据. 这些数据会受到偶然性(随机性)因素的影响,因此第二步需要对所收集的数据进行分析,以便对所要研究的问题下某种形式的结论. 在这两个步骤中,都将遇到许多数学问题,为了解决这些问题,人们发展了许多理论和方法并以此构成了数理统计学的主体内容.

数理统计是研究怎样用有效的方法去收集、分析和使用受随机性影响的数据. 数理统计学研究的对象是受随机性影响的数据. 是否假定数据有随机性,这是区别数理统计方法和其他数据处理方法的根本点. 数据的随机性来源有二:一是抽样的随机性,出于经济原因的考虑或时间的限制或问题性质决定,不可能或没有必要得到研究对象的全部资料,而只能用“一定的方式”抽取其中一部分进行考察,这样所得到的数据的随机性就是来自抽样的随机性;二是试验过程中的随机误差,即在试验过程中未加控制或无法控制或不便控制,甚至是不了解的因素所引起的误差. 在实际问题中这两类随机性常常交织在一起. 例如某工厂生产出大量的电视机显像管,为了检测显像管的寿命,推断寿命的分布类型、相关参数的具体数值以及是否达到生产要求等,必须对显像管的寿命进行测试,由于寿命试验具有破坏性,所以只能抽取少量显像管以一定的方式进行加速老化试验而得到部分数据,这里,抽样的随机性对数据便有影响. 另外,产品即使是在同一条件下生产出来的,但各台显像管的寿命仍会有差异，这就是随机误差对数据的影响.

数理统计学研究的内容随着科学技术和生产实践的不断进步而逐步扩大，概括起来可以分为两大类：(1)用有效的方法去收集数据. 这里“有效”一词有两方面的含义：一是可以建立一个在数学上便于处理的模型来描述所得数据；二是数据中要包含尽可能多的与所研究的问题有关的信息. 对该问题的研究构成了数理统计学中的两个分支，即抽样理论和试验设计，这些不是本书的主要内容. (2)有效地使用数据. 获取数据以后，必须使用有效的方法去集中和提取数据中的相关信息，以对所研究的问题作出尽可能精确和可靠的结论，这种“结论”在统计学中叫做“推断”. 有效地使用数据是比有效地收集数据更为复杂的问题，这一问题的研究构成了数理统计学的中心内容——统计推断. 上面提到的推断显像管寿命的分布类型、相关参数的具体数值以及是否达到生产要求等都是统计推断所要解决的问题.

数理统计方法应用极其广泛，可以说，几乎人类活动的一切领域中都能不同程度地找到它的应用，如产品的质量控制和检验、新产品的评价、气象(地震)预报、自动控制等. 这主要是因为试验是科学研究的根本方法，而随机性因素对试验结果的影响是无处不在的；反过来，应用上的需要又是统计方法发展的动力.

数理统计方法在社会、经济领域中有很多应用，如抽样调查，经验表明经过精心设计和组织的抽样调查其效果可以达到甚至超过全面调查的水平；另外，对社会现象的研究也有向定量化发展的趋势. 在经济学中，早在20世纪二三十年代，时间序列的统计分析方法就应用于市场预测，发展到今天，各种统计方法，从简单的到深奥的，都可以在数量经济学和数理经济学中找到应用.

数理统计方法是科学研究的重要工具. 为了便于处理各种统计问题的计算，人们已经开发出了一些非常实用的统计软件和数学软件. 这里简单介绍几种常见的统计软件：

(1)SPSS：这是一种非常常见的软件，在欧洲各研究机构中得到广泛应用. 它操作简单、界面十分友好、功能齐全、输出结果美观而且输出的表格和图形可以编辑修改，可以复制插入 Word 文档中，非常方便. 本书涉及的所有统计计算都可以通过 SPSS 完成，数据计算可以简单地通过点击相应的菜单和对话框来完成(菜单方式)，也可以通过编程的方式完成(程序方式)，还可以二者同时使用完成(混合方式). 以上特点使得 SPSS 深受专业统计和非专业统计工作者的欢迎.

(2)SAS：这是一种功能非常齐全的巨无霸统计软件，被誉为国际上的标准统计软件和最权威的组合式优秀统计软件. 美国很多大公司(主要是制药公司)都使用该软件. 该软件人机对话界面不太友好、图形操作界面不方便、一切围绕编程设计，初学者学习起来较困难(编程)，该软件的说明书非常难懂，价格也很昂贵，因此不适合基本统计课程的教学使用.

(3) S-Plus:这是 Insightful 公司的标志性产品,是 S 语言(AT&T 贝尔实验室)的后续发展,它有极为强大的统计功能和绘图能力,应用上以理论研究、统计建模为主,它需要使用者有较好的数理统计背景,对使用者编程能力的要求极高,它在北美和欧洲都有市场,价格比 SAS 便宜,但也不太适合基本统计课程的教学使用.

(4) R 软件:这是一种免费软件,是基于 S 语言的统计软件包. 它可以从网上免费下载,是发展最快的软件,与 S-Plus 很相似,但它由志愿者管理,它的运行的稳定性缺乏保证.

(5) Minitab:这是一种和 SPSS 非常相似的傻瓜式软件,它的操作界面很友好、使用方便、功能齐全,是北美大学教学中的常用软件,但在中国不如 SPSS 普遍.

(6) Eviews:这是一种计量经济学软件,由 TSP 发展而来,它主要针对时间序列分析,也可以对截面数据进行分析,该软件小巧实用,但功能不够强大.

(7) Matlab:这是一种计算软件,在工程计算方面应用很广,它以编程为主,有一些统计函数可供调用,但不如专门的统计软件使用方便.

(8) Excel:这是一种数据表格处理软件,有一些统计函数可供调用,对于简单分析,Excel 还算方便,但对于多数统计推断问题还需要其他专门的统计软件来处理.

1.2 总体、样本与统计量

1.2.1 总体与样本

总体、个体、样本是数理统计中三个最基本的概念. 称研究对象的全体为总体(population),称组成总体的每个单元为个体. 从总体中随机抽取 n 个个体,称这 n 个个体为容量为 n 的样本(sample).

例 1.2.1 为了研究某厂生产的一批灯泡质量的好坏,规定使用寿命低于 1 000 h的灯泡为次品. 则该批灯泡的全体就是总体,每个灯泡就是个体. 实际上,数理统计中的总体是灯泡的使用寿命 X 的取值全体,称随机变量 X 为总体,它的分布称为总体分布,记为 $F(x)$,即 $F(x)=P(X\leqslant x), x\in\mathbf{R}$.

为了判断该批灯泡的次品率,最精确的办法是把每个灯泡的寿命都测试出来. 然而,寿命试验是破坏性试验(即使试验是非破坏性的,由于试验要花费人力、物力、时间),故只能从总体中抽取一部分,比如,抽取 n 个个体进行试验,试验结果可得一组数值 $x_1,x_2,\cdots,x_n$,由于这组数值是随着每次抽样而变化的,所以($x_1,x_2,\cdots,$

x_n)是一个 n 维随机变量$(X_1,X_2,\cdots,X_n)$的一个观察值.

我们称 $X_1,X_2,\cdots,X_n$ 为总体 X 的一组样本,称 n 为样本容量,$x_1,x_2,\cdots,x_n$ 为样本的一组观测值.

为了保证所得到的样本能够客观地反映总体的统计特征,设计随机抽样方案是非常重要的. 实际使用的抽样方法有很多种,要使抽取的样本能对总体作出尽可能好的推断,需要对抽样方法提出一些要求,这些要求需要满足以下两点:

(1)独立性. 要求样本 $X_1,X_2,\cdots,X_n$ 为相互独立的随机变量;

(2)代表性. 要求每个样本 $X_i(i=1,2,\cdots,n)$ 与总体 X 具有相同分布.

称满足以上要求抽取的样本 $X_1,X_2,\cdots,X_n$ 为简单样本(simple sample). 本书今后提到的样本都是指简单样本. 由所有样本值组成的集合 $\Omega=\{(x_1,x_2,\cdots,x_n)\mid x_i\in\mathbf{R};i=1,2,\cdots,n\}$ 称为样本空间.

在无放回抽样情况下得到的样本,从理论上说就不再是简单样本,但当总体中个体的数目很大或可以认为很大时,从总体中抽取一些个体对总体成分没有太大的影响,因此,即使是无放回抽样也可近似地看成是有放回抽样,其样本仍可看成是独立同分布的.

本节最后讨论样本的分布.

设总体 X 的分布函数为 $F(x)$,$X_1,X_2,\cdots,X_n$ 是来自总体 X 的样本,则该样本的联合分布函数为

$$\begin{aligned}F(x_1,x_2,\cdots,x_n)&=P(X_1\leqslant x_1,X_2\leqslant x_2,\cdots,X_n\leqslant x_n)\\&=\prod_{i=1}^{n}P(X_i\leqslant x_i)=\prod_{i=1}^{n}F(x_i)\quad(x_i\in\mathbf{R};i=1,\cdots,n)\end{aligned}$$

当总体 X 是连续型随机变量且具有密度函数 $f(x)$ 时,样本的联合密度函数 $f(x_1,\cdots,x_n)$ 为 $\prod\limits_{i=1}^{n}f(x_i)$.

当总体 X 是离散型随机变量且具有分布律 $P(X=x_i)(i=1,2,\cdots)$ 时,为今后叙述上方便起见,采用记号

$$f(x)=\begin{cases}P(X=x),x=x_i;i=1,2,\cdots\\0,\text{其他}\end{cases}$$

从而样本 $X_1,X_2,\cdots,X_n$ 的概率分布仍为 $\prod\limits_{i=1}^{n}f(x_i)$.

样本分布 $F(x_1,\cdots,x_n)$,$f(x_1,\cdots,x_n)$ 或 $P(x_1,\cdots,x_n)$ 是统计推断的基础.

例 1.2.2 设总体 X 服从 0-1 分布,即 $X\sim B(1,p)$,$X_1,X_2,\cdots,X_n$ 为该总体的样本,记

$$f(x)=\begin{cases}p^{x}(1-p)^{1-x}, x=0,1;0<p<1\\0,\text{其他}\end{cases}$$

则样本 $X_1,X_2,\cdots,X_n$ 的联合概率分布为

$$\prod_{i=1}^{n}f(x_i)=\prod_{i=1}^{n}p^{x_i}(1-p)^{1-x_i}=p^{n\bar{x}}(1-p)^{n-n\bar{x}}$$

其中 $\bar{x}=\frac{1}{n}\sum_{i=1}^{n}x_i$.

例 1.2.3　假设灯泡的使用寿命 X 服从指数分布,密度函数为

$$f(x)=\begin{cases}\lambda e^{-\lambda x}, x\geqslant 0\\0, x<0\end{cases}$$

则样本的联合分布密度为

$$f(x_1,\cdots,x_n)=\prod_{i=1}^{n}f(x_i)=\prod_{i=1}^{n}\lambda e^{-\lambda x_i}=\lambda^{n}e^{-\lambda\sum_{i=1}^{n}x_i}=\lambda^{n}e^{-n\bar{x}\lambda}\quad(x_i\geqslant 0;i=1,2,\cdots,n)$$

1.2.2　统计量

样本是对总体进行统计分析和推断的依据,虽然样本含有总体的信息,但比较分散,必须经过一定的加工、提炼,把分散在样本中有用的信息集中起来. 具体地说,就是针对不同问题构造样本的各种函数,再利用这些函数去推断总体的性质,在数理统计学中称这种函数为统计量.

定义 1.2.1　设$(X_1,X_2,\cdots,X_n)$为取自总体 X 的一个样本,$T(x_1,x_2,\cdots,x_n)$为$(x_1,x_2,\cdots,x_n)$的一个实值连续函数,且 T 中不包含任何未知参数,则称 $T=T(X_1,X_2,\cdots,X_n)$为一个统计量.

作为统计量必须不含任何未知参数,这一点是非常重要的. 因此在有些情形,统计量 T 是作为未知参数 θ 的估计量而构造的,若 T 中含有未知参数 θ,就无法作为 θ 的估计了. 注意到样本的二重性,作为样本的函数的统计量也就具有二重性,即统计量 $T(X_1,X_2,\cdots,X_n)$为随机变量,它应有确定的概率分布,称之为抽样分布. 而对于样本的一个观测值$(x_1,x_2,\cdots,x_n)$,统计量 $T(X_1,X_2,\cdots,X_n)$也有一个相应的值 $T(x_1,x_2,\cdots,x_n)$.

下面介绍几个常用的重要统计量.

定义 1.2.2　设$(X_1,X_2,\cdots,X_n)$是从总体 X 中抽取的一个样本,我们定义下列统计量:

样本均值

$$\bar{X}=\frac{1}{n}\sum_{i=1}^{n}X_i \tag{1.1}$$

样本方差

$$S^2=\frac{1}{n-1}\sum_{i=1}^{n}(X_i-\bar{X})^2=\frac{1}{n-1}\left(\sum_{i=1}^{n}X_i^2-n\bar{X}^2\right) \tag{1.2}$$

样本标准差

$$S=\sqrt{\frac{1}{n-1}\sum_{i=1}^{n}(X_i-\bar{X})^2}$$

样本 k 阶原点矩

$$M_k=\frac{1}{n}\sum_{i=1}^{n}X_i^k\quad(k=1,2,\cdots) \tag{1.3}$$

样本 k 阶中心矩

$$M_k^*=\frac{1}{n}\sum_{i=1}^{n}(X_i-\bar{X})^k\quad(k=2,3,\cdots) \tag{1.4}$$

这些统计量统称为总体的样本矩.

显然 $M_1=\bar{X}$,$\bar{X}$ 是样本的算术平均值,$M_2^*=\frac{1}{n}\sum_{i=1}^{n}(X_i-\bar{X})^2$. 本书中常将 M_2^* 用 S^{*2} 表示,S^{*2} 与 S^2 略有不同,但它们都是样本平均偏差平方和. $\bar{X}$ 和 S^2 是以后用得最多的统计量,由下面的性质可以看出,$\bar{X}$ 集中反映了总体均值的信息,S^2 集中反映了总体方差的信息.

样本均值 $\bar{X}$ 有如下性质:

(1) $\sum_{i=1}^{n}(X_i-\bar{X})=0$;

(2)若总体 X 的均值、方差存在,且 $EX=\mu, DX=\sigma^2$,则

$$E\bar{X}=\mu, D\bar{X}=\frac{\sigma^2}{n}$$

(3)当 $n\to\infty$ 时,$\bar{X}\xrightarrow{p}\mu$.

证明:(1) $\sum_{i=1}^{n}(X_i-\bar{X})=\sum_{i=1}^{n}X_i-n\bar{X}=n\bar{X}-n\bar{X}=0$.

(2) $E\bar{X}=E\left(\frac{1}{n}\sum_{i=1}^{n}X_i\right)=\frac{1}{n}\sum_{i=1}^{n}EX_i=\frac{1}{n}\sum_{i=1}^{n}EX=\mu$;

$$D\bar{X}=D\left(\frac{1}{n}\sum_{i=1}^{n}X_i\right)=\frac{1}{n^2}\sum_{i=1}^{n}DX_i=\frac{1}{n^2}\sum_{i=1}^{n}DX=\frac{1}{n^2}\cdot n\cdot\sigma^2=\frac{\sigma^2}{n}.$$

(3)由概率论中的大数定律知，当 $n\to\infty$ 时，$\bar{X}\xrightarrow{p}\mu$.

性质(3)表明，随着样本容量 n 的逐渐增大，样本均值 $\bar{X}$ 依概率收敛于总体均值 μ. 因此，样本均值常用于估计总体均值，或用它来检验关于总体均值 μ 的各种假设.

样本方差 S^2 的性质：

(1)如果 DX 存在，则 $ES^2=DX, EM_2^*=\frac{n-1}{n}DX$；

(2)对任意实数 a，有 $\sum_{i=1}^{n}(x_i-\bar{x})^2\leqslant\sum_{i=1}^{n}(x_i-a)^2$.

证明：(1)由样本方差公式知

$$\begin{aligned}ES^2&=E\left(\frac{1}{n-1}\sum_{i=1}^{n}X_i^2-\frac{n}{n-1}\bar{X}^2\right)=\frac{1}{n-1}\sum_{i=1}^{n}EX_i^2-\frac{n}{n-1}E\bar{X}^2\\&=\frac{n}{n-1}EX^2-\frac{n}{n-1}E\bar{X}^2=\frac{n}{n-1}(DX+(EX)^2-D\bar{X}-(E\bar{X})^2)\\&=\frac{n}{n-1}(DX+(EX)^2-\frac{DX}{n}-(EX)^2)=DX\end{aligned}$$

再由公式(1.4)得

$$EM_2^*=\frac{n-1}{n}ES^2=\frac{n-1}{n}DX$$

(2)由已知，有

$$\begin{aligned}\sum_{i=1}^{n}(x_i-\bar{x})^2&=\sum_{i=1}^{n}((x_i-a)+(a-\bar{x}))^2\\&=\sum_{i=1}^{n}(x_i-a)^2+n(a-\bar{x})^2+2(a-\bar{x})\sum_{i=1}^{n}(x_i-a)\\&=\sum_{i=1}^{n}(x_i-a)^2+n(a-\bar{x})^2-2(a-\bar{x})\sum_{i=1}^{n}(a-x_i)\\&=\sum_{i=1}^{n}(x_i-a)^2-n(a-\bar{x})^2\leqslant\sum_{i=1}^{n}(x_i-a)^2\end{aligned}$$

例 1.2.4　设总体 $X\sim U[0,\theta], \theta>0, X_1, X_2, \cdots, X_n$ 为 X 的样本. 求 $E\bar{X}, D\bar{X}$, EM_2^*.

解

$$E\bar{X}=EX=\frac{\theta}{2}$$

$$D\bar{X}=\frac{1}{n}DX=\frac{1}{n}\cdot\frac{(\theta-0)^2}{12}=\frac{\theta^2}{12n}$$

$$EM_2^*=\frac{n-1}{n}DX=\frac{(n-1)\theta^2}{12n}$$

需要指出的是，若总体 X 的 k 阶矩存在，则样本的 k 阶矩必依概率收敛于总体的 k 阶矩. 例如，$M_k=\frac{1}{n}\sum_{i=1}^{n}X_i^k$ 为样本 k 阶原点矩，$\mu_k=E(X^k)$ 为总体 k 阶原点矩. 因为 $X_1,X_2,\cdots,X_n$ 相互独立且与 X 同分布，所以 $X_1^k,X_2^k,\cdots,X_n^k$ 相互独立且与 X^k 同分布，再注意到

$$E(M_k)=E\left(\frac{1}{n}\sum_{i=1}^{n}X_i^k\right)=\frac{1}{n}\sum_{i=1}^{n}E(X_i^k)=\frac{1}{n}\sum_{i=1}^{n}E(X^k)=\mu_k$$

故由独立同分布的辛钦（Хинчин）大数定律可知，当 $n\to\infty$ 时，M_k 依概率收敛于 μ_k.

定义 1.2.3　设 $X_1,X_2,\cdots,X_n$ 为总体 X 的样本，$x_1,x_2,\cdots,x_n$ 为样本观测值. 将 $x_1,x_2,\cdots,x_n$ 按从小到大的递增顺序进行排序：$x_{(1)}\leqslant x_{(2)}\leqslant\cdots\leqslant x_{(n)}$. 当样本 $X_1,X_2,\cdots,X_n$ 取值为 $x_1,x_2,\cdots,x_n$ 时，定义 $X_{(k)}$ 取值为 $x_{(k)}$，$k=1,2,\cdots,n$，由此得到 n 个统计量 $X_{(1)},X_{(2)},\cdots,X_{(n)}$，称其为样本 $X_1,X_2,\cdots,X_n$ 的顺序统计量.

特别的，称 $X_{(1)}$ 为最小顺序统计量，$X_{(n)}$ 为最大顺序统计量，称 $R=X_{(n)}-X_{(1)}$ 为极差，称

$$\tilde{X}=\begin{cases}X_{(\frac{n+1}{2})},n\text{ 为奇数}\\\frac{1}{2}\left(X_{(\frac{n}{2})}+X_{(\frac{n}{2}+1)}\right),n\text{ 为偶数}\end{cases}\tag{1.5}$$

为样本中位数. 样本中位数反映了随机变量 X 在实轴上分布的位置特征，而极差反映了随机变量 X 取值的分散程度. 由于在计算上它们比 $\bar{X},S^2$ 容易，因此更适于现场使用，但它们的理论研究较为困难，特别是研究极差和样本中位数的分布特征有一定的难度.

设 $F(x)$ 是总体 X 的分布函数，$X_1,X_2,\cdots,X_n$ 为 X 的样本，$X_{(1)},X_{(2)},\cdots,X_{(n)}$ 为顺序统计量，$F_{(1)}(x),F_{(n)}(x)$ 分别表示随机变量 $X_{(1)},X_{(n)}$ 的分布函数. 则对任意的实数 x，有

$$\begin{aligned}F_{(1)}(x)&=P(X_{(1)}\leqslant x)=1-P(X_{(1)}>x)\\&=1-P(X_1>x,X_2>x,\cdots,X_n>x)\\&=1-\prod_{i=1}^{n}P(X_i>x)=1-(P(X>x))^n\\&=1-(1-F(x))^n\end{aligned}\tag{1.6}$$

$$F_{(n)}(x)=P(X_{(n)}\leqslant x)=P(X_1\leqslant x,X_2\leqslant x,\cdots,X_n\leqslant x)$$

$$= \prod_{i=1}^{n} P(X_i \leqslant x) = \prod_{i=1}^{n} P(X \leqslant x) = F^n(x) \tag{1.7}$$

当 X 为连续型随机变量且有密度函数 $f(x)$ 时，$X_{(1)}, X_{(n)}$ 也是连续型随机变量，且它们的密度函数分别为

$$f_{(1)}(x) = \frac{\mathrm{d}F_{(1)}(x)}{\mathrm{d}x} = n(1 - F(x))^{n-1} f(x) \tag{1.8}$$

$$f_{(n)}(x) = \frac{\mathrm{d}F_{(n)}(x)}{\mathrm{d}x} = n(F(x))^{n-1} f(x) \tag{1.9}$$

以上公式在统计分析中经常遇到，如何应用它们呢？下面给出一个例子.

例 1.2.5 设总体 $X \sim U[0,\theta]$，$\theta > 0$，$X_1, X_2, \cdots, X_n$ 为 X 的样本. 分别求 $X_{(1)}$，$X_{(n)}$ 的密度函数 $f_{(1)}(x)$，$f_{(n)}(x)$.

解 因为 $X \sim U[0,\theta]$，$\theta > 0$，所以 X 的密度函数与分布函数分别为

$$f(x) = \begin{cases} \dfrac{1}{\theta}, x \in [0,\theta] \\ 0, x \notin [0,\theta] \end{cases}, F(x) = \begin{cases} 0, x \leqslant 0 \\ \dfrac{x}{\theta}, 0 < x \leqslant \theta \\ 1, x > \theta \end{cases}$$

因此，由式(1.8)和式(1.9)得

$$\begin{aligned} f_{(1)}(x) &= n(1 - F(x))^{n-1} f(x) \\ &= \begin{cases} n\left(1 - \dfrac{x}{\theta}\right)^{n-1} \dfrac{1}{\theta}, x \in [0,\theta] \\ 0, x \notin [0,\theta] \end{cases} \\ f_{(n)}(x) &= n(F(x))^{n-1} f(x) \\ &= \begin{cases} n\left(\dfrac{x}{\theta}\right)^{n-1} \dfrac{1}{\theta}, x \in [0,\theta] \\ 0, x \notin [0,\theta] \end{cases} \end{aligned}$$

思考 样本 $X_1, X_2, \cdots, X_n$ 是一组独立同分布的随机变量，那么顺序统计量 $X_{(1)}, X_{(2)}, \cdots, X_{(n)}$ 是否是一组独立同分布的随机变量？

1.3 数据汇总

数据汇总是处理数据的描述和汇总方法，其中的数据都是以单个样本、多个样本或成批样本形式出现的. 这些方法大部分以图形的方式展示数据，可以用其揭示

数据结构,而原始数据要么列示在纸张上,要么作为计算机文档记录在磁带或磁盘中. 在不使用随机模型的情况下,这些方法完全可以达到描述性分析的目的. 如果适当考虑随机模型,那么关注点也是集中在方法模型的内涵上.

1.3.1 经验累积分布函数

假设 $x_1,x_2,\cdots,x_n$ 是一组数据(单词样本通常用作 x_i 独立同分布地来自某个分布函数的情形,单词暗含着没有假定随机模型). 经验累积分布函数(empirical cumulative distribution function,ECDF)定义如下

定义 1.3.1 设 $x_1,x_2,\cdots,x_n$ 为来自总体 X 的样本的观测值,将这些值由小到大排序:$x_{(1)}\leqslant x_{(2)}\leqslant\cdots\leqslant x_{(n)}$. 对任意实数 x,记

$$F_n(x)=\begin{cases}0, x<x_{(1)}\\ \dfrac{k}{n}, x_{(k)}\leqslant x<x_{(k+1)} \quad (k=1,2,\cdots,n-1)\\ 1, x\geqslant x_{(n)}\end{cases} \tag{1.10}$$

称 $F_n(x)$ 为总体 X 的经验累积分布函数.

ECDF 是随机变量累积分布函数在数据形式下的对应类似函数:$F(x)$ 给出了 $X\leqslant x$ 的概率,$F_n(x)$ 给出了小于或等于 x 的数据比例.

例 1.3.1 作为使用 ECDF 的例子,我们考虑取自怀特(White),Riethof 和库什尼尔(Kushnir)(1960)的蜂蜡化学性质的研究数据. 这个研究的目的是通过一些化学试验,探测蜂蜡中人造蜡的存在性. 例如,添加微晶蜡可以提高蜂蜡的熔点. 如果所有的纯蜂蜡具有相同的熔点,那么确定熔点可以探测蜂蜡的稀释性. 然而,熔点和蜂蜡的其他化学性质随着蜂巢的不同而不同. 作者得到 59 个纯蜂蜡的样本,测量几个化学性质,检验测量值的变异性. 这 59 个熔点(℃)如表 1.1 所示. 作为这些测量值的汇总,图 1.1 画出了它们的 ECDF 图象.

表 1.1

63.78	63.45	63.58	63.08	63.40	64.42	63.27	63.10
63.34	63.50	63.83	63.63	63.27	63.30	63.83	63.50
63.36	63.86	63.34	63.92	63.88	63.36	63.36	63.51
63.51	63.84	64.27	63.50	63.56	63.39	63.78	63.92
63.92	63.56	63.43	64.21	64.24	64.12	63.92	63.53
63.50	63.30	63.86	63.93	63.43	64.40	63.61	63.03
63.68	63.13	63.41	63.60	63.13	63.69	63.05	62.85
63.31	63.66	63.60					

图1.1很方便地汇总了熔点的本质变异性. 例如,我们可以由图形看出大约90%的样本熔点小于64.2 ℃,大约12%的样本熔点小于63.2 ℃.

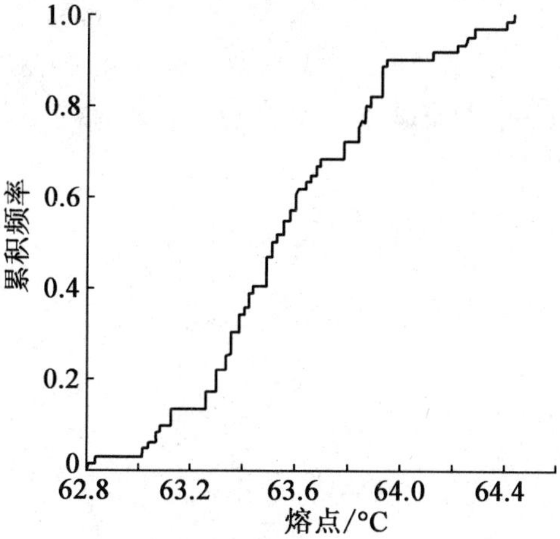

图1.1 蜂蜡熔点的经验累积分布

怀特,Riethof和库什尼尔证明了添加5%的微晶蜡可以提高蜂蜡的熔点0.85 ℃,添加10%可以提高2.22 ℃. 由图1.1,我们可以看出很难探测添加5%的微晶蜡,特别是对于熔点较低的蜂蜡,但是添加10%是可以探测出来的. 进一步计算,研究者用正态分布拟合熔点分布.

1.3.2 分位数-分位数图

分位数-分位数图——Q-Q图(quantile-quantile plots)用来比较分布函数. 如果X是具有严格单增分布函数F的连续型随机变量,定义分布的第p分位数为满足下式的x值

$$F(x)=p$$

或

$$x_p=F^{-1}(p) \tag{1.11}$$

在Q-Q图中,绘制一个分布分位数和另外一个分布分位数的图形. 出于讨论的目的,假设一个CDF(F)模拟控制组的观测,另一个CDF(G)模拟接受某些试验的群组观测. 令具有CDF(F)的x表示控制组的观测,具有CDF(G)的y表示试验组的观测. 试验具有的最简单效应是同幅度增加试验组中每个成员的期望响应值,比方说h个单位,也就是说,最弱和最强个体的响应值都变化h,那么$y_p=x_p+h$,其Q-Q图是斜率为1,截距为h的直线. 我们证明分位数的这种关系意味着累积

分布函数具有关系 $G(y)=F(y-h)$. 这个等式成立,是因为对于每个 $0\leqslant p\leqslant 1$

$$p=G(y_p)=F(x_p)=F(y_p-h)$$

(见图1.2).

另外一种试验效应可能是乘积的:响应(如寿命或强度)乘以一个常数 c. 那么分位数的关系是 $y_p=cx_p$,Q-Q 图是斜率为 c、截距为 0 的直线. CDF 的关系是 $G(y)=F(y/c)$(见图1.3).

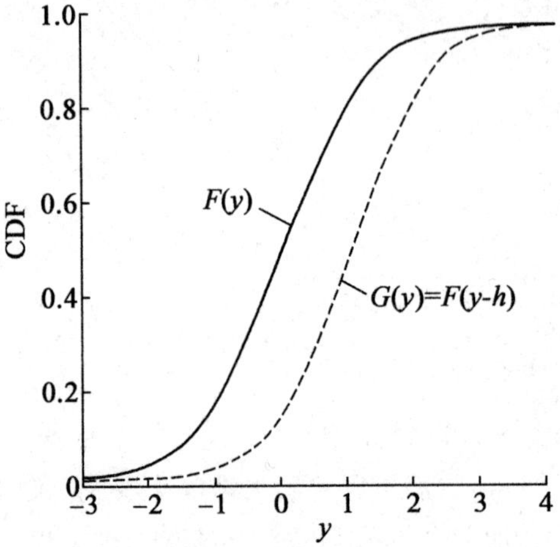

图1.2　加法模型的试验效应

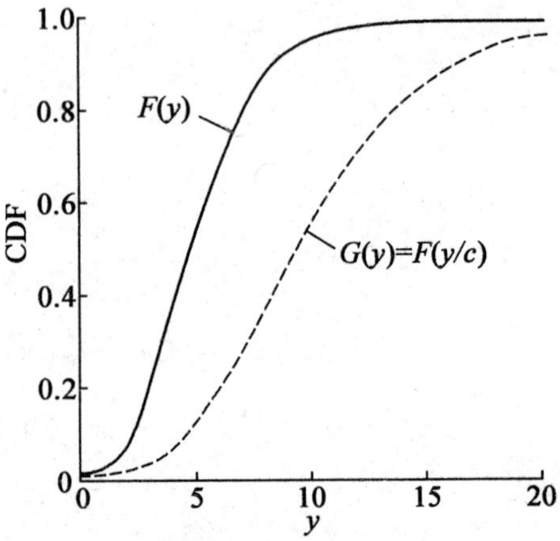

图1.3　乘法模型的试验效应

可以将加法模型的试验效应简单总结为“试验增加寿命2莫(mo)”. 对于乘法模型,我们可以这样说“试验增加寿命25%”.

当然,试验效应可能远比这两种简单模型复杂. 例如,有些试验有利于弱者,但却损害强者. 相对于正常的教育方案,将重点放在初等或基本技巧上面的教育方法预期就具有这种效应.

给定一批数据,或来自概率分布的样本,构造顺序统计量的分位数. 给定 n 个观测的顺序统计量 $X_{(1)},\cdots,X_{(n)}$,数据 $k/(n+1)$ 的分位数分配给 $X_{(k)}$(这一常规不是唯一的,有时,分配给 $X_{(k)}$ 的分位数定义为 $(k-0.5)/n$. 对于描述分析来讲,它与我们使用的定义区别不大).

为了比较两组容量为 n 的数据,构造顺序统计量分别为 $X_{(1)},\cdots,X_{(n)}$ 和 $Y_{(1)},\cdots,Y_{(n)}$,利用点对 $(X_{(i)},Y_{(i)})$ 简单构造 Q-Q 图. 如果组数据不是等容量的,可以利用插值过程.

例1.3.2　克利夫兰(Cleveland)等(1974)利用 Q-Q 图研究空气污染. 他们绘制了周日和平日各种变量值分布的Q-Q图(图1.4). 臭氧最大值的Q-Q图显示最高

的分位数出现在平日,但其他的所有分位数都在周日较大. 对于一氧化碳、氮氧化物,分位数的差别随着浓度的增加而增大.

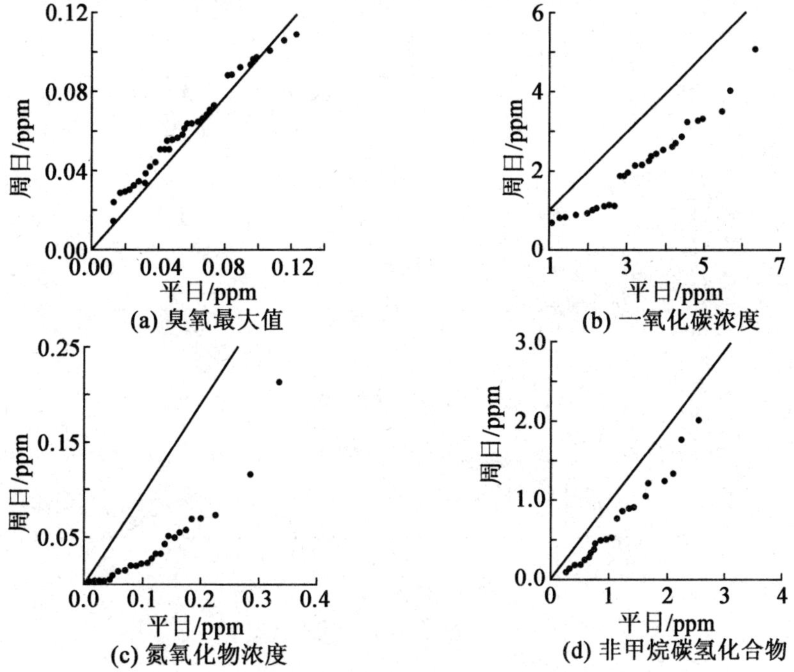

图 1.4 空气污染变量的 Q-Q 图

1.3.3 直方图、密度曲线和茎叶图

直方图是历史悠久的显示数据的方法,之前我们已经做了介绍. 它展示数据分布形状的方式类似于密度函数显示概率. 将数据区域分成几个区间或频带,画出落入每个频带的观测灵敏或比例. 如果频带不是等尺寸的,结果直方图可能会误导大众. 经常推荐的方法是画出用频带宽度度量的观测比率,如果使用这个步骤,直方图下方的面积是 1.

图 1.5 显示的是例 1.3.1 中蜂蜡熔点的三个直方图,它们的频带宽度依次增大. 如果带宽(bandwidth)太小,直方图就会太粗糙;如果带宽太大,图形就会过度光滑,形状模糊不清. 频带宽度的选择通常比较直观,需要在直方图过度粗糙和过度光滑之间寻求一种平衡. Rudemo(1982)讨论了自动选择频带宽度的方法.

直方图通常用来显示没有任何随机模型假设的数据图形,例如,中国城市的人口. 如果将数据建模为来自某连续型分布的随机样本,那么直方图可以视作概率密度的估计. 从这个角度来看,直方图是不光滑的.

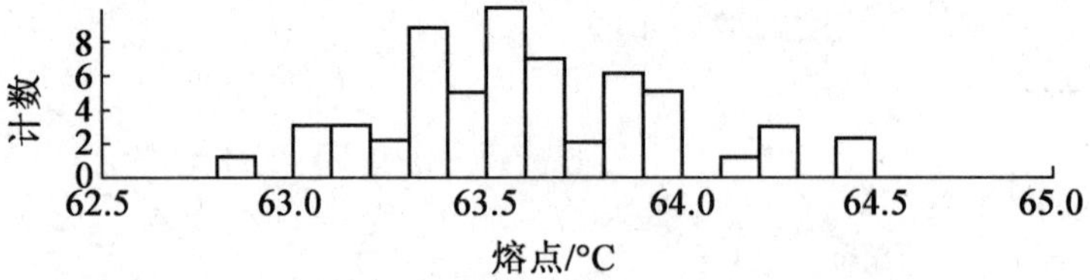

(a) 频带宽度=0.1

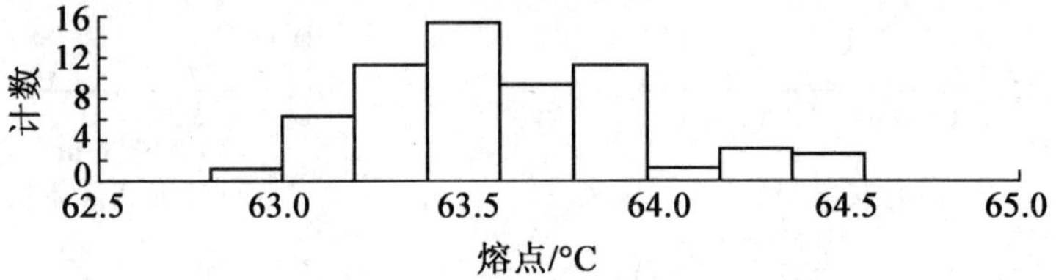

(b) 频带宽度=0.2

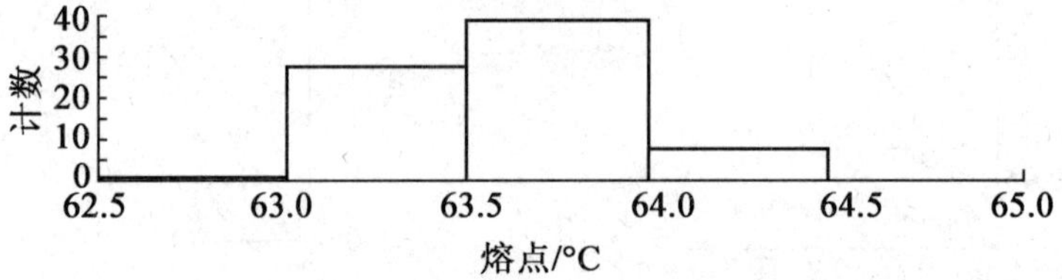

(c) 频带宽度=0.5

图 1.5　蜂蜡熔点的直方图

光滑概率密度估计可以通过如下方式构造. 令 $w(x)$ 是非负对称的加权函数,中心在零点,积分等于 1. 例如,$w(x)$ 可以取标准正态密度. 函数

$$w_h(x) = \frac{1}{h}w\left(\frac{x}{h}\right) \tag{1.12}$$

是 w 的校正版本. 当 h 趋于 0 时,w_h 在 0 点附近变得更加集中和尖峰;当 h 趋于无穷时,w_h 变得越来越发散和扁平. 如果 $w(x)$ 是标准正态密度,那么 $w_h(x)$ 是具有标准差 h 的正态密度. 如果 $X_1,\cdots,X_n$ 是来自概率密度函数 f 的样本,那么 f 的估计是

$$f_h(x) = \frac{1}{n}\sum_{i=1}^{n} w_h(x - X_i) \tag{1.13}$$

这个估计称为核概率密度估计(kernel probability density estimate),由集中在观测上的“小山”叠加而成. 当 $w(x)$ 是标准正态密度的情形时,$w_h(x - X_i)$ 是具有均值 X_i 和标准差 h 的正态密度.

参数 h 是估计函数的带宽,控制着函数的光滑性. 对应于直方图的频带带宽,

如果 h 太小,估计就会太粗糙;如果 h 太大,f 的形状就会被涂抹掉太多. 图 1.6 显示了蜂蜡熔点不同的 h 值的概率密度估计(来自例 1.3.1). 合理地选择带宽是非常重要的,正如直方图频带宽度的选择. 我们由图 1.6 看出,太小的带宽得到的曲线非常粗糙,太大的带宽掩盖了函数形状,并且过度分散概率质量. 斯科特(Scott)(1992)广泛讨论了概率密度估计,包括自动化和数据驱动的带宽选择方法,以及多维情形下的密度估计.

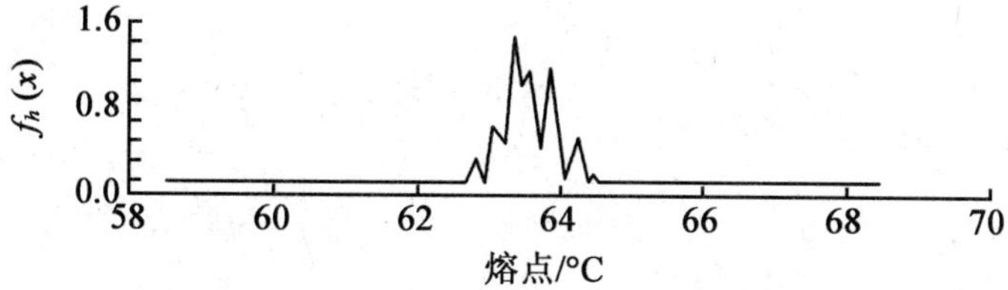

(a) 核ω是标准差为0.025的标准正态密度

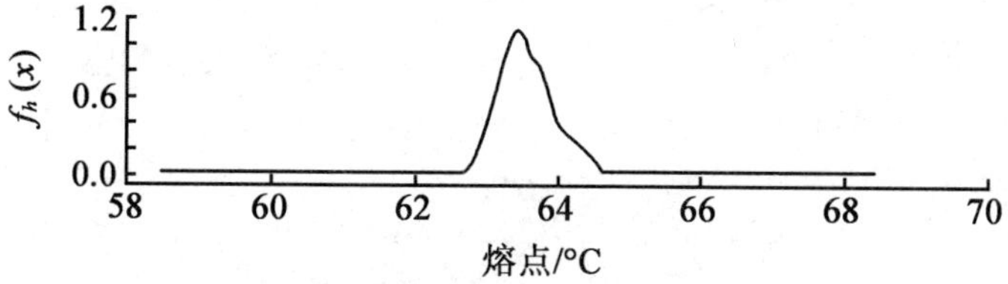

(b) 核ω是标准差为0.125的标准正态密度

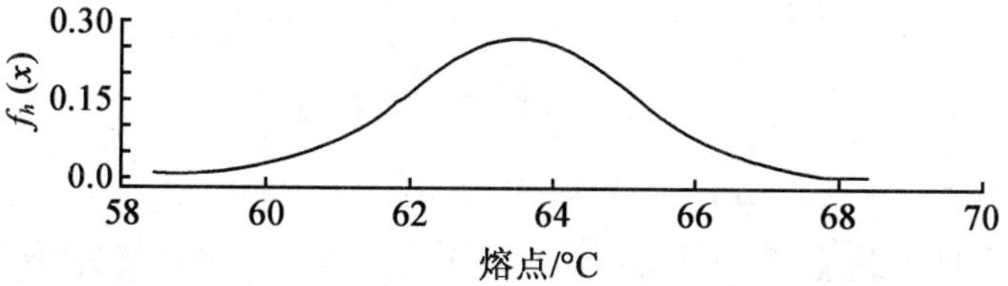

(c) 核ω是标准差为1.25的标准正态密度

图 1.6 蜂蜡熔点数据的概率密度估计(注意纵向刻度是不同的)

直方图或概率密度函数估计的一个缺点是信息的丢失,它们都不允许重构原始数据. 再者,直方图不允许我们计算诸如中位数之类的统计量,我们仅能从直方图中辨出中位数位于哪个频带中,而不能得到它的实际值.

茎叶图(stem-and-leaf plots)(Tukey 1977)在表示形状信息的同时保留数值信息. 通过一个例子很容易定义这种类型的图形,蜂蜡熔点数据的茎叶图如图 1.7 所示(小数点在冒号的左边):

		茎	叶
1	1	628	:5
1	0	629	:
4	3	630	:358
7	3	631	:033
9	2	632	:77
18	9	633	:001 446 669
23	5	634	:013 35
	10	635	:000 011 366 8
26	7	636	:001 368 9
19	2	637	:88
17	6	638	:334 668
11	5	639	:222 23
6	0	640	:
6	1	641	:2
5	3	642	:147
2	0	643	:
2	2	644	:02

图 1.7　蜂蜡熔点数据的茎叶图

选择熔点的前三个数字形成茎,列示在第 3 列. 每个茎上的叶来自具有该茎的所有数值的第 4 位数字. 例如,第 1 个茎是 628,它的叶表示数据中的数字 62.85. 第 3 个茎是 630,它的叶表示数字 63.03,63.05 和 63.08. 茎叶图可以利用计算机构造,也易于由人工绘制. 第 2 列中的数字给出每个茎上的叶子数. 第 1 列中的数字便于计算顺序统计量,例如分位数和中位数;从图形的顶端开始,连续向下至包含中位数的茎,列示了从最小观测值开始的累积观测数. 然后对称的,计数过程由包含中位数的茎扩展到数据的最大观测值.

简单易行的茎叶图不适合于变化幅度包含几个数量级的数据. 在这种情形下,最好绘制对数数据的茎叶图.

1.3.4　箱形图

箱形图(box plot)由 Tukey 编制,它利用图形方式显示位置度量(中位数)、散度度量(四分位差)和可能出现的离群点,同时还表明分布的对称性或偏度状态.

图 1.8 是铂数据的箱形图.

箱形图的构造过程概述如下：

(1)在中位数、上分位数和下分位数处画三条水平线，增加垂直线，制作成一个箱子；

(2)从上分位数向上画一条垂直线，直到偏离上分位数 1.5 倍(IQR)距离内的最大极值点. 同样，从下分位数向下画一条类似的垂直线. 在这些垂直线的末尾增加短的水平线；

(3)用星号或点(* 或 ·)标识超出垂直线端点的每个数据点.

制作箱形图没有统一的标准化过程，但基本步骤如上所列，或许附带一些额外点缀和小的变化. 因此，箱形图显示了数据中心(中位数)、数据散度(四分位差)和出现的离群点，同时还能表征数据分布的对称性或非对称性(相对于分位数的中位数位置). 在图 1.8 中，铂数据的 5 个离群值清晰可见，我们看出分布的中心部分稍微偏向较高的值.

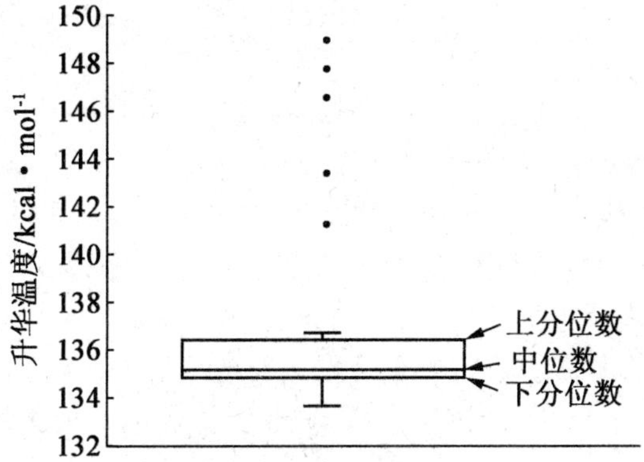

图 1.8 铂数据的箱形图

例 1.3.3 图 1.9 取自钱伯斯(Chambers)等(1983)的研究结果. 图示数据是巴约纳(Bayonne)搜集的自 1969 年 10 月至 1972 年 10 月二氧化硫日最大浓度(每十亿分之一). 因此，有 36 组容量大约 30 的样本数据. 研究者论定：

箱形图显示多种数据性质的能力相当惊人. 二氧化硫浓度随时间普遍下降，这是由于该地区逐渐转用低硫燃料. 最大分位数的下降幅度最显著. 同时，由于冬天使用加热油，这些月份的浓度比较高. 另外，箱形图显示分布偏向较高的值，当浓度的一般水平较高时，分布的散度也比较大.

很显然，箱形图可以非常有效地展示和汇总数据. 正如此例，箱形图一般用来比较多组数据.

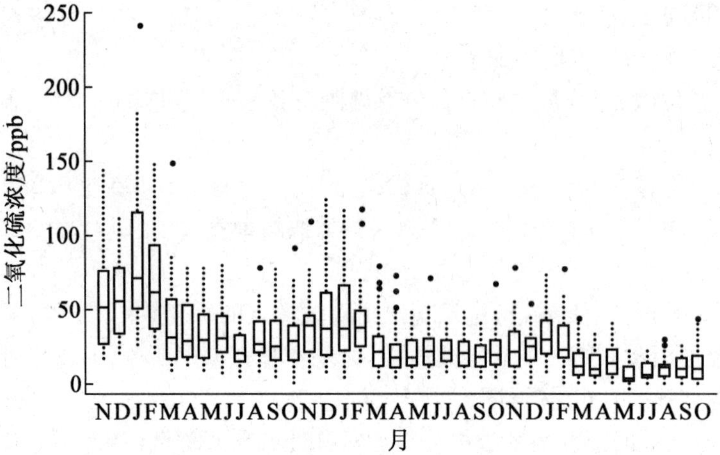

图 1.9　二氧化硫最大浓度的箱形图

1.4　抽样分布

在数理统计中,统计量是对总体分布和参数进行推断的基础,由于统计量是一个随机变量,我们称统计量的分布为抽样分布(sampling distribution). 求抽样分布是数理统计的基本问题之一. 从理论上说,当总体分布函数的表达式已知时,统计量的分布(精确分布)总可以通过求随机变量函数的分布得到. 但一般来说,要确定一个统计量的精确分布难度较大,目前只能对一些重要的特殊情形求出某些统计量的精确分布. 求出统计量的分布是很重要的,比如要弄清楚一个统计推断方法的优良性如何,甚至单纯为了实施这个统计方法,都有必要知道该统计量的精确分布.

1.4.1　几个重要的分布

在初等概率论中,我们已熟知的一些分布族是:

(1)二项分布族$\{B(n,p):0<p<1,n\geqslant 1\}$;

(2)泊松(Possion)分布族$\{P(\lambda):\lambda>0\}$;

(3)均匀分布族$\{U(a,b):-\infty<a<b<+\infty\}$;

(4)指数分布族$\{E(\lambda):\lambda>0\}$.

这里再介绍几个在数理统计中常用的分布,并给出它们的一些基本性质.

1. 卡方分布

设 $X_1, X_2, \cdots, X_n$ 为 n 个独立且都服从标准正态分布的随机变量. 记 $\chi^2 = \sum_{i=1}^{n} X_i^2$. 则称随机变量 χ^2 服从参数为 n 的 χ^2 分布,记为 $\chi^2 \sim \chi^2(n)$. 可以证明 χ^2 分布有如下的密度函数

$$f(x;n) = \begin{cases} \dfrac{1}{2^{\frac{n}{2}}\Gamma(\frac{n}{2})} x^{\frac{n}{2}-1} e^{-\frac{x}{2}}, x > 0 \\ 0, x \leqslant 0 \end{cases} \tag{1.14}$$

其中 $\Gamma(s) = \int_0^{+\infty} t^{s-1} e^{-t} dt (s > 0)$ 为 Γ 函数,参数 n 称为自由度. 图 1.10 描绘了 χ^2 分布密度函数在 $n = 4, 6, 10$ 时所对应的曲线. 可以看出,随着 n 的增大,密度函数所对应的曲线趋于"平缓",且曲线与 Ox 轴之间图形的重心亦逐步往右下方移动.

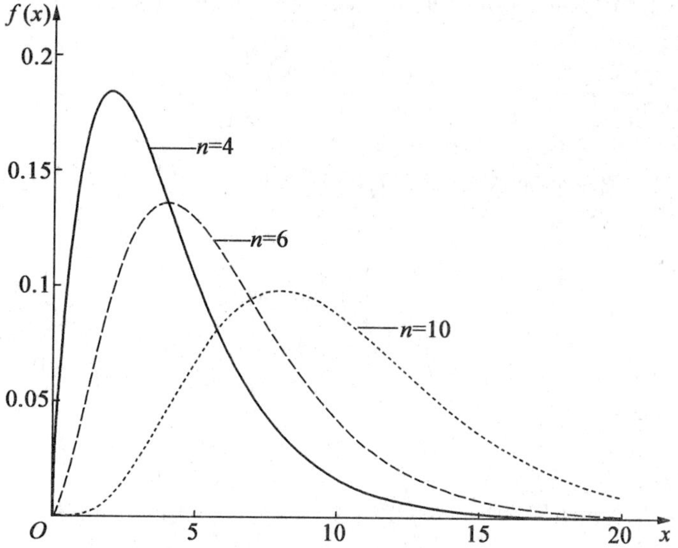

图 1.10 $\chi^2(n)$ 分布的密度函数

χ^2 分布具有如下几个重要性质:

(1) 若 $\chi^2 \sim \chi^2(n)$,则 $E\chi^2 = n, D\chi^2 = 2n$;

(2) 线性可加性:设 $\chi_1^2 \sim \chi^2(n_1), \chi_2^2 \sim \chi^2(n_2)$,且随机变量 χ_1^2 和 χ_2^2 相互独立,则 $\chi_1^2 + \chi_2^2 \sim \chi^2(n_1 + n_2)$;

(3) 渐近正态性:若 $\chi^2 \sim \chi^2(n)$,则对任意实数 x,有

$$\lim_{n\to\infty} P\left(\frac{\chi^2 - n}{\sqrt{2n}} \leqslant x\right) = \frac{1}{\sqrt{2\pi}}\int_{-\infty}^{x} e^{-\frac{t^2}{2}}dt$$

即当 n 充分大时，$\frac{\chi^2 - n}{\sqrt{2n}}$近似服从标准正态分布 $N(0,1)$. 另外，费歇尔(R. A. Fisher)曾证明：当 n 充分大时，$\sqrt{2\chi^2(n)}$ 近似服从 $N(\sqrt{2n-1},1)$分布.

当随机变量 $X \sim \chi^2(n)$时，对给定 $\alpha(0<\alpha<1)$，称满足 $P(X>\chi^2_\alpha(n)) = \alpha$ 的 $\chi^2_\alpha(n)$是自由度为 n 的 χ^2 分布的 α 分位数. 分位数可以从附表 3 中查到，比如 $n=8$，$\alpha=0.05$，查附表 3 可得$\chi^2_\alpha(8)=15.507$.

2. t 分布

设 $X \sim N(0,1)$，$Y \sim \chi^2(n)$，且 X 与 Y 相互独立，记 $T = \frac{X}{\sqrt{\frac{Y}{n}}}$，则称 T 服从自由度为 n 的 t 分布，记为 $T \sim t(n)$. 同样可以证明，T 的密度函数为

$$f(x;n) = \frac{\Gamma(\frac{n+1}{2})}{\sqrt{n\pi}\,\Gamma(\frac{n}{2})}(1+\frac{x^2}{n})^{-\frac{n+1}{2}} \quad (x \in \mathbf{R}) \tag{1.15}$$

易见$f(x;n)$是变量 x 的偶函数，且含有一个参数 n. 密度函数曲线如图 1.11 所示.

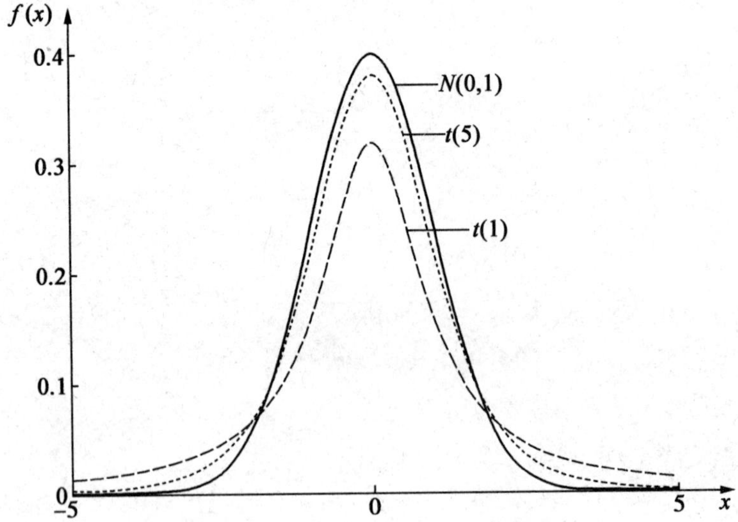

图 1.11　t 分布的密度函数曲线

t 分布有如下性质：

(1)当 $n>1$ 时,$ET=0$,密度函数曲线关于 $x=0$ 对称;

(2)当 $n>2$ 时,$DT=\frac{n}{n-2}$;

(3)当 $n=1$ 时,T 的密度函数为 $f(x)=\frac{1}{\pi}\cdot\frac{1}{1+x^2},x\in\mathbf{R}$(柯西(Cauchy)分布);

(4)当 $n\to\infty$ 时,$f(x)\to\frac{1}{\sqrt{2\pi}}\mathrm{e}^{-\frac{x^2}{2}},x\in\mathbf{R}$. 这说明当 n 充分大时,随机变量 T 近似服从标准正态分布.

例 1.4.1 设 X_1,X_2,X_3,X_4 独立同分布于 $N(0,2^2)$,令

$$Y_1=a(X_1-2X_2)^2+b(3X_3-4X_4)^2$$

$$Y_2=c\frac{X_1-X_2}{\sqrt{X_3^2+X_4^2}}$$

(1)求参数 a,b,使 Y_1 服从 χ^2 分布,并求其自由度;

(2)求参数 c,使 Y_2 服从 t 分布,并求其自由度.

解 (1)因为 $X_1-2X_2\sim N(0,20)$,$3X_3-4X_4\sim N(0,100)$,则 $\frac{X_1-2X_2}{\sqrt{20}}$ 与 $\frac{3X_3-4X_4}{10}$ 相互独立,且都服从标准正态分布 $N(0,1)$.

根据 χ^2 分布的定义

$$\left(\frac{X_1-2X_2}{\sqrt{20}}\right)^2+\left(\frac{3X_3-4X_4}{10}\right)^2\sim\chi^2(2)$$

即参数 $a=\frac{1}{20},b=\frac{1}{100}$,使

$$Y_1=\frac{1}{20}(X_1-2X_2)^2+\frac{1}{100}(3X_3-4X_4)^2\sim\chi^2(2)$$

并且自由度为2.

(2)因为 $X_1-X_2\sim N(0,8)$,$\frac{1}{2^2}(X_3^2+X_4^2)\sim\chi^2(2)$,由 t 分布的定义知

$$\frac{\frac{X_1-X_2}{\sqrt{8}}}{\sqrt{\frac{X_3^2+X_4^2}{2\times 2^2}}}\sim t(2)$$

所以,当参数 $c=1$ 时,$Y_2=\frac{X_1-X_2}{\sqrt{X_3^2+X_4^2}}\sim t(2)$,并且自由度为2.

与标准正态分布相比，t 分布的变异程度更大，有较厚的"尾部"（参见图 1.11）．t 分布是一类重要分布，它与标准正态分布的微小差别是英国统计学家戈塞特(Gosset)发现的．1908 年，戈塞特以"Student"为笔名发表论文提出此分布，故 t 分布也称为学生氏分布．

当随机变量 $X\sim t(n)$ 时，称满足 $P(X>t_\alpha(n))=\alpha$ 的 $t_\alpha(n)$ 是自由度为 n 的 t 分布的 α 分位数．分位数可以从附表 2 中查到，比如 $n=5$，$\alpha=0.05$，查附表 2 可得 $t_\alpha(5)=2.015$．

3. F 分布

设 $X\sim\chi^2(m)$，$Y\sim\chi^2(n)$，且 X 与 Y 独立．记 $F=\dfrac{\frac{X}{m}}{\frac{Y}{n}}$，则称 F 服从参数为 (m,n) 的 F 分布，记为 $F\sim F(m,n)$，称参数 m,n 分别为 F 分布的第一自由度和第二自由度．

随机变量 F 的密度函数如下

$$f(x;m,n)=\begin{cases}\dfrac{\Gamma\left(\dfrac{m+n}{2}\right)}{\Gamma\left(\dfrac{m}{2}\right)\Gamma\left(\dfrac{n}{2}\right)}\left(\dfrac{m}{n}\right)^{\frac{m}{2}}x^{\frac{m}{2}-1}\left(1+\dfrac{mx}{n}\right)^{-\frac{n+m}{2}}, & x>0\\ 0, & x\leqslant 0\end{cases}\tag{1.16}$$

其密度函数曲线如图 1.12 所示．

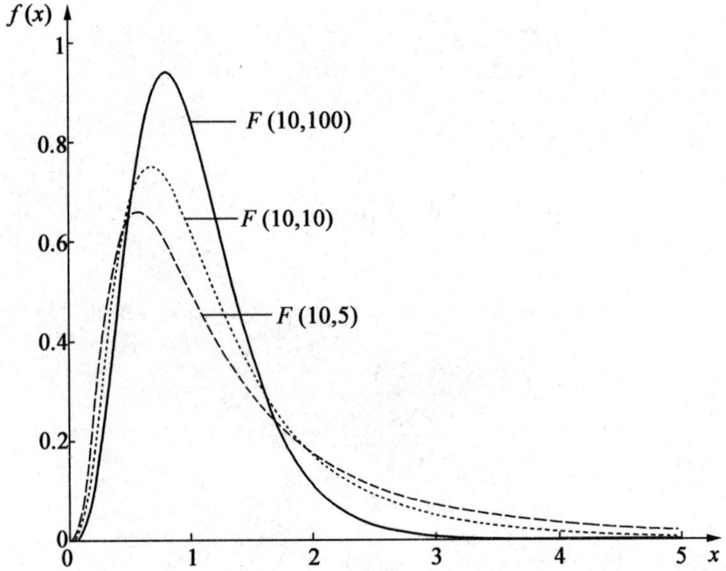

图 1.12　$F(m,n)$ 分布的密度函数

易见，F 分布具有如下性质：

(1) 当 $F\sim F(m,n)$ 时，则 $EF=\frac{n}{n-2}, n>2; DF=\frac{2n^2(m+n-2)}{m(n-2)^2(n-4)}, n>4$；

(2) 当 $F\sim F(m,n)$ 时，$\frac{1}{F}\sim F(n,m)$；

(3) 当 $T\sim t(n)$ 时，$T^2\sim F(1,n)$.（读者自证）

当随机变量 $X\sim F(m,n)$ 时，称满足 $P(X>F_\alpha(m,n))=\alpha$ 的 $F_\alpha(m,n)$ 是自由度为 (m,n) 的 F 分布的 α 分位数. 分位数可以从附表 4.2 中查到，比如 $m=6$, $n=8$, $\alpha=0.05$，查附表 4.2 可得 $F_\alpha(6,8)=3.58$.

由 F 分布的性质可知 $F_\alpha(m,n)=\frac{1}{F_{1-\alpha}(n,m)}$（读者自证）.

1.4.2 正态总体的抽样分布

在概率统计问题中，正态分布占据十分重要的位置，这是因为在应用中，许多量的概率分布或是正态分布，或是近似正态的. 另外，正态分布有许多优良的性质便于进行较深入的理论研究，而在总体服从正态分布时，某些统计量的精确分布容易求得并有较简单的结果.

定理 1.4.1 设总体 $X\sim N(\mu,\sigma^2)$，$X_1,X_2,\cdots,X_n$ 为总体 X 的样本，$\bar{X}$，S^2 分别为样本均值和样本方差，则

$$\bar{X}\sim N\left(\mu,\frac{\sigma^2}{n}\right) \text{或} \frac{\bar{X}-\mu}{\frac{\sigma}{\sqrt{n}}}\sim N(0,1) \tag{1.17}$$

$$\frac{(n-1)S^2}{\sigma^2}\sim\chi^2(n-1)\text{，且 } \bar{X} \text{ 与 } S^2 \text{ 相互独立} \tag{1.18}$$

$$\frac{\bar{X}-\mu}{\frac{S}{\sqrt{n}}}\sim t(n-1) \tag{1.19}$$

证明 (1) 因为 $E\bar{X}=\mu$，$D\bar{X}=\frac{\sigma^2}{n}$，又因为 $\bar{X}$ 是 n 个正态独立随机变量 X_1，$X_2,\cdots,X_n$ 的线性函数，由正态分布的线性性质，$\bar{X}$ 服从正态分布，即 $\bar{X}\sim N\left(\mu,\frac{\sigma^2}{n}\right)$.

(2) 令 $Y_i=\frac{X_i-\mu}{\sigma}(i=1,2,\cdots,n)$，则 $Y_1,Y_2,\cdots,Y_n$ 为一组独立同分布的标准正态随机变量. 由多元正态分布的定义知，$\boldsymbol{Y}=(Y_1,Y_2,\cdots,Y_n)^{\mathrm{T}}\sim N_n(\boldsymbol{0},\boldsymbol{I}_n)$.

构造一个 n 阶正交矩阵 $\boldsymbol{T}$

$$\boldsymbol{T}=\begin{bmatrix}\frac{1}{\sqrt{n}} & \frac{1}{\sqrt{n}} & \cdots & \frac{1}{\sqrt{n}}\\ t_{21} & t_{22} & \cdots & t_{2n}\\ \vdots & \vdots & & \vdots\\ t_{n1} & t_{n2} & \cdots & t_{nn}\end{bmatrix}$$

满足：$\boldsymbol{T}^{\mathrm{T}}\boldsymbol{T}=\boldsymbol{I}_n$，令 $\boldsymbol{Z}=(Z_1,Z_2,\cdots,Z_n)^{\mathrm{T}}=\boldsymbol{TY}$，因为 $\boldsymbol{Y}\sim N_n(\boldsymbol{0},\boldsymbol{I}_n)$，所以 $\boldsymbol{Z}\sim N_n(\boldsymbol{0},\boldsymbol{T}^{\mathrm{T}}\boldsymbol{T})=N_n(\boldsymbol{0},\boldsymbol{I}_n)$，则 $Z_1,Z_2,\cdots,Z_n$ 也是独立同分布的正态随机变量，且

$$Z_1=\frac{1}{\sqrt{n}}(1,1,\cdots,1)\boldsymbol{Y}=\frac{1}{\sqrt{n}}\sum_{i=1}^{n}Y_i=\sqrt{n}\,\overline{Y}$$

$$\begin{aligned}\frac{(n-1)S^2}{\sigma^2}&=\frac{\sum_{i=1}^{n}(X_i-\overline{X})^2}{\sigma^2}=\sum_{i=1}^{n}\left(\frac{X_i-\mu}{\sigma}\right)^2-n\left(\frac{\overline{X}-\mu}{\sigma}\right)^2\\&=\sum_{i=1}^{n}Y_i^2-n\overline{Y}^2\\&=\boldsymbol{Y}^{\mathrm{T}}\boldsymbol{Y}-n\overline{Y}^2\\&=\boldsymbol{Z}^{\mathrm{T}}\boldsymbol{T}\boldsymbol{T}^{\mathrm{T}}\boldsymbol{Z}-n\overline{Y}^2=\boldsymbol{Z}^{\mathrm{T}}\boldsymbol{Z}-Z_1^2=\sum_{i=2}^{n}Z_i^2\end{aligned}$$

由 χ^2 分布定义知，$\frac{(n-1)S^2}{\sigma^2}\sim\chi^2(n-1)$.

因为 Z_1 与 $Z_2,Z_3,\cdots,Z_n$ 独立，所以 $\overline{X}=\sigma\overline{Y}+\mu=\frac{\sigma}{\sqrt{n}Z_1}+\mu$ 与 $\frac{(n-1)S^2}{\sigma^2}=\sum_{i=2}^{n}Z_i^2$ 独立.

(3) 因为 $\frac{\overline{X}-\mu}{\frac{\sigma}{\sqrt{n}}}\sim N(0,1)$，$\frac{(n-1)S^2}{\sigma^2}\sim\chi^2(n-1)$，又 $\overline{X}$ 与 S^2 相互独立，所以，由 t 分布的定义知，式(1.19)成立.

利用定理 1.4.1 可以得出关于两个正态总体的抽样分布的结论.

定理 1.4.2　设 $X_1,X_2,\cdots,X_{n_1};Y_1,Y_2,\cdots,Y_{n_2}$ 分别来自正态总体 $N(\mu_1,\sigma^2)$，$N(\mu_2,\sigma^2)$，并且两组样本相互独立，则

$$T=\frac{(\overline{X}-\overline{Y})-(\mu_1-\mu_2)}{\sqrt{(n_1-1)S_X^2+(n_2-1)S_Y^2}}\sqrt{\frac{n_1n_2(n_1+n_2-2)}{n_1+n_2}}\sim t(n_1+n_2-2)\qquad(1.20)$$

$$\frac{S_X^2}{S_Y^2}\sim F(n_1-1,n_2-1)\qquad(1.21)$$

利用 t 分布和 F 分布的定义以及定理 1.4.1 可以证明定理 1.4.2，请读者自证.

例 1.4.2 在总体 $X \sim N(80,20^2)$ 中,随机抽取一容量为 100 的样本. 试问样本均值与总体均值之差的绝对值大于 3 的概率是多少?

解 由定理 1.4.1,样本均值 $\bar{X} \sim N(80,20^2)$,所以

$$\frac{\bar{X}-80}{2} \sim N(0,1)$$

故所求概率为

$$P\{|\bar{X}-80|>3\} = P\left\{\left|\frac{\bar{X}-80}{2}\right|>1.5\right\} = 2\Phi(-1.5)$$
$$=2[1-\Phi(1.5)] = 2(1-0.9332) = 0.1336$$

其中 $\Phi(x)$ 是标准正态分布的分布函数.

例 1.4.3 某半导体厂生产的某种零件厚度 $X \sim N(\mu,\sigma^2)$. 为保证质量,规定当 $\sigma \leqslant 0.60$ mm 时,认为生产过程处于良好控制状态. 为此,每隔一定时间抽一个零件测量它的厚度,共抽取 20 个零件作为一个样本,并计算样本方差 S^2. 若 $P\{S^2 \geqslant c\} \leqslant 0.01$(此时用 $\sigma=0.60$),则认为生产过程失去控制,必须停产检查. 试问 c 为何值时,$S^2 \geqslant c$ 的概率才小于或等于 0.01?

解 由定理 1.4.1 得

$$\frac{(n-1)S^2}{\sigma^2} \sim \chi^2(n-1)$$

即

$$\frac{19S^2}{(0.60)^2} \sim \chi^2(19)$$

所定的失控标准

$$P\{S^2 \geqslant c\} \leqslant 0.01$$

即

$$P\{S^2 < c\} = P\left\{\frac{19S^2}{(0.60)^2} < 52.78c\right\} \geqslant 0.99$$

由 χ^2 分布表查得 $\chi^2_{0.99}(19)=36.191$,故 $52.78c \geqslant 36.191$,即 $c \geqslant 0.686$.

1.4.3 非正态总体的一些抽样分布

对于非正态总体的抽样分布一般是不容易求出的,就是样本均值也只有当总体分布具有可加性时才容易求得. 有时即使能求得精确分布,但由于表达式复杂,用起来也不一定方便,因此在应用上往往使用近似分布(即统计量的渐近分布). 下面通过例子来推导非正态总体的一些抽样分布,并介绍几个有关渐近分布的定理.

例 1.4.4 设总体 X 服从参数为 λ 的泊松分布，$(X_1,X_2,\cdots,X_n)$ 是取自该总体的样本，求样本均值 $\bar{X}$ 的分布.

解 由于 X 服从泊松分布，即

$$P\{X=k\}=\frac{\lambda^k}{k!}e^{-\lambda}\quad(k=0,1,2,\cdots)$$

而泊松分布对参数 λ 具有可加性，又 $X_1,X_2,\cdots,X_n$ 相互独立，所以样本之和 $Y=\sum_{i=1}^{n}X_i$ 服从参数为 $n\lambda$ 的泊松分布，故

$$P\left\{\bar{X}=\frac{k}{n}\right\}=P\{n\bar{X}=k\}=\frac{(n\lambda)^k}{k!}e^{-n\lambda}\quad(k=0,1,2,\cdots)$$

例 1.4.5 设总体 X 服从参数为 λ 的指数分布，$(X_1,X_2,\cdots,X_n)$ 是取自该总体的样本. 求样本均值 $\bar{X}$ 的分布.

解 由于 X 服从指数分布，即服从 $\Gamma(1,\lambda)$ 分布，其密度函数为

$$f(x)=\begin{cases}\lambda e^{-\lambda x}, x>0\\ 0, x\leqslant 0\end{cases}\quad(\lambda>0)$$

而 $\Gamma(\alpha,\beta)$ 分布关于参数 α 具有可加性，又 $X_1,X_2,\cdots,X_n$ 相互独立，所以样本之和 $Y=\sum_{i=1}^{n}X_i$ 服从 $\Gamma(n,\lambda)$ 分布，从而 Y 的密度函数为

$$f_y(y)=\begin{cases}\frac{\lambda^n}{\Gamma(n)}y^{n-1}e^{-\lambda y}, y>0\\ 0, y\leqslant 0\end{cases}$$

再由

$$F_x(x)=P\{\bar{X}\leqslant x\}=P\{Y\leqslant nx\}=F_y(nx)$$

即可得 $\bar{X}$ 的密度函数为

$$f_{\bar{X}}(x)=nf_y(nx)=\begin{cases}\frac{(n\lambda)^n}{\Gamma(n)}x^{n-1}e^{-n\lambda x}, x>0\\ 0, x\leqslant 0\end{cases}$$

定理 1.4.3 设 X 为任意一个总体，$E(X)=\mu, 0<D(X)=\sigma^2<+\infty$，$X_1,X_2,\cdots,X_n$ 为取自 X 的样本，则样本均值 $\bar{X}$ 的渐近分布为 $N\left(\mu,\frac{\sigma^2}{n}\right)$，即当 n 充分大时，$\dfrac{\bar{X}-\mu}{\frac{\sigma}{\sqrt{n}}}$ 近似服从 $N(0,1)$.

证明 因 $X_1,X_2,\cdots,X_n$ 独立同分布，所以根据独立同分布情形的中心极限定理，有

$$\frac{\sum_{i=1}^{n} X_i - n\mu}{\sqrt{n\sigma^2}} = \frac{\bar{X} - \mu}{\frac{\sigma}{\sqrt{n}}}$$

近似服从 $N(0,1)$，亦即 $\bar{X}$ 的渐近分布为 $N\left(\mu,\frac{\sigma^2}{n}\right)$.

例 1.4.6　设总体 X 服从二项分布 $B(1,p)$，$0<p<1$，亦即 X 服从 0－1 分布，求容量为 n 的样本均值 $\bar{X}$ 的渐近分布.

解　因为 $X\sim B(1,p)$，所以 $\mu=E(X)=p$，$\sigma^2=D(X)=p(1-p)$，故由定理 1.4.3 知，$\bar{X}$ 的渐近分布为 $N\left(p,\frac{p(1-p)}{n}\right)$.

定理 1.4.4　设 X 为任意总体，$E(X)=\mu$，$0<D(X)=\sigma^2<+\infty$，$\bar{X}$，S^2 是容量为 n 的样本均值和样本方差，则 $\frac{\bar{X}-\mu}{\frac{S}{\sqrt{n}}}$ 的渐近分布为 $N(0,1)$.

习　题　1

1. 设总体 X 的样本容量 $n=5$，写出在下列 4 种情况下样本的联合概率分布.

(1) $X\sim B(1,p)$；　　(2) $X\sim P(\lambda)$；

(3) $X\sim U[a,b]$；　　(4) $X\sim N(\mu,1)$.

2. 某射手独立重复地进行 20 次打靶试验，击中靶子的环数如表 1.2 所示. 用 X 表示此射手对靶射击一次所命中的环数. 求 X 的经验分布函数，并作出其图像.

表 1.2

环数	10	9	8	7	6	5	4
频数	2	3	0	9	4	0	2

3. 假设 F 是 $N(0,1)$，G 是 $N(1,1)$. 试画出 Q-Q 图. 将 G 改为 $N(1,4)$ 后重复这个过程.

4. 某地区测量了 100 位男性成年人身高，其数据如表 1.3 所示. 试画出身高直方图，它是否近似服从某个正态分布密度函数的图形.

表 1.3

单位：cm

组下限	165	167	169	171	173	175	177
组上限	167	169	171	173	175	177	179
人数	3	10	21	23	22	11	5

5. 抽查了 10 个班级某次统考不及格的人数分别为 4,5,6,0,3,1,4,2,1,4. 试计算样本均值、样本方差和样本标准差.

6. 设有容量为 n 的样本 A,A 的样本均值为 $\bar{x}_A$,样本标准差为 S_A,样本极差为 R_A,样本中位数为 m_A. 现对样本 A 中每一个观察值作如下线性变换

$$y = ax + b$$

如此得到样本 B. 试求样本 B 的均值、标准差、极差和中位数.

7. 设 $X_1,X_2,\cdots,X_n$ 是来自总体 X 的样本,假设总体的分布为:

(1) $X \sim B(N,p)$; (2) $X \sim P(\lambda)$; (3) $X \sim U[a,b]$; (4) $X \sim N(\mu,1)$.

试求 $E\bar{X}, D\bar{X}, ES^2$.

8. 设 $X_1,X_2,\cdots,X_n$ 来自正态总体 $N(0,1)$,定义 $Y_1 = |\bar{X}|$, $Y_2 = \frac{1}{n}\sum_{i=1}^{n}|X_i|$. 试计算 EY_1, EY_2.

9. 设 $X_1,\cdots,X_n,X_{n+1},\cdots,X_{n+m}$ 是总体 $N(0,\sigma^2)$ 的容量为 $n+m$ 的样本. 试求下列统计量的分布:

(1) $Y_1 = \dfrac{\sqrt{m}\sum_{i=1}^{n}X_i}{\sqrt{n}\sqrt{\sum_{i=n+1}^{n+m}X_i^2}}$; (2) $Y_2 = \dfrac{m\sum_{i=1}^{n}X_i^2}{n\sum_{i=n+1}^{n+m}X_i^2}$.

10. 设 $X_1,\cdots,X_n,X_{n+1}$ 是来自总体 $N(\mu,\sigma^2)$ 的样本,$\bar{X} = \frac{1}{n}\sum_{i=1}^{n}X_i$, $S^{*2} = \frac{1}{n}\sum_{i=1}^{n}(X_i - \bar{X})^2$,试求统计量 $T = \dfrac{X_{n+1} - \bar{X}}{S^*} \cdot \sqrt{\dfrac{n-1}{n+1}}$ 的分布.

11. 设样本 $X_1,\cdots,X_{n_1}$ 和 $Y_1,\cdots,Y_{n_2}$ 分别来自相互独立的总体 $N(\mu_1,\sigma_1^2)$ 和 $N(\mu_2,\sigma_2^2)$,已知 $\sigma_1 = \sigma_2$,α 和 β 是两个实数. 求随机变量

$$\frac{\alpha(\bar{X}-\mu_1)+\beta(\bar{Y}-\mu_2)}{\sqrt{\dfrac{(n_1-1)S_1^2+(n_2-1)S_2^2}{n_1+n_2-2}\left(\dfrac{\alpha^2}{n_1}+\dfrac{\beta^2}{n_2}\right)}}$$

的分布.

12. 从正态总体 $N(3.4,6^2)$ 中抽取容量为 n 的样本,如果要求样本均值位于区间(1.4,5.4)内的概率不小于 0.95. 问样本容量 n 至少应多大?

13. 求总体 $N(20,3)$ 的容量分别为 10,15 的两个独立样本均值差的绝对值大于 0.3 的概率.

14. 设总体 $X \sim N(\mu,4)$,$(X_1,X_2,\cdots,X_n)$ 是取自总体 X 的一个样本,$\bar{X}$ 为样本均值. 试问样本容量 n 应分别取多大,才能使以下各式成立:

(1)$E(|\bar{X}-\mu|^2)\leqslant 0.1$；(2)$E(|\bar{X}-\mu|)\leqslant 0.1$；(3)$P\{|\bar{X}-\mu|\leqslant 0.1\}\geqslant 0.95$.

15. 已知 $X\sim N(10,\sigma^2)$，σ 未知，(X_1,X_2,X_3,X_4) 是取自 X 的一个样本，$\bar{X}$，S^2 分别为样本均值和样本方差.

(1)构造一个含 $\bar{X}$ 的统计量 y，使 $y\sim t(3)$；

(2)设 $S=1.92$，试求使 $P\{-\theta<\bar{X}-10<\theta\}=0.95$ 的 θ 值.

16. 设在总体 $N(\mu,\sigma^2)$ 中抽取一容量为 16 的样本，这里 μ，σ^2 均未知. 试求：

(1)$P\left\{\dfrac{S^2}{\sigma^2}\leqslant 2.041\right\}$，其中 S^2 为样本方差；　　(2)$D(S^2)$.

17. 设总体 X 的方差为 4，均值为 μ，现抽取容量为 100 的样本. 试确定常数 k，使得满足 $P(|\bar{X}-\mu|<k)=0.9$.

18. 设 $X_1,X_2,\cdots,X_9$ 是来自正态总体 X 的简单随机样本，$Y_1=\dfrac{1}{6}(X_1+\cdots+X_6)$，$Y_2=\dfrac{1}{3}(X_7+X_8+X_9)$，$S^2=\dfrac{1}{2}\sum\limits_{i=7}^{9}(X_i-Y_2)^2$，$Z=\dfrac{\sqrt{2}(Y_1-Y_2)}{S}$. 证明：统计量 Z 服从自由度为 2 的 t 分布.

19. 设总体 $X\sim N(\mu,\sigma^2)(\sigma>0)$，从该总体中抽取简单随机样本 $X_1,X_2,\cdots,X_{2n}$ $(n\geqslant 2)$，其样本均值 $\bar{X}=\dfrac{1}{2n}\sum\limits_{i=1}^{2n}X_i$. 求统计量 $Y=\sum\limits_{i=1}^{n}(X_i+X_{n+i}-2\bar{X})^2$ 的数学期望 $E(Y)$.

20. 设总体 $X\sim N(\mu_1,\sigma^2)$，总体 $Y\sim N(\mu_2,\sigma^2)$，$X_1,\cdots,X_{n_1}$ 和 $Y_1,Y_2,\cdots,Y_{n_2}$ 分别是来自总体 X 和 Y 的简单随机样本. 计算 $E\left[\dfrac{\sum\limits_{i=1}^{n_1}(X_i-\bar{X})^2+\sum\limits_{j=1}^{n_2}(Y_j-\bar{Y})^2}{n_1+n_2-2}\right]$.

21. 设总体 $X\sim N(12,2^2)$，现抽取容量为 5 的样本 $(X_1,X_2,\cdots,X_5)$. 试求：

(1)样本的极小值小于 10 的概率；　　(2)样本的极大值大于 15 的概率.

22. 设总体 X 在 $\left(\theta-\dfrac{1}{2},\theta+\dfrac{1}{2}\right)$ 上服从均匀分布，$(X_1,X_2,\cdots,X_n)$ 为其样本. 试求：

(1)$X_{(1)}=\max\limits_{1\leqslant i\leqslant n}\{X_i\}$ 的密度函数；

(2)$X_{(n)}=\max\limits_{1\leqslant i\leqslant n}\{X_i\}$ 的密度函数；

(3)$X_{(k)}$ 的密度函数.

第2章　参数估计

统计分析的基本任务是从样本出发推断总体分布或总体的某些数字特征，我们把这个过程称之为统计推断(statistics inference). 统计推断可分为两大类:一类是参数估计;另一类是假设检验. 参数估计问题又分两个子问题:点估计(point estimate)和区间估计. 本章主要介绍参数估计内容.

2.1　点估计

在实际问题中，总体分布的形式往往是已知的，需要通过样本推断总体分布中含有的未知参数，这就是数理统计中的参数估计问题. 设总体 X 的分布函数的形式已知，如 $F(x,\theta)$，其中含有一个未知参数 θ 或多个未知参数组成的参数向量 $\boldsymbol{\theta}=(\theta_1,\theta_2,\cdots,\theta_m)$. 设 $X_1,X_2,\cdots,X_n$ 为来自总体 X 的样本，点估计就是研究如何由样本 $X_1,X_2,\cdots,X_n$ 提供的信息对未知参数 θ 作出估计，可以用样本 $X_1,X_2,\cdots,X_n$ 构成的一个统计量 $\hat{\theta}=\hat{\theta}(X_1,X_2,\cdots,X_n)$ 来估计 θ，称 $\hat{\theta}$ 为 θ 的估计量. 对于具体的样本值 $x_1,x_2,\cdots,x_n$，估计量 $\hat{\theta}$ 的值 $\hat{\theta}(x_1,x_2,\cdots,x_n)$ 称为 θ 的估计值，仍简记为 $\hat{\theta}$. 在没有必要强调估计量或估计值的时候，常把二者都简称为估计. 如果总体有 m 个未知参数需要估计，我们就要构造 m 个统计量分别作为对每一参数的估计.

点估计就是寻求未知参数的估计量与估计值. 由于抽样的随机性，人们不能单靠一次抽样结果所确定的估计值去评价这个估计的好坏，应该寻求统计量 $\hat{\theta}(X_1,X_2,\cdots,X_n)$ 作为 θ 的估计量，考虑到抽样的一切可能结果，使得在某种统计意义下 $\hat{\theta}$ 是 θ 的好的估计. 有了 θ 的一个好的估计量与样本值，只要经过计算就可以得到 θ 的估计值. 因此，现在的主要问题是建立求估计量的方法和鉴定估计量的标准.

2.1.1　矩估计法

矩估计法(method of moments)是点估计众多方法中的一种，该方法是由英国统计学家皮尔逊(K. Pearson)在1894年提出的求参数点估计的方法. 由辛钦大数定律知道,如果总体 X 的数学期望 $E(X)$ 存在,$X_1,X_2,\cdots,X_n$ 为 X 的样本,则当 $n\to\infty$ 时 $\bar{X}$ 依概率收敛于 $E(X)$,因而当 n 很大时,可以用 $\bar{X}$ 作为 $E(X)$ 的估计. 更一般的,如果总体 X 的 k 阶原点矩 $\mu_k=E(X^k)$ 存在,当 n 充分大时,可以用样本的 k 阶原点矩 $M_k=\frac{1}{n}\sum_{i=1}^{n}X_i^k$ 作为 $E(X^k)$ 的估计,用样本的 k 阶中心矩 $M_k^*=\frac{1}{n}\sum_{i=1}^{n}(X_i-\bar{X})^k$ 作为总体 X 的 k 阶中心矩 $E\{[X-E(X)]^k\}$ 的估计,并由此得到未知参数的估计量. 按这种统计思想获得未知数的估计的方法称为矩估计法.

这种估计法的优良性在下节中将介绍. 现在就连续型总体来具体说明这一估计法. 离散型总体情况完全类似,不予重复.

设总体 X 的概率密度为 $f(x;\theta_1,\theta_2,\cdots,\theta_m)$,其中 $\theta_1,\theta_2,\cdots,\theta_m$ 为未知参数. 假定 X 的前 m 阶矩 $\mu_k=E(X^k)(k=1,2,\cdots,m)$ 都存在,它们是 $\theta_1,\theta_2,\cdots,\theta_m$ 的函数,记为 $q_k(\theta_1,\theta_2,\cdots,\theta_m)(k=1,2,\cdots,m)$,即

$$\mu_k=\int_{-\infty}^{+\infty}x^kf(x;\theta_1,\theta_2,\cdots,\theta_m)\mathrm{d}x=q_k(\theta_1,\theta_2,\cdots,\theta_m)\quad(k=1,2,\cdots,m)\tag{2.1}$$

如果从此方程(组)可解出

$$\theta_j=h_j(\mu_1,\mu_2,\cdots,\mu_m)\quad(j=1,2,\cdots,m)\tag{2.2}$$

那么,当 $\mu_1,\mu_2,\cdots,\mu_m$ 均未知时

$$\hat{\theta}_j=h_j(M_1,M_2,\cdots,M_m)\quad(j=1,2,\cdots,m)\tag{2.3}$$

就是 θ_j 的矩估计,其中 $M_k=\frac{1}{n}\sum_{i=1}^{n}X_i^k$ 为样本 k 阶原点矩.

特别的,假设总体 X 的数学期望和方差存在,分别表示为 $EX=\mu,DX=\sigma^2$,它们是未知的. 总体的二阶矩 $EX^2=DX+(EX)^2=\sigma^2+\mu^2$.

由矩估计法求解过程知,由两个未知参数 μ,σ^2 建立方程组

$$\begin{cases}\bar{x}=\mu\\ \frac{1}{n}\sum_{i=1}^{n}x_i^2=\mu^2+\sigma^2\end{cases}$$

解以上方程组,得出参数 μ 和 σ^2 的矩估计量

$$\hat{\mu}=\bar{X},\hat{\sigma}^2=M_2^*\tag{2.4}$$

例 2.1.1 设总体 X 服从泊松分布 $P(\lambda)$,试求 λ 的矩估计量.

解 1 因为 $E(X)=\lambda$,所以 λ 的矩估计量为

$$\hat{\lambda}=\bar{X}$$

解 2 因为 $D(X)=\lambda$,所以 λ 的矩估计量也可为

$$\hat{\lambda}=M_2^*=\frac{1}{n}\sum_{i=1}^{n}(X_i-\bar{X})^2$$

例 2.1.2 设样本 $X_1,X_2,\cdots,X_n$ 来自于二项分布 $B(k,p)$，其中 k,p 为未知参数，求参数 k,p 的矩估计量 $\hat{k},\hat{p}$.

解 因为总体 X 的数学期望和方差分别为

$$EX=kp,DX=kp(1-p)$$

所以

$$\begin{cases}kp=\bar{x}\\kp(1-p)=m_2^*\end{cases}$$

解方程组得 $p=\frac{\bar{x}-m_2^*}{\bar{x}},k=\frac{\bar{x}^2}{\bar{x}-m_2^*}$，从而参数 p,k 的矩估计量为

$$\hat{p}=\frac{\bar{X}-M_2^*}{\bar{X}},\hat{k}=\frac{\bar{X}^2}{\bar{X}-M_2^*}$$

特别的，如果 k 为已知参数，由矩估计法知，只需建立一个方程 $kp=\bar{x}$，由此解出参数 p 的矩估计量为 $\hat{p}=\frac{\bar{X}}{k}$.

例 2.1.3 设总体 X 的分布是均匀分布 $U[\theta_1,\theta_2]$，其中 $\theta_1,\theta_2(\theta_1<\theta_2)$ 为未知参数. $X_1,X_2,\cdots,X_n$ 是来自总体 X 的样本，求参数 θ_1,θ_2 的矩估计量 $\hat{\theta}_1,\hat{\theta}_2$.

解 首先计算总体 X 的数学期望和方差，即

$$EX=\frac{\theta_1+\theta_2}{2},DX=\frac{(\theta_2-\theta_1)^2}{12}$$

由公式(2.4)建立方程组

$$\begin{cases}\dfrac{\theta_1+\theta_2}{2}=\bar{x}\\\dfrac{(\theta_2-\theta_1)^2}{12}=m_2^*\end{cases}$$

求解方程组，得到参数 θ_1,θ_2 的矩估计量为

$$\begin{cases}\hat{\theta}_1=\bar{x}-\sqrt{3}\sqrt{m_2^*}\\\hat{\theta}_2=\bar{x}+\sqrt{3}\sqrt{m_2^*}\end{cases}$$

如果将上式中的 $\bar{x},m_2^*$ 换成相应的大写符号(代表样本矩)，则得到矩估计量

$$\begin{cases}\hat{\theta}_1=\bar{X}-\sqrt{3}\sqrt{M_2^*}\\\hat{\theta}_2=\bar{X}+\sqrt{3}\sqrt{M_2^*}\end{cases}$$

在概率论中，我们所遇到的常见分布经常是含一、两个参数的情形，因此，由矩估计法建立一个或两个方程的情况是经常可见的. 例如正态总体 X，其分布为 $N(\mu,\sigma^2)$，因为 $EX=\mu,DX=\sigma^2$，所以 $\hat{\mu}=\bar{X},\hat{\sigma}^2=M_2^*$.

例 2.1.4 设 $(X_1,Y_1),(X_2,Y_2),\cdots,(X_n,Y_n)$ 为总体 (X,Y) 的样本，试求 X 与 Y 的相关系数 $\rho(X,Y)$ 的矩估计量.

解 记

$$\bar{X}=\frac{1}{n}\sum_{i=1}^{n}X_i$$

$$\bar{Y}=\frac{1}{n}\sum_{i=1}^{n}Y_i$$

$$M_{12}^*=\frac{1}{n}\sum_{i=1}^{n}(X_i-\bar{X})^2$$

$$M_{22}^*=\frac{1}{n}\sum_{i=1}^{n}(Y_i-\bar{Y})^2$$

$$M^*=\frac{1}{n}\sum_{i=1}^{n}(X_i-\bar{X})(Y_i-\bar{Y})=\frac{1}{n}\sum_{i=1}^{n}X_iY_i-\bar{X}\bar{Y}$$

因为

$$\rho(X,Y)=\frac{\operatorname{cov}(X,Y)}{\sqrt{D(X)D(Y)}}=\frac{E(XY)-E(X)E(Y)}{\sqrt{D(X)D(Y)}}$$

又因为 $E\left(\frac{1}{n}\sum_{i=1}^{n}X_iY_i\right)=E(XY)$，所以有 $\frac{1}{n}\sum_{i=1}^{n}X_iY_i$ 依概率收敛于 $E(XY)$. 故 $\frac{1}{n}\sum_{i=1}^{n}X_iY_i$ 可以作为 $E(XY)$ 的矩估计量，从而 $\rho(X,Y)$ 的矩估计量为

$$\hat{\rho}(X,Y)=\frac{M^*}{\sqrt{M_{12}^*M_{22}^*}}$$

矩估计法既直观又简便，特别是在对总体的数学期望及方差等数字特征作估计时，并不一定要知道总体的分布函数. 矩估计法的缺点是：当总体矩不存在时，如柯西分布的原点矩不存在，矩估计法就不能使用；其次，对某些总体的参数，矩估计量可能不唯一，如例 2.1.1 中泊松分布 $P(\lambda)$ 中的参数 λ 就给出了两个矩估计量 $\bar{X}$ 和 M_2^*. 一般来说，在求矩估计量时若没有其他要求，往往用一个较简单的结果就可以了. 另外矩估计法只是利用了样本矩的信息，而没有充分利用分布函数 $F(x;\theta)$ 对参数 θ 所提供的信息，因此有时很难保证其优良性质. 尽管如此，矩估计

法仍是一种很有效和很常用的点估计方法.

2.1.2 最大似然估计法

在参数模型中,最大似然估计法(maximum likelihood estimation,MLE)是费歇尔在1912年提出的一种参数估计方法,其思想始于高斯(Gauss)的误差理论,它具有很多优良的性质:如它充分利用总体分布函数的信息,克服了矩估计法的某些不足,具有无偏性和有效性等. 但是应用这些方法的前提是总体 X 的分布类型为已知.

一个直观的想法为"概率最大的事件最有可能出现",例如某事件 A 发生的概率为 p,p 的取值只能为0.1或0.9,如果在一次试验中事件 A 发生了,则认为 A 发生的概率较大,即认为 $p=0.9$ 是合理的.

因此,假设导致事件 A 发生的原因有 n 个,分别记为 $A_1,A_2,\cdots,A_n$,如果现在事件 A 发生了,记 $p_i=P(A|A_i)\,(i=1,2,\cdots,n)$ 表示 A_i 导致事件 A 发生的概率为 p_i. 如果 $p_k=\max\limits_{1\leqslant i\leqslant n}p_i$,而由 A_k 导致事件 A 发生的概率最大,则我们推断导致事件 A 发生的原因为 A_k. 因此当试验中得到一个结果时,参数的哪个值使这个结果出现的概率最大,就应取这个值作为参数的估计值,这种思路称为最大似然原理. 下面我们根据最大似然原理分别对离散型和连续型总体来讨论最大似然法.

设总体 X 的概率密度为 $f(x;\theta_1,\theta_2,\cdots,\theta_m)$,$\theta_1,\theta_2,\cdots,\theta_m$ 为未知参数,$x_1,x_2,\cdots,x_n$ 是取自总体 X 的样本值. 现在用上述直观想法来估计 $\theta_1,\theta_2,\cdots,\theta_m$.

我们知道 $f(x;\theta_1,\theta_2,\cdots,\theta_m)$ 在 x 处的值越大,总体 X 在 x 附近取值的概率也越大,而样本 $(X_1,X_2,\cdots,X_n)$ 的概率密度

$$\prod_{i=1}^{n}f(x_i;\theta_1,\theta_2,\cdots,\theta_m)$$

在 $(x_1,x_2,\cdots,x_n)$ 处的值越大,样本 $(X_1,X_2,\cdots,X_n)$ 在 $(x_1,x_2,\cdots,x_n)$ 附近取值的概率也越大. 现在的抽样结果是样本值 $(x_1,x_2,\cdots,x_n)$,就是说在一次试验中样本 $(X_1,X_2,\cdots,X_n)$ 取样本值 $(x_1,x_2,\cdots,x_n)$ 这一事件发生了. 所以人们在作出对 $\theta_1,\theta_2,\cdots,\theta_m$ 的估计时,应有利于这一事件的发生,即取使 $\prod\limits_{i=1}^{n}f(x_i;\theta_1,\theta_2,\cdots,\theta_m)$ 达到最大的 $\hat{\theta}_1,\hat{\theta}_2,\cdots,\hat{\theta}_m$ 作为对 $\theta_1,\theta_2,\cdots,\theta_m$ 的估计. 下面称

$$L=L(\theta_1,\theta_2,\cdots,\theta_m)=\prod_{i=1}^{n}f(x_i;\theta_1,\theta_2,\cdots,\theta_m) \tag{2.5}$$

为似然函数. 对确定的样本值 $x_1,x_2,\cdots,x_n$,它是 $\theta_1,\theta_2,\cdots,\theta_m$ 的函数. 若有

$\hat{\theta}_j=\hat{\theta}_j(x_1,x_2,\cdots,x_n)$使得

$$L(\hat{\theta}_1,\hat{\theta}_2,\cdots,\hat{\theta}_m)=\max_{\theta_1,\cdots,\theta_m}L(\theta_1,\theta_2,\cdots,\theta_m) \tag{2.6}$$

则称$\hat{\theta}_j=\hat{\theta}_j(X_1,X_2,\cdots,X_n)$为$\theta_j$的最大似然估计量$(j=1,2,\cdots,m)$.

由于$\ln x$是x的单调函数,使

$$\ln L(\hat{\theta}_1,\hat{\theta}_2,\cdots,\hat{\theta}_m)=\max_{\theta_1,\cdots,\theta_m}\ln L(\theta_1,\theta_2,\cdots,\theta_m) \tag{2.7}$$

成立的$\hat{\theta}_j$也使式(2.6)成立. 为计算方便,常从式(2.7)求$\hat{\theta}_j$. 通过采用微积分学求函数极值的一般方法,即从方程(组)

$$\frac{\partial\ln L}{\partial\theta_j}=0 \quad (j=1,2,\cdots,m) \tag{2.8}$$

求得$\ln L$的驻点,然后再从这些驻点中找出满足式(2.7)的$\hat{\theta}_j$. 称式(2.8)为似然方程(组).

对于离散型总体,似然函数(2.5)为

$$L=L(\theta_1,\theta_2,\cdots,\theta_m)=\prod_{i=1}^{n}P(X_i=x_i) \tag{2.9}$$

同样地取使式(2.6)或式(2.7)成立的$\hat{\theta}_1,\hat{\theta}_2,\cdots,\hat{\theta}_m$作为$\theta_1,\theta_2,\cdots,\theta_m$的估计.

例 2.1.5　设样本$X_1,X_2,\cdots,X_n$来自正态总体$N(\mu,\sigma^2)$,其中参数μ,σ^2未知. 求参数μ,σ^2的最大似然估计量法$\hat{\mu},\hat{\sigma}^2$.

解　因为总体的密度函数为

$$f(x;\mu,\sigma^2)=\frac{1}{\sqrt{2\pi}\sigma}\exp\left(-\frac{(x-\mu)^2}{2\sigma^2}\right)$$

由似然函数定义

$$L(\mu,\sigma^2;x_1,x_2,\cdots,x_n)=\prod_{i=1}^{n}f(x_i;\mu,\sigma^2)=\prod_{i=1}^{n}\frac{1}{\sqrt{2\pi}\sigma}\exp\left(-\frac{(x_i-\mu)^2}{2\sigma^2}\right)$$

$$=\left(\frac{1}{2\pi\sigma^2}\right)^{\frac{n}{2}}\exp\left(-\frac{\sum_{i=1}^{n}(x_i-\mu)^2}{2\sigma^2}\right)$$

两边取对数,得

$$\ln L(\mu,\sigma^2;x_1,x_2,\cdots,x_n)=-\frac{n}{2}\ln(2\pi\sigma^2)-\frac{\sum_{i=1}^{n}(x_i-\mu)^2}{2\sigma^2}$$

对参数μ,σ^2分别求导,得到似然方程组

$$\begin{cases}\dfrac{\partial}{\partial\mu}\ln L(\mu,\sigma^2;x_1,x_2,\cdots,x_n)=\dfrac{1}{\sigma^2}\sum\limits_{i=1}^{n}(x_i-\mu)=0\\ \dfrac{\partial}{\partial\sigma^2}\ln L(\mu,\sigma^2;x_1,x_2,\cdots,x_n)=-\dfrac{n}{2\sigma^2}+\dfrac{1}{2\sigma^4}\sum\limits_{i=1}^{n}(x_i-\mu)^2=0\end{cases}$$

解出$\mu=\dfrac{1}{n}\sum\limits_{i=1}^{n}x_i,\sigma^2=\dfrac{1}{n}\sum\limits_{i=1}^{n}(x_i-\bar{x})^2$. 所以,参数$\mu,\sigma^2$的最大似然估计量为$\hat{\mu}=\bar{X}$,$\hat{\sigma}^2=M_2^*$,与矩估计量完全相同.

有时似然方程可能无解,需借助直接分析方法求解,即运用最大似然估计定义进行分析.

例2.1.6 设样本$X_1,X_2,\cdots,X_n$来自均匀分布总体$U[0,\theta]$,其中$\theta>0$未知,求参数θ的最大似然估计量$\hat{\theta}$.

解 因为总体的密度函数为

$$f(x;\theta)=\begin{cases}\dfrac{1}{\theta},0\leqslant x\leqslant\theta\\ 0,\text{其他}\end{cases}$$

则该总体决定的似然函数为

$$L(\theta;x_1,x_2,\cdots,x_n)=\prod_{i=1}^{n}f(x_i;\theta)=\begin{cases}\dfrac{1}{\theta^n},0\leqslant x_i\leqslant\theta\\ 0,\text{其他}\end{cases}$$

因为似然方程为$\dfrac{\mathrm{d}}{\mathrm{d}\theta}\ln L(\theta;x_1,x_2,\cdots,x_n)=-\dfrac{n}{\theta}\neq0$,显然该方程关于$\theta$无解. 这时可以直接利用最大似然估计量定义.

当$0\leqslant x_i\leqslant\theta(i=1,2,\cdots,n)$时,有$0\leqslant x_{(1)}<x_{(n)}\leqslant\theta$,则

$$L(\theta;x_1,\cdots,x_n)=\frac{1}{\theta^n}\leqslant\left(\frac{1}{x_{(n)}}\right)^n$$

显然,当$\theta=x_{(n)}$时,可使函数$L(\theta;x_1,x_2,\cdots,x_n)$达到最大. 因此,参数$\theta$的最大似然估计量为$\hat{\theta}=X_{(n)}$.

如果样本$X_1,X_2,\cdots,X_n$来自于总体X,其分布为$U[\theta_1,\theta_2](\theta_1<\theta_2)$,类似以上的分析可以求出参数$\theta_1,\theta_2$的最大似然估计量$\hat{\theta}_1=X_{(1)},\hat{\theta}_2=X_{(n)}$. 请读者自行分析.

例2.1.7 已知总体服从参数为p的几何分布,即

$$P\{X=k\}=(1-p)^{k-1}p \quad (k=1,2,\cdots)$$

其中 $p>0$ 是未知参数,$X_1,X_2,\cdots,X_n$ 是来自总体 X 的样本,试求 p 的最大似然估计量.

解 似然函数为

$$L(p)=\prod_{i=1}^{n}(1-p)^{x_i-1}p=(1-p)^{\sum\limits_{i=1}^{n}x_i-n}p^n$$

取对数得

$$\ln L(p)=(\sum_{i=1}^{n}x_i-n)\ln(1-p)+n\ln p$$

对 p 求导数,得

$$\frac{\mathrm{d}\ln L(p)}{\mathrm{d}p}=\frac{n-\sum\limits_{i=1}^{n}x_i}{1-p}+\frac{n}{p}$$

令 $\frac{\mathrm{d}\ln L(p)}{\mathrm{d}p}=0$,解得 $\hat{p}=\frac{1}{\bar{x}}$. 故 p 的最大似然估计量为 $\hat{p}=\frac{1}{\bar{X}}$.

例 2.1.8 设总体 X 的分布函数为

$$F(x;\alpha,\beta)=\begin{cases}1-\left(\frac{\alpha}{x}\right)^{\beta},x\geqslant\alpha\\0,x<\alpha\end{cases}$$

其中 $\alpha(\alpha>0)$ 和 $\beta(\beta>2)$ 均为未知参数,$X_1,X_2,\cdots,X_n$ 是来自总体 X 的样本. 试求 α 和 β 的最大似然估计量.

解 X 的密度函数为

$$f(x;\alpha,\beta)=\begin{cases}\frac{\alpha^{\beta}\beta}{x^{\beta+1}},x\geqslant\alpha\\0,x<\alpha\end{cases}$$

$$L(\alpha,\beta)=\prod_{i=1}^{n}\frac{\beta\alpha^{\beta}}{x_i^{\beta+1}}=\frac{\beta^n\alpha^{n\beta}}{(x_1\cdot x_2\cdot\cdots\cdot x_n)^{\beta+1}} \quad (\forall x_i\geqslant\alpha)$$

$$\ln L(\alpha,\beta)=n\ln\beta+n\beta\ln\alpha-(\beta+1)\sum_{i=1}^{n}\ln x_i$$

$$\frac{\partial\ln L(\alpha,\beta)}{\partial\alpha}=\frac{n\beta}{\alpha}$$

$$\frac{\partial\ln(\alpha,\beta)}{\partial\beta}=\frac{n}{\beta}+n\ln\alpha-\sum_{i=1}^{n}\ln x_i$$

注意到$\frac{\partial \ln L(\alpha,\beta)}{\partial \alpha}=\frac{n\beta}{\alpha}>0$,所以$L(\alpha,\beta)$随$\alpha$增大而增大,但当$\alpha>\min\limits_{1\leqslant i\leqslant n}\{X_i\}$时,$L(\alpha,\beta)=0$,故$\alpha$取$\min\limits_{1\leqslant i\leqslant n}\{X_i\}$时,$L(\alpha,\beta)$达到最大. 因此$\alpha$的最大似然估计量为$\hat{\alpha}=\min\limits_{1\leqslant i\leqslant n}\{X_i\}$. 再令$\frac{\partial \ln L(\alpha,\beta)}{\partial \beta}=0$,解得$\beta=\frac{1}{\frac{1}{n}\sum\limits_{i=1}^{n}\ln x_i-\ln\alpha}$,故$\beta$的最大似然估计量为

$$\hat{\beta}=\frac{1}{\frac{1}{n}\sum\limits_{i=1}^{n}\ln x_i-\ln\hat{\alpha}}$$

最大似然估计法克服了矩估计法的一些缺点,该方法利用了总体分布函数所提供的信息,使未知参数的估计量$\hat{\theta}$具有比较良好的性质. 同时,该方法也不要求总体原点矩存在(如可用该方法求柯西分布中参数的最大似然估计量). 但该方法也有不足之处,即有时对似然方程(2.8)求解很困难,只能由数值方法求似然方程的近似解.

最大似然估计还有下述简单而有用的性质.

性质 设$\hat{\theta}$是参数θ的最大似然估计,$u=u(\theta)$是Θ上的实值函数,且u有单值的反函数,则$\hat{u}=u(\hat{\theta})$便是$u=u(\theta)$的最大似然估计.

证明 令w为$u=u(\theta)$的值域,$\hat{u}=u(\hat{\theta})$,对固定样本值$x_1,x_2,\cdots,x_n$,有

$$L(\hat{\theta})=\sup_{\theta\in\Theta}L(\theta)=\sup_{\theta\in\Theta}L(u^{-1}(u))$$

由于

$$L(\hat{\theta})=L(u^{-1}(\hat{u}))$$

所以有

$$L(u^{-1}(\hat{u}))=\sup_{u\in w}L(u^{-1}(u))$$

故$\hat{u}=u(\hat{\theta})$是$u=u(\theta)$的最大似然估计.

一般的,若待估函数为$u=u(\theta)$,$u(\theta)$为θ的连续函数,$\hat{\theta}$是θ的最大似然估计,则称$u(\hat{\theta})$为$u(\theta)$的最大似然估计.

例 2.1.9 设总体$X\sim N(\mu,\sigma^2)$,μ,σ^2未知,$X_1,X_2,\cdots,X_n$为来自总体X的样本. 试求:

(1)σ的最大似然估计;

(2)$u(\mu,\sigma^2)=P\{X\leqslant 2\}$的最大似然估计.

解 (1)由于μ,σ^2的最大似然估计量分别为

$$\hat{\mu}=\bar{X},\hat{\sigma}^2=M_2^*=\frac{1}{n}\sum_{i=1}^{n}(X_i-\bar{X})^2,\sigma=\sqrt{\sigma^2}$$

则由上述性质便得到 σ 的最大似然估计

$$\hat{\sigma}=\sqrt{\hat{\sigma}^2}=\sqrt{\frac{1}{n}\sum_{i=1}^{n}(x_i-\bar{x})^2}=\sqrt{M_2^*}$$

(2)由于 $X\sim N(\mu,\sigma^2)$,所以$\frac{X-\mu}{\sigma}\sim N(0,1)$

$$u(\mu,\sigma)=P\{X\leqslant 2\}=P\left\{\frac{X-\mu}{\sigma}\leqslant\frac{2-\mu}{\sigma}\right\}=\Phi\left(\frac{2-\mu}{\sigma}\right)$$

所以,由一般定义得到 $u(\mu,\sigma^2)$ 的最大似然估计为

$$u(\hat{\mu},\hat{\sigma}^2)=\Phi\left(\frac{2-\hat{\mu}}{\hat{\sigma}}\right)=\Phi\left(\frac{2-\bar{X}}{\sqrt{M_2^*}}\right)$$

2.2　点估计的优良性

对总体中同一参数 θ 采用不同的点估计法求到的估计量$\hat{\theta}$可能是一样的,但多数情形是不同方法寻找的估计量是不同的. 例如对于总体 $U[\theta_1,\theta_2]$,参数 θ_1,θ_2 的矩估计和最大似然估计是不相同的. 究竟如何选择"较好"的估计量呢? 即如何评价估计量的优劣? 本节将介绍评价估计量优劣的一些准则——估计量的无偏性、有效性和相合性.

2.2.1　无偏性

设总体分布含有未知参数 θ,$\hat{\theta}(X_1,X_2,\cdots,X_n)$是参数 θ 的一个估计量. 在一次抽样中,其估计值与参数真值之间存在着偏差$\hat{\theta}-\theta$,这种偏差是随机的. 因此评价一个估计量是否合理,不能根据一次估计的好坏,而应该根据多次反复使用这个统计量的"平均"效果来评价. 一个较为直观的想法:希望在大量重复使用估计量$\hat{\theta}$时,所得到的这些估计值的平均值能等于参数 θ 的真值,即

定义 2.2.1　设$\hat{\theta}(X_1,X_2,\cdots,X_n)$是参数 θ 的一个估计量,若对任意的 $\theta\in\Theta$,有 $E\hat{\theta}=\theta$,则称$\hat{\theta}$是参数 θ 的无偏估计量(unbiased estimator). 令 $b_n(\theta)=E\hat{\theta}-\theta$,称 $b_n(\theta)$是$\hat{\theta}$关于 θ 的偏差,而无偏估计就是偏差为零的估计.

如果$\lim\limits_{n\to\infty} b_n(\theta)=0$，则称$\hat{\theta}$是参数$\theta$的渐近无偏估计量.

无偏估计量的意义在于：当一个无偏估计量多次重复使用时，其估计值$\hat{\theta}(x_1, x_2,\cdots,x_n)$在未知参数附近波动. 这样，在实际应用中，无偏估计保证了没有系统偏差，这在工程上是合理的.

例 2.2.1 对任一总体X，若$E(X)=\mu, D(X)=\sigma^2$均存在，且$X_1,X_2,\cdots,X_n$为X的样本. 试证：

(1)$\bar{X}=\frac{1}{n}\sum\limits_{i=1}^{n}X_i, S^2=\frac{1}{n-1}\sum\limits_{i=1}^{n}(X_i-\bar{X})^2$分别是$\mu,\sigma^2$的无偏估计量；

(2)样本的k阶原点矩$M_k=\frac{1}{n}\sum\limits_{i=1}^{n}X_i^k$是总体$k$阶原点矩$\mu_k=E(X^k)$的无偏估计；

(3)$\hat{\sigma}^2=\frac{1}{n}\sum\limits_{i=1}^{n}(X_i-\bar{X})^2$是总体方差$\sigma^2$的渐近无偏估计.

证 (1)因为

$$E(\bar{X})=\frac{1}{n}\sum_{i=1}^{n}E(X_i)=\mu$$

$$E(S^2)=\frac{1}{n-1}E\left(\sum_{i=1}^{n}X_i^2-n\bar{X}^2\right)=\sigma^2$$

所以$\bar{X}$和S^2分别是μ和σ^2的无偏估计量.

(2)因为$E(M_k)=\frac{1}{n}\sum\limits_{i=1}^{n}E(X_i^k)=\mu_k$，所以$M_k$是$\mu_k$的无偏估计.

(3)因为$\hat{\sigma}^2=\frac{n-1}{n}S^2, E(\hat{\sigma}^2)=\frac{n-1}{n}E(S^2)=\frac{n-1}{n}\sigma^2$，所以$\hat{\sigma}^2$是$\sigma^2$的渐近无偏估计.

一般的，如果$\hat{\theta}(X_1,X_2,\cdots,X_n)$是参数$\theta$的无偏估计，$g$为线性函数，则$g(\hat{\theta})$是$g(\theta)$的无偏估计. g为非线性函数时，该结论一般不成立，如例 2.2.1 中样本的二阶中心矩不是总体二阶中心矩的无偏估计.

另外需了解的是：有时无偏估计不存在（如柯西分布）；有时同一个参数可能有多个无偏估计；有时无偏估计有明显的弊端. 例如，设总体X的数学期望μ是一个未知参数，$X_1,X_2,\cdots,X_n$是来自总体X的样本. 定义参数μ的估计量为$\hat{\mu}=\sum\limits_{i=1}^{n}c_iX_i, \sum\limits_{i=1}^{n}c_i=1$，可以验证$E\hat{\mu}=\mu$，这说明估计量$\hat{\mu}$是参数$\mu$的无偏估计量，并且这样的估计量有无穷多个. 又如,总体 $X \sim P(\lambda)$,$X_1,X_2,\cdots,X_n$ 是来自总体 X 的样本,用$(-2)^{X_1}$作为 $\mathrm{e}^{-3\lambda}$ 的估计,可以验证该估计量$(-2)^{X_1}$是无偏的,即

$$E(-2)^{X_1}=\mathrm{e}^{-\lambda}\sum_{k=0}^{+\infty}(-2)^k\frac{\lambda^k}{k!}=\mathrm{e}^{-\lambda}\mathrm{e}^{-2\lambda}=\mathrm{e}^{-3\lambda}$$

但这个无偏估计量是有明显弊病的,因为当 X_1 取奇数时,$(-2)^{X_1}<0$,使用它去估计 $\mathrm{e}^{-3\lambda}>0$,显然是不能接受的.

因此可以看出,虽然无偏性是对估计量的一个常见的最基本的要求,而且在许多场合是合理的,必要的. 但是仅要求估计量具有无偏性是不够的,无偏性仅反映了估计量在参数 θ 真值的周围波动,而没有反映出波动的大小. 而方差的大小就能反映估计量围绕参数 θ 真值波动的幅度,这就是下面要介绍的有效性.

2.2.2 有效性

1. 有效性

定义 2.2.2 设$\hat{\theta}_1(X_1,X_2,\cdots,X_n)$和$\hat{\theta}_2(X_1,X_2,\cdots,X_n)$是参数 θ 的两个无偏估计量,如果对一切 $\theta\in\Theta$ 都有

$$D(\hat{\theta}_1)\leqslant D(\hat{\theta}_2) \tag{2.10}$$

则称估计量$\hat{\theta}_1$ 比$\hat{\theta}_2$ 有效.

例 2.2.2 若取 $\hat{\mu}=\bar{X}=\frac{1}{n}\sum_{i=1}^{n}X_i$,$\hat{\mu}'=\sum_{i=1}^{n}c_iX_i$,$\sum_{i=1}^{n}c_i=1$,显然,它们都是总体均值 μ 的无偏估计

$$D(\hat{\mu}')=\sum_{i=1}^{n}c_i^2D(X_i)=(\sum_{i=1}^{n}c_i^2)D(X)$$

利用柯西不等式

$$1\leqslant(\sum_{i=1}^{n}|c_i|)^2\leqslant(\sum_{i=1}^{n}c_i^2)(\sum_{i=1}^{n}1^2)=n\sum_{i=1}^{n}c_i^2$$

得

$$D(\hat{\mu}')\geqslant\frac{D(X)}{n}=D(\hat{\mu})$$

可见,作为 μ 的无偏估计 $\bar{X}$ 较 $\sum_{i=1}^{n}c_iX_i$ 有效($\sum_{i=1}^{n}c_i=1$),除非 $c_1=c_2=\cdots=c_n=\frac{1}{n}$. 特别的,取 $c_1=1,c_2=\cdots=c_n=0$,即知 $\bar{X}$ 较 X_1 有效.

既然估计量的方差越小越好,我们自然要问,无偏估计量的方差能够小到何种程度?有没有下界?如果有,如何去求这个下界?为了解决这些问题,特作如下叙述.

2. 一致最小方差无偏估计

定义 2.2.3 设$\hat{\theta}(X_1,X_2,\cdots,X_n)$是$\theta$的一个估计量,若有:(1)对任意的$\theta\in\Theta$,$\hat{\theta}$是$\theta$的无偏估计;(2)对$\theta$的任一无偏估计$\hat{\theta}'$,若$D(\hat{\theta})\leqslant D(\hat{\theta}')$对一切$\theta\in\Theta$都成立,则称$\hat{\theta}$为$\theta$的一致最小方差无偏估计,简记为 UMVUE(uniformly minimum variance unbiased estimation).

一致最小方差无偏估计是一种最优估计,如果我们在一定的模型和条件下对待估参数无偏估计的方差下界有所了解,就可以根据该下界来衡量无偏估计的优劣. 如果一个无偏估计的方差达到这个下界,它就一定是 UMVUE. 下面介绍著名的 C-R 不等式及待估参数无偏估计的方差下界形式.

定理 2.2.1(Cramer-Rao 不等式) 设总体X的概率分布或密度函数为$f(x;\theta)$,其中θ为未知参数,$X_1,X_2,\cdots,X_n$为来自总体X的样本,$T(X_1,X_2,\cdots,X_n)$为$g(\theta)$的无偏估计量,满足如下条件:

(1)集合$\{x|f(x;\theta)>0\}$与参数θ无关;

(2)$\frac{\partial}{\partial\theta}f(x;\theta)$存在并且可以在$\int_{-\infty}^{+\infty}f(x;\theta)\,\mathrm{d}x$的积分号下对$\theta$求偏导数,$g'(\theta)$存在;

(3)若

$$DT<+\infty,0<I(\theta)=E\left(\frac{\partial}{\partial\theta}\ln f(X;\theta)\right)^2<+\infty \tag{2.11}$$

则对任意$\theta\in\Theta$

$$DT\geqslant\frac{(g'(\theta))^2}{nI(\theta)} \tag{2.12}$$

其中$L\xlongequal{def}\frac{(g'(\theta))^2}{nI(\theta)}$称为方差下界(或称为 C-R 下界),$I(\theta)$称为费歇尔信息量.

“信息量”一词包含的统计思想是:总体分布参数的 UMVUE 的方差若能达到C-R下界,则与$I(\theta)$成反比. $I(\theta)$越大,则 UMVUE 的方差越小,总体分布参数就可以越精确地估计出来. 因此,说明样本中包含的关于总体分布参数的信息越多.

定理 2.2.1 的证明略.

另外还可以证明费歇尔信息量的另一种表达式

$$I(\theta)=-E\left(\frac{\partial^2}{\partial\theta^2}\ln f(X;\theta)\right) \tag{2.13}$$

为了计算简便，一般经常使用的公式是式(2.13)．特别的，由公式(2.12)，当$g(\theta)=\theta$时可得

$$DT \geqslant \frac{1}{nI(\theta)} \quad (\theta \in \Theta) \tag{2.14}$$

注 (1)按信息量的定义，$I(g(\theta))=E\left(\frac{\partial}{\partial g(\theta)}\ln f(X;\theta)\right)^2$，显然$I(\theta)$与$I(g(\theta))$之间有区别，可以证明它们之间有如下关系

$$I(g(\theta))=\left(\frac{1}{g'(\theta)}\right)^2 I(\theta) \tag{2.15}$$

因为

$$\begin{aligned} I(g(\theta)) &= E\left(\frac{\partial}{\partial g(\theta)}\ln f(X;\theta)\right)^2 = E\left(\frac{\partial}{\partial \theta}\ln f(X;\theta)\cdot\frac{\partial \theta}{\partial g(\theta)}\right)^2 \\ &= \left(\frac{1}{g'(\theta)}\right)^2 E\left(\frac{\partial}{\partial \theta}\ln f(X;\theta)\right)^2 = \left(\frac{1}{g'(\theta)}\right)^2 I(\theta) \end{aligned}$$

所以公式(2.15)成立.

(2)对离散型总体X，若分布律$P\{X=x\}=f(x;\theta)$，这时将定理2.2.1中的积分号全改为求和号，定理2.2.1的结论(对离散型总体)仍成立.

(3)定理2.2.1中条件(1)，(2)通常称为正则条件，一般分布是满足正则条件的，但也有一些分布(如$[0,\theta]$上的均匀分布，θ为待估参数时)不满足正则条件，这时就不存在C-R不等式.

(4)利用C-R不等式有时可以判断出一个无偏估计T是否为UMVUE，这是因为在定理2.2.1的条件下(主要限制在于要求$g(\theta)$的任一无偏估计均要满足条件(3))，如果$D(T)=\frac{[g'(\theta)]^2}{nI(\theta)}$，则$T$一定是$g(\theta)$的UMVUE．但UMVUE的方差不一定能达到C-R方差下界.

例2.2.3 设$X_1,X_2,\cdots,X_n$是来自总体$X\sim N(\mu,\sigma^2)$的一个样本. 试求μ,σ^2的无偏估计的方差下界.

解 总体X的密度函数为

$$f(x;\mu,\sigma^2)=\frac{1}{\sqrt{2\pi}\sigma}e^{-\frac{(x-\mu)^2}{2\sigma^2}}$$

可以验证$f(x;\mu,\sigma^2)$满足正则条件

$$\ln f(x;\mu,\sigma^2) = -\ln\sqrt{2\pi}-\frac{1}{2}\ln\sigma^2-\frac{1}{2\sigma^2}(x-\mu)^2$$

$$I(\mu)=E\left[\frac{\partial \ln f(X;\mu,\sigma^2)}{\partial \mu}\right]^2 = E\left(\frac{X-\mu}{\sigma^2}\right)^2$$

$$=\frac{1}{\sigma^4}E(X-\mu)^2=\frac{D(X)}{\sigma^4}=\frac{1}{\sigma^2}>0\quad(\sigma>0)$$

于是μ的无偏估计的方差下界是$\frac{1}{nI(\mu)}=\frac{\sigma^2}{n}$,而$D(\bar{X})=\frac{\sigma^2}{n}$说明样本均值$\bar{X}$的方差达到了C-R方差下界,所以$\bar{X}$是$\mu$的最小方差无偏估计. 又

$$\frac{\partial}{\partial\sigma^2}\ln f(x;f,\sigma^2)=-\frac{1}{2\sigma^2}+\frac{(x-\mu)^2}{2\sigma^4}$$

$$\frac{\partial^2}{\partial(\sigma^2)^2}\ln f(x;\mu,\sigma^2)=\frac{1}{2\sigma^4}-\frac{(x-\mu)^2}{\sigma^6}$$

$$I(\sigma^2)=-E\left[\frac{\partial^2}{\partial(\sigma^2)^2}\ln f(X;\mu,\sigma^2)\right]$$

$$=\frac{E(X-\mu)^2}{\sigma^6}-\frac{1}{2\sigma^4}=\frac{1}{2\sigma^4}$$

因此σ^2的无偏估计的C-R方差下界为$\frac{1}{nI(\sigma^2)}=\frac{2\sigma^4}{n}$.

已知样本方差$S^2=\frac{1}{n-1}\sum_{i=1}^{n}(X_i-\bar{X})^2$是$\sigma^2$的无偏估计,且

$$D(S^2)=D\left(\frac{(n-1)S^2}{\sigma^2}\cdot\frac{\sigma^2}{n-1}\right)=\frac{\sigma^4}{(n-1)^2}D\left(\frac{(n-1)S^2}{\sigma^2}\right)$$

$$=\frac{\sigma^4}{(n-1)^2}\cdot 2(n-1)=\frac{2\sigma^4}{n-1}>\frac{1}{nI(\sigma^2)}=\frac{2\sigma^4}{n}$$

可见$\hat{\sigma}^2=S^2$的方差没有达到C-R方差下界,不过可以证明S^2是σ^2的UMVUE. 证明参见[20]. 由此可见,UMVUE不一定达到C-R不等式的下界.

通过上述讨论我们了解到,参数θ的UMVUE的方差可能达到C-R方差下界,也可能达不到,为此引入估计量有效率的概念.

3. 有效估计

定义 2.2.4 设$\hat{\theta}$是θ的一个无偏估计(或$T=T(X_1,X_2,\cdots,X_n)$是$g(\theta)$的一个无偏估计),如果$\forall\theta\in\Theta$,有

$$D\hat{\theta}=\frac{1}{nI(\theta)}\quad\left(\text{或 }D(T)=\frac{[g'(\theta)]^2}{nI(\theta)}\right)\tag{2.16}$$

则称$\hat{\theta}$(或T)为θ(或$g(\theta)$)的有效估计.

定义 2.2.5 设$\hat{\theta}$是θ的任一无偏估计,称

$$e(\hat{\theta})=\frac{\frac{1}{nI(\theta)}}{D(\hat{\theta})} \tag{2.17}$$

为$\hat{\theta}$的有效率.

由 C-R 不等式知道,对于任意一个无偏估计有 $0<e(\hat{\theta})\leqslant 1$,若 $e(\hat{\theta})=1$,则$\hat{\theta}$是 θ 的有效估计.

从有效估计的定义知,在满足定理 2.2.1 条件的前提下,有效估计一定是 UMVUE,而 UMVUE 不一定是有效估计.

2.2.3 相合性(一致性)

对估计量而言,我们不仅要求估计量无偏、方差较小,还要求当样本容量 n 增大时,估计量将越来越接近被估参数的真值. 这是因为当 n 越大时,得到关于总体的信息越多,估计值应越接近其真值. 这就是对估计量的相合性的要求.

定义 2.2.6 若对任意给定的 $\varepsilon>0$,满足

$$\lim_{n\to\infty} P\{|\hat{\theta}_n-\theta|\geqslant\varepsilon\}=0 \tag{2.18}$$

则称估计量$\hat{\theta}_n$ 为待估参数 θ 的相合估计(consistent estimate),又称一致估计量.

相合性是对一个估计量的最基本要求. 如果一个估计量不是相合的,可以说它不是一个好的估计. 由于涉及随机变量的极限性质,在数学上,验证估计量的相合性是有一定难度的. 因此,需要简化条件(2.18).

定理 2.2.2 设$\hat{\theta}_n$ 是未知参数 θ 的估计量,如果满足

$$\begin{cases}\lim\limits_{n\to\infty} E\hat{\theta}_n=\theta\\ \lim\limits_{n\to\infty} D\hat{\theta}_n=0\end{cases} \tag{2.19}$$

则$\hat{\theta}_n$ 是 θ 的相合估计量.

证明 由公式(2.19)可以推导公式(2.18)成立. 因为由切比雪夫不等式知

$$P(|\hat{\theta}_n-\theta|\geqslant\varepsilon)\leqslant\frac{E(\hat{\theta}_n-\theta)^2}{\varepsilon^2}=\frac{1}{\varepsilon^2}(D(\hat{\theta}_n+E^2(\hat{\theta}_n-\theta))\to 0 \quad (n\to\infty)$$

如何利用公式(2.19)来判断$\hat{\theta}_n$ 是某未知参数 θ 的相合估计量呢?

例 2.2.4 设总体 $X\sim N(\mu,\sigma^2)$,$X_1,X_2,\cdots,X_n$ 为来自总体 X 的样本. 证明:估计量 $S_1^2=\frac{1}{n+1}\sum\limits_{i=1}^{n}(X_i-\bar{X})^2$ 是 σ^2 的相合估计量.

证明 因为

$$\frac{(n+1)S_1^2}{\sigma^2}=\frac{\sum_{i=1}^{n}(X_i-\bar{X})^2}{\sigma^2}\sim\chi^2(n-1)$$

所以

$$E\frac{(n+1)S_1^2}{\sigma^2}=n-1,D\frac{(n+1)S_1^2}{\sigma^2}=2(n-1)$$

即

$$ES_1^2=\frac{n-1}{n+1}\sigma^2,DS_1^2=\frac{2(n-1)}{(n+1)^2}\sigma^4$$

显然,当 $n\to\infty$ 时,$ES_1^2\to\sigma^2$,$DS_1^2\to0$. 由定理 2.2.2 知,S_1^2 是 σ^2 的相合估计量. 注意,S^2 也是 σ^2 的相合估计量.

用定理 2.2.2 判断一个估计量具有相合性是常用的方法. 前面例子中许多估计量都具有相合性. 在一般条件下,矩估计量和最大似然估计量都具有相合性.

2.3 区间估计

参数的点估计是用一个数$\hat{\theta}$来估计未知参数 θ. 在评价近似式$\hat{\theta}\approx\theta$ 的质量时,主要是用估计量的数字特征来表征估计的优劣(无偏性、有效性),仅在样本容量充分大时,对近似等式的误差作了一般性的说明(相合性). 实际上,点估计对估计的精度与可靠度并没有作明确的回答. 例如用样本均值估计总体均值,有多大的误差和以多大的可靠度可以期望误差不超过某一限度等问题都未讲述. 这些问题在样本容量较小时,显得尤其重要.

需要对真值可能的范围加以估计,并要有足够的把握(置信度)确认这种估计,在一维情况下,这就是区间估计(interval estimation). 估计的精度用置信区间表示,可靠性用置信度表示,下面就说明这个问题.

为叙述方便,今后在上下文能辨别清楚的情况下,常常把样本与样本值统称为样本,并用小写字母 $x_1,x_2,\cdots,x_n$ 表示,并把样本均值和样本方差的观测值也分别用小写字母 $\bar{x}$ 和 s^2 表示.

定义 2.3.1 对未知参数 θ,如果两个统计量$\hat{\theta}_1=\hat{\theta}_1(x_1,x_2,\cdots,x_n)$,$\hat{\theta}_2=\hat{\theta}_2(x_1,x_2,\cdots,x_n)$对给定的 $\alpha(0<\alpha<1)$,有

$$P(\hat{\theta}_1<\theta<\hat{\theta}_2)=1-\alpha \tag{2.20}$$

则$(\hat{\theta}_1,\hat{\theta}_2)$为参数$\theta$的置信度为$1-\alpha$的置信区间.

置信度$1-\alpha$要根据具体问题选定,为查表方便,常取$\alpha=0.1,0.05,0.01$.

评价一个置信区间的好坏有两个标准:一是置信度,以概率$P(\hat{\theta}_1<\theta<\hat{\theta}_2)$作为区间估计的可信程度(置信度)的度量,希望概率$P(\hat{\theta}_1<\theta<\hat{\theta}_2)$越大越好;另一个是精度(准确度),即区间长度$\hat{\theta}_2-\hat{\theta}_1$越小精度越高,也就越好. 由于一个区间估计$(\hat{\theta}_1,\hat{\theta}_2)$的两个端点都是随机变量,区间长度$\hat{\theta}_2-\hat{\theta}_1$也是随机变量. 为此,可用$E(\hat{\theta}_2-\hat{\theta}_1)$作为区间估计精度的一个度量指标. 但区间估计的置信度与精度是相互制约的,当样本容量n固定时,精度与置信度不可能同时提高. 因为当精度提高时,即$\hat{\theta}_2-\hat{\theta}_1$变小,区间$(\hat{\theta}_1,\hat{\theta}_2)$覆盖$\theta$的可能性变小,从而降低了置信度. 相反,当置信度增大时,$\hat{\theta}_2-\hat{\theta}_1$也会增大,从而导致精度降低. 为此,奈曼(Neyman)提出了现今所广泛接受的原则:先保证可靠度,在这个前提下尽量使精度提高. 即先选定置信度$1-\alpha$,然后再通过增加样本容量n来提高精度.

下面我们来解释区间估计的含义.

初看起来,式(2.20)似乎表示未知参数θ落在区间$(\hat{\theta}_1,\hat{\theta}_2)$内的概率为$1-\alpha$. 这种看法是不对的. 因为$\theta$是一个完全确定的数,而$(\hat{\theta}_1,\hat{\theta}_2)$是随机区间,故式(2.20)的正确含义为随机区间$(\hat{\theta}_1,\hat{\theta}_2)$包含$\theta$的概率为$1-\alpha$.

在对未知参数作具体估计时,人们把由样本值算出的一个完全确定的区间$(\hat{\theta}_1,\hat{\theta}_2)$也称为$\theta$的置信区间. 这时,$(\hat{\theta}_1,\hat{\theta}_2)$不再是随机区间了. 当取$\alpha=0.05$时,如果取100个容量为$n$的样本值,可以得到100个置信区间,那么其中大约有95个是包含θ的. 所以,如果只抽取一个容量为n的样本,得到一个具体的置信区间$(\hat{\theta}_1,\hat{\theta}_2)$,就认为它包含$\theta$. 当然,这样的判断可能是错误的,即实际上$(\hat{\theta}_1,\hat{\theta}_2)$并不包含$\theta$. 但只要$\alpha$很小,判断错了的可能性是很小的.

构造置信区间的一般方法如下:

(1)设法构造一个含有未知参数θ而不含其他未知参数的随机变量$T(x_1,x_2,\cdots,x_n;\theta)$,使其分布为已知且与$\theta$无关;

(2)对给定的α,根据T的分布找出两个临界值c与d,使得

$$P(c<T(x_1,x_2,\cdots,x_n;\theta)<d)=1-\alpha$$

(3)将不等式$c<T(x_1,x_2,\cdots,x_n;\theta)<d$转化为等价形式

$$\hat{\theta}_1(x_1,x_2,\cdots,x_n)<\theta<\hat{\theta}_2(x_1,x_2,\cdots,x_n)$$

则有

$$P(\hat{\theta}_1(x_1,x_2,\cdots,x_n)<\theta<\hat{\theta}_2(x_1,x_2,\cdots,x_n))=1-\alpha$$

于是$(\hat{\theta}_1,\hat{\theta}_2)$即为$\theta$的置信度为$1-\alpha$的置信区间.

2.3.1 单个正态总体参数的区间估计

设$x_1,x_2,\cdots,x_n$为取自正态总体$N(\mu,\sigma^2)$的一个样本,$\bar{x},s^2$分别表示样本均值和样本方差. 现在考虑以下区间估计问题.

1. σ^2 已知,求 μ 的置信区间

由式(1.17)

$$u=\frac{\bar{x}-\mu}{\sigma}\sqrt{n}\sim N(0,1)$$

对给定的α,查附表1得临界值$u_{\frac{\alpha}{2}}$(图2.1)使得

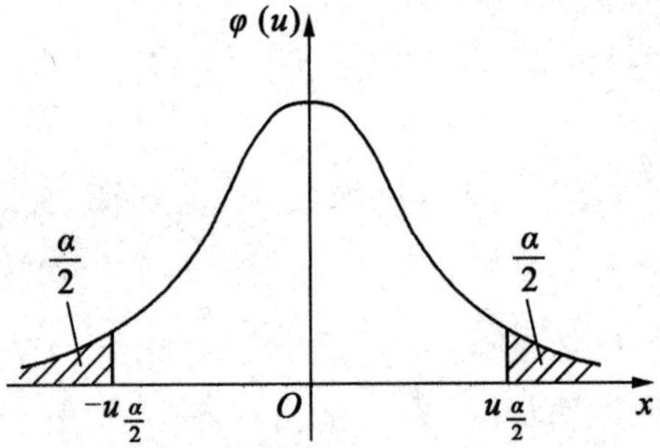

图2.1

$$P(-u_{\frac{\alpha}{2}}<u<u_{\frac{\alpha}{2}})=1-\alpha \tag{2.21}$$

将上式括号内不等式

$$-u_{\frac{\alpha}{2}}<\frac{\bar{x}-\mu}{\sigma}\sqrt{n}<u_{\frac{\alpha}{2}}$$

转化为等价形式

$$\bar{x}-u_{\frac{\alpha}{2}}\frac{\sigma}{\sqrt{n}}<\mu<\bar{x}+u_{\frac{\alpha}{2}}\frac{\sigma}{\sqrt{n}}$$

故得μ的置信区间为

$$\left(\bar{x}-u_{\frac{\alpha}{2}}\frac{\sigma}{\sqrt{n}},\bar{x}+u_{\frac{\alpha}{2}}\frac{\sigma}{\sqrt{n}}\right) \tag{2.22}$$

2. σ^2 未知,求 μ 的置信区间

由式(1.19)

$$t=\frac{\bar{x}-\mu}{s}\sqrt{n}\sim t(n-1)$$

对给定的α,查附表2得临界值$t_{\frac{\alpha}{2}}(n-1)$使得

$$P[-t_{\frac{\alpha}{2}}(n-1)<t<t_{\frac{\alpha}{2}}(n-1)]=1-\alpha \tag{2.23}$$

将上式括号内不等式

$$-t_{\frac{\alpha}{2}}(n-1)<\frac{\bar{x}-\mu}{s}\sqrt{n}<t_{\frac{\alpha}{2}}(n-1)$$

转化为等价形式

$$\bar{x}-t_{\frac{\alpha}{2}}(n-1)\frac{s}{\sqrt{n}}<\mu<\bar{x}+t_{\frac{\alpha}{2}}(n-1)\frac{s}{\sqrt{n}}$$

则得μ的置信区间为

$$\left(\bar{x}-t_{\frac{\alpha}{2}}(n-1)\frac{s}{\sqrt{n}},\bar{x}+t_{\frac{\alpha}{2}}(n-1)\frac{s}{\sqrt{n}}\right) \tag{2.24}$$

例 2.3.1 某厂生产的零件质量$X\sim N(\mu,\sigma^2)$,今从这批零件中随机抽取9个,测得其质量(单位:g)为:21.1,21.3,21.4,21.5,21.3,21.7,21.4,21.3,21.6.试在置信度0.95下,求参数μ的区间估计.

解 该问题没有告诉σ^2的任何信息,视σ^2为未知参数. 因为

$$\bar{x}=21.4,s^2=0.032\ 5,n=9,t_{0.025}(8)=2.306$$

计算

$$\bar{x}-\frac{s}{\sqrt{n}}t_{\alpha}(n-1)=21.4-\frac{0.180\ 3}{\sqrt{9}}\times 2.306=21.261\ 4$$

$$\bar{x}+\frac{s}{\sqrt{n}}t_{\alpha}(n-1)=21.4+\frac{0.180\ 3}{\sqrt{9}}\times 2.306=21.538\ 6$$

所以,参数μ的置信度为0.95的区间估计为(21.261 4,21.538 6).

3. 求σ^2的置信区间

由式(1.18)

$$\chi^2=\frac{(n-1)s^2}{\sigma^2}\sim\chi^2(n-1)$$

对给定的α查附表3得临界值$\chi^2_{1-\frac{\alpha}{2}}(n-1)$与$\chi^2_{\frac{\alpha}{2}}(n-1)$(图2.2)使得

$$P(\chi^2_{1-\frac{\alpha}{2}}(n-1)<\chi^2<\chi^2_{\frac{\alpha}{2}}(n-1))=1-\alpha \tag{2.25}$$

将上式括号内不等式

$$\chi^2_{1-\frac{\alpha}{2}}(n-1)<\frac{(n-1)s^2}{\sigma^2}<\chi^2_{\frac{\alpha}{2}}(n-1)$$

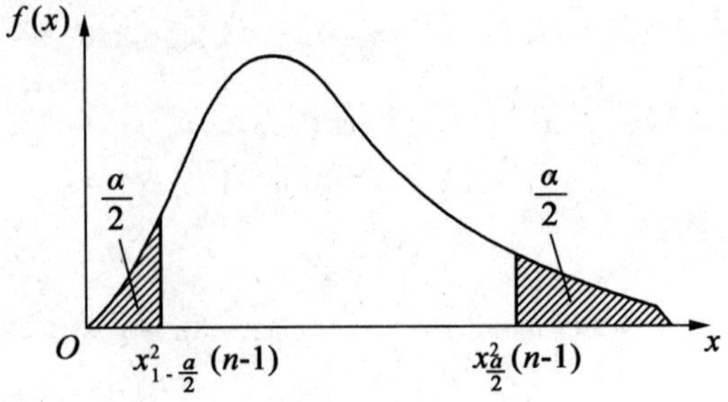

图 2.2

转化为等价形式

$$\frac{(n-1)s^2}{\chi^2_{\frac{\alpha}{2}}(n-1)} < \sigma^2 < \frac{(n-1)s^2}{\chi^2_{1-\frac{\alpha}{2}}(n-1)}$$

则得 σ^2 的置信区间为

$$\left(\frac{(n-1)s^2}{\chi^2_{\frac{\alpha}{2}}(n-1)}, \frac{(n-1)s^2}{\chi^2_{1-\frac{\alpha}{2}}(n-1)}\right) \tag{2.26}$$

σ 的置信区间为

$$\left(\sqrt{\frac{n-1}{\chi^2_{\frac{\alpha}{2}}(n-1)}}s, \sqrt{\frac{n-1}{\chi^2_{1-\frac{\alpha}{2}}(n-1)}}s\right) \tag{2.27}$$

例 2.3.2 在例 2.3.1 中，求 σ^2 的置信度为 0.95 的置信区间.

解 因为 $\bar{x}=21.4, s^2=0.032\,5, n=9, \chi^2_{0.025}(8)=17.54, \chi^2_{0.975}(8)=2.18$，计算

$$\frac{(n-1)s^2}{\chi^2_{\frac{\alpha}{2}}(n-1)} = \frac{0.26}{17.54} \approx 0.014\,8$$

$$\frac{(n-1)s^2}{\chi^2_{1-\frac{\alpha}{2}}(n-1)} = \frac{0.26}{2.1} \approx 0.119\,3$$

所以，σ^2 的置信度为 0.95 的置信区间为(0.014 8,0.119 3).

下面我们简单讨论关于置信度 $1-\alpha$、估计的允许误差 δ、总体方差 σ^2 和样本容量 n 之间的关系.

我们已经推导了在一个正态总体 $N(\mu,\sigma^2)$ 下，关于 μ 的置信度为 $1-\alpha$ 的置信区间为 $\bar{x} \pm u_{\frac{\alpha}{2}}\frac{\sigma}{\sqrt{n}}$. 显然该区间的精度为 $2u_{\frac{\alpha}{2}}\frac{\sigma}{\sqrt{n}}$，若事先给定估计参数 μ 的允许误差 δ，则应该满足如下关系

$$2u_{\frac{\alpha}{2}}\frac{\sigma}{\sqrt{n}} < \delta \tag{2.28}$$

如果已知参数 α,σ,δ，可以确定抽样数 n. 例如，已知 $\alpha=0.05,\sigma=0.2,\delta=0.1$，由式(2.28)知，$n>\left(2u_{\frac{\alpha}{2}}\frac{\sigma}{\delta}\right)^2=\left(2\times1.96\times\frac{0.2}{0.1}\right)^2=61.47$，即样本容量 n 至少应该取62.

由公式(2.28)，我们还注意到，样本容量 n 影响着置信区间的长度，容量较大的样本产生较短的置信区间，容量较小的样本产生较长的置信区间，因为容量大的样本包含了较多的信息. 另外，置信区间的长度还受置信度 $1-\alpha$ 的影响. 低置信度(如90%)产生较短的置信区间，高置信度(如99%)产生较长的置信区间. 由此进一步说明，可以通过增加样本容量或降低置信度这两种方法获得较短的置信区间，即提高估计精度.

另外对给定置信度 $1-\alpha$ 和同一未知参数 θ，即使用同一随机变量 $T(x_1,x_2,\cdots,x_n;\theta)$，也可以构造出许多不同的置信区间. 例如从附表3查出临界值 $\chi^2_{1-\alpha_1}(n-1)$ 与 $\chi^2_{\alpha_2}(n-1)$ 满足

$$P(\chi^2\leqslant\chi^2_{1-\alpha_1}(n-1))=\alpha_1$$

$$P(\chi^2\geqslant\chi^2_{\alpha_2}(n-1))=\alpha_2$$

那么，只要 $\alpha_1\geqslant0,\alpha_2\geqslant0,\alpha_1+\alpha_2=\alpha$ 成立

$$\left(\frac{(n-1)s^2}{\chi^2_{\alpha_2}(n-1)},\frac{(n-1)s^2}{\chi^2_{1-\alpha_1}(n-1)}\right)$$

即是 σ^2 的置信度为 $1-\alpha$ 的置信区间.

一般说来，在进行区间估计时，总是先规定一个置信度，以保证其可靠度达到一定要求. 在这个前提下，精度越高越好. 对确定的样本容量，在一定置信度下，置信区间长度的均值 $E(\hat{\theta}_2-\hat{\theta}_1)$ 越小越好. 选择 $\alpha_1=\alpha_2=\frac{\alpha}{2}$，主要是为查表方便，而不是基于如上考虑. 因为在这种情况下，求长度最短的置信区间是较复杂的事情，不便于实际计算.

2.3.2 两个正态总体参数的区间估计

设总体 $X\sim N(\mu,\sigma_1^2)$，总体 $Y\sim N(\mu_2,\sigma_2^2)$. $x_1,x_2,\cdots,x_{n_1}$ 为取自总体 X 的容量为 n_1 的样本，$\bar{x}$ 和 s_1^2 分别为它的样本均值与样本方差；$y_1,y_2,\cdots,y_{n_2}$ 为取自总体 Y 的容量为 n_2 的样本，$\bar{y}$ 和 s_2^2 分别为它的样本均值和样本方差. 又设这两个样本相互独立，考虑以下区间估计问题.

1. 已知 $\sigma_1^2=\sigma_2^2$，求 $\mu_1-\mu_2$ 的置信区间

由式(1.20)

$$t=\frac{\bar{x}-\bar{y}-(\mu_1-\mu_2)}{S_w\sqrt{\frac{1}{n_1}+\frac{1}{n_2}}}\sim t(n_1+n_2-2)$$

其中 $S_w=\sqrt{\frac{(n_1-1)s_1^2+(n_2-1)s_2^2}{n_1+n_2-2}}$. 对给定的 α,查附表 2 得临界值 $t_{\frac{\alpha}{2}}(n_1+n_2-2)$使得

$$P(-t_{\frac{\alpha}{2}}(n_1+n_2-2)<t<t_{\frac{\alpha}{2}}(n_1+n_2-2))=1-\alpha \tag{2.29}$$

将上式括号中不等式变形,容易得到 $\mu_1-\mu_2$ 的置信区间为

$$\left(\bar{x}-\bar{y}-t_{\frac{\alpha}{2}}(n_1+n_2-2)S_w\sqrt{\frac{1}{n_1}+\frac{1}{n_2}},\bar{x}-\bar{y}+t_{\frac{\alpha}{2}}(n_1+n_2-2)S_w\sqrt{\frac{1}{n_1}+\frac{1}{n_2}}\right) \tag{2.30}$$

2. 求$\frac{\sigma_1^2}{\sigma_2^2}$的置信区间

由式(1.21)

$$F=\frac{s_1^2}{s_2^2}\cdot\frac{\sigma_2^2}{\sigma_1^2}\sim F(n_1-1,n_2-1)$$

对给定的 α,查附表 4 得临界值 $F_{1-\frac{\alpha}{2}}(n_1-1,n_2-1)$和 $F_{\frac{\alpha}{2}}(n_1-1,n_2-1)$使得

$$P(F_{1-\frac{\alpha}{2}}(n_1-1,n_2-1)<F<F_{\frac{\alpha}{2}}(n_1-1,n_2-1))=1-\alpha \tag{2.31}$$

将上式括号中不等式变形,容易得到$\frac{\sigma_1^2}{\sigma_2^2}$的置信区间为

$$\left(\frac{s_1^2}{s_2^2}\cdot\frac{1}{F_{\frac{\alpha}{2}}(n_1-1,n_2-1)},\frac{s_1^2}{s_2^2}\cdot\frac{1}{F_{1-\frac{\alpha}{2}}(n_1-1,n_2-1)}\right) \tag{2.32}$$

例 2.3.3 某自动机床加工同类型套筒,假设套筒的直径服从正态分布,现从两个班次的产品中各抽验了 5 个套筒,测定了它们的直径(单位:cm),得如下数据

A 班:2.066,2.063,2.068,2.060,2.067

B 班:2.058,2.057,2.063,2.059,2.060

试求两班所加工的套筒直径的方差比$\frac{\sigma_1^2}{\sigma_2^2}$的置信度为 0.90 的置信区间和均值差 $\mu_1-\mu_2$的置信度为 0.95 的置信区间.

解 计算基本数据

$$n_1=n_2=5,\bar{x}_A=2.064\ 8,\bar{y}_B=2.059\ 4$$

$$s_A^2=0.000\ 010\ 7,s_B^2=0.000\ 005\ 3$$

查表：$F_{0.05}(4,4)=6.39$，$F_{0.05}(4,4)=\dfrac{1}{F_{0.05}(4,4)}=0.1565$. 所以，方差比$\dfrac{\sigma_1^2}{\sigma_2^2}$的置信度为 0.90 的置信区间为

$$\left(\frac{\frac{s_A^2}{s_B^2}}{F_{0.05}(4,4)},\frac{\frac{s_A^2}{s_B^2}}{F_{0.05}(4,4)}\right)=(0.3159,12.9001)$$

关于均值差$\mu_1-\mu_2$的置信度为 0.95 的置信区间为

$$\bar{x}_A-\bar{y}_B\pm t_{0.025}(8)S_w\sqrt{\frac{1}{5}+\frac{1}{5}}=0.0054\pm0.0041=(0.0013,0.0095)$$

2.3.3 大样本区间估计

2.3.1 与 2.3.2 中的结果，无论样本容量 n 多大都适用，因为那里构造置信区间时所用随机变量的精确分布都已知，这是在正态总体的大前提下才得到的. 对于非正态总体，相应的抽样分布一般难以计算，不易获得参数的区间估计. 但利用中心极限定理，我们可以求出某些统计量的样本容量较大时的近似分布. 因此，问题的本质又归结于正态总体的情形.

1. 一般总体均值的区间估计

设总体 X 的均值为μ，方差 σ^2 已知. 今从总体 X 中不断抽取样本，随着样本容量增大，得到一个独立同分布的随机变量序列 $x_1,x_2,\cdots,x_n,\cdots$. 由中心极限定理，对任何实数 x，有

$$\lim_{n\to\infty}P\left\{\frac{\sum_{i=1}^{n}x_i-n\mu}{\sqrt{n}\sigma}\leqslant x\right\}=\int_{-\infty}^{x}\frac{1}{\sqrt{2\pi}}\mathrm{e}^{-\frac{t^2}{2}}\mathrm{d}t$$

即当 n 充分大时，$u=\dfrac{\bar{x}-\mu}{\sigma}\sqrt{n}$近似地服从 $N(0,1)$.

对给定的 α，查附表 1 得 $u_{\frac{\alpha}{2}}$，有

$$P(-u_{\frac{\alpha}{2}}<u<u_{\frac{\alpha}{2}})\approx1-\alpha \tag{2.33}$$

将上式括号中不等式变形，得μ 的置信区间为

$$\left(\bar{x}-u_{\frac{\alpha}{2}}\frac{\sigma}{\sqrt{n}},\bar{x}+u_{\frac{\alpha}{2}}\frac{\sigma}{\sqrt{n}}\right) \tag{2.34}$$

置信度近似为 $1-\alpha$.

如果 σ 未知，可用样本标准差 s 代替 σ 得到 μ 的置信区间. 实际上，可以证

明，当 n 充分大时，有 $u=\frac{\bar{x}-\mu}{s}\sqrt{n}$ 近似地服从 $N(0,1)$，故得 μ 的置信区间为

$$\left(\bar{x}-u_{\frac{\alpha}{2}}\frac{s}{\sqrt{n}},\bar{x}+u_{\frac{\alpha}{2}}\frac{s}{\sqrt{n}}\right)\tag{2.35}$$

置信度近似为 $1-\alpha$.

2. 0 –1 分布参数的区间估计

设总体 $X\sim B(1,p)(0<p<1)$. 显然 $\mu=p,\sigma^2=p(1-p)$. 为估计 p，取容量为 n 的充分大的样本 $x_1,x_2,\cdots,x_n$. 由中心极限定理，$u=\frac{\bar{x}-\mu}{\sigma}\sqrt{n}=\frac{\bar{x}-p}{\sqrt{p(1-p)}}\sqrt{n}$ 近似地服从 $N(0,1)$. 对给定的 α，有

$$P(|u|<u_{\frac{\alpha}{2}})\approx 1-\alpha\tag{2.36}$$

上式括号内不等式

$$\left|\frac{\bar{x}-p}{\sqrt{p(1-p)}}\sqrt{n}\right|<u_{\frac{\alpha}{2}}\tag{2.37}$$

等价于

$$\frac{n(\bar{x}-p)^2}{p(1-p)}<u_{\frac{\alpha}{2}}^2$$

即

$$(n+u_{\frac{\alpha}{2}}^2)p^2-(2n\bar{x}+u_{\frac{\alpha}{2}}^2)p+n\bar{x}^2<0\tag{2.38}$$

令 $a=n+u_{\frac{\alpha}{2}}^2,b=-(2n\bar{x}+u_{\frac{\alpha}{2}}^2),c=n\bar{x}^2$ 知，式(2.38)的等价形式为

$$\hat{p}_1<p<\hat{p}_2\tag{2.39}$$

其中

$$\hat{p}_1=\frac{1}{2a}(-b-\sqrt{b^2-4ac})$$

$$\hat{p}_2=\frac{1}{2a}(-b+\sqrt{b^2-4ac})$$

从式(2.37)与式(2.39)的等价性得 p 的置信区间为 $(\hat{p}_1,\hat{p}_2)$，置信度近似为 $1-\alpha$.

由于 $0\leqslant\bar{x}\leqslant 1,4n\bar{x}\geqslant 4n\bar{x}^2$，故

$$b^2-4ac=u_{\frac{\alpha}{2}}^2[(u_{\frac{\alpha}{2}}^2+4n\bar{x})-4n\bar{x}^2]>0$$

因此 $\hat{p}_1,\hat{p}_2$ 总是存在的.

例 2.3.4 对 883 名成年人进行某调查，询问他们是否对春天的花粉过敏？调查的结果是：有 36% 的人在春天具有花粉过敏症状. 试求置信度为 95% 的“花粉

过敏”百分率 p 的置信区间.

解 已知样本容量 $n=883$，$\bar{x}=0.36$，则“花粉过敏”百分率 p 的置信区间为

$$\bar{x} \pm u_{\frac{\alpha}{2}}\frac{s}{\sqrt{n}}=0.36 \pm 1.96 \times \frac{\sqrt{0.36(1-0.36)}}{\sqrt{883}}=0.36 \pm 0.032$$

即成年人具有“花粉过敏”史的大约占33%～39%.

2.4 贝叶斯估计

以上讨论的参数估计只是利用了两类信息：一类信息是总体信息，即总体服从何种分布的信息；另一类信息是样本信息，也就是样本数据提供的有关未知参数的信息. 只利用这两种信息的统计学称为经典统计学. 在实际问题中，也可能在抽样之前就有了关于未知参数的某些信息，如果能利用这种信息，对参数的估计无疑是有好处的. 由于这种信息是在“试验之前”就已有的，故称为先验信息. 三种信息都用的统计学称为贝叶斯(Bayes)统计学. 下面将简要地介绍贝叶斯统计学中的点估计方法.

2.4.1 先验分布与后验分布

前面讨论的求点估计的方法和评价标准都是基于这样一种假定：样本分布中的参数 θ 是未知常数，即在每次估计中它的值是不变的. 关于估计的无偏性和相合性等定义实际上是一种频率解释. 基于上述假设的估计方法以及有关理论属于经典学派的范畴. 但是，在统计学中还有另一种观点：认为样本分布中的参数 θ 是随机变量. 由这种观点产生出来的理论和方法属于贝叶斯学派的范畴.

贝叶斯理论和方法区别于经典理论和方法主要在以下三点：

(1)样本分布中的参数 θ 不是常数，而是随机变量；

(2)参数 θ 的分布，称为先验分布(prior distribution)已知；

(3)样本分布 $F(x_1,x_2,\cdots,x_n;\theta)$ 是样本在给定 θ 时的条件分布，也可记为 $F(x_1,x_2,\cdots,x_n|\theta)$.

贝叶斯学派认为：在许多实际问题中，假定样本分布中的参数 θ 是常数往往不符合实际情况. 例如，某工厂每日生产产品的次品率 p 并不是固定的，而是逐日变化的，可能围绕着某个平均值上下浮动. 因此，可以认为该工厂每日生产产品的次品率 p 是一个随机变量. 若在某日生产的产品中进行抽样，并根据抽样结果来估计次品率，则这一估计针对的是当日的次品率——作为随机变量的次品率在当日

的实现值. 另外,在进行抽样之前,对参数 θ 有一定的认识,称为先验认识,它必须用 θ 的某种概率分布表达出来. 如何确定次品率 p 的概率分布呢? 根据该厂以前每日检验产品次品率 p 的记载情况,可以大致描绘出 p 的密度曲线(或概率分布) $\pi(p)$,以此获得 p 的先验分布. 如果该厂以往没有数据记录,则必须根据主观认识确定出 p 的先验密度 $\pi(p)$.

从贝叶斯学派的观点来看,在一个统计问题中,应具备两方面的信息:参数 θ 的先验分布和服从一定分布的样本(从经典学派的观点来看,我们仅有后一方面的信息). 先验分布可看成是关于参数 θ 的一般信息,而样本可看成是关于参数 θ 的具体信息或当前信息. 贝叶斯估计的目标是将两部分的信息集中起来,用以对参数 θ 进行推断.

在贝叶斯统计中,给定样本时,关于参数 θ 的条件分布 $h(\theta;x_1,x_2,\cdots,x_n)$ 称为后验分布(posterior distribution). 设总体 X 的密度函数(概率分布)为 $f(x;\theta)$, θ 的先验分布为 $\pi(\theta)$,则当参数 θ 给定时,样本 $(X_1,X_2,\cdots,X_n)$ 的联合密度函数为 $\prod_{i=1}^{n} f(x_i;\theta)$,记 $f(\boldsymbol{x}|\theta)=\prod_{i=1}^{n} f(x_i;\theta)$,其中 $\boldsymbol{x}=(x_1,x_2,\cdots,x_n)$,则参数 θ 和样本 $(X_1,X_2,\cdots,X_n)$ 的联合分布密度函数为 $\pi(\theta)f(\boldsymbol{x}|\theta)$,样本的边缘分布密度 $g(\boldsymbol{x})=\int_{-\infty}^{+\infty}\pi(\theta)f(\boldsymbol{x}|\theta)\mathrm{d}\theta$. 那么后验分布与样本分布和先验分布之间的关系为

$$h(\theta|\boldsymbol{x})=\frac{\pi(\theta)f(\boldsymbol{x}|\theta)}{\int_{-\infty}^{+\infty}\pi(\theta)f(\boldsymbol{x}|\theta)\mathrm{d}\theta}=\frac{\pi(\theta)f(\boldsymbol{x}|\theta)}{g(\boldsymbol{x})} \tag{2.40}$$

由公式(2.40)知,后验分布集中了先验分布和样本两部分信息. 因此所有关于参数 θ 的推断都应该从后验分布出发.

例 2.4.1 设 X 服从 0-1 分布,即 $P(X=1)=p$, $P(X=0)=1-p$, $p\in\Theta=(0,1)$, $X_1,X_2,\cdots,X_n$ 为样本,未知参数 p 的先验分布为均匀分布,即

$$\pi(p)=1\quad(0<p<1)$$

则由式(2.40)得 p 的后验分布为

$$\begin{aligned}h(p|x_1,x_2,\cdots,x_n)&=\frac{\prod_{i=1}^{n}p^{x_i}(1-p)^{1-x_i}\cdot 1}{\int_0^1\prod_{i=1}^{n}p^{x_i}(1-p)^{1-x_i}\cdot 1\mathrm{d}p}\\&=\frac{p^{\sum_{i=1}^{n}x_i}(1-p)^{n-\sum_{i=1}^{n}x_i}}{\int_0^1 p^{\sum_{i=1}^{n}x_i}(1-p)^{n-\sum_{i=1}^{n}x_i}\mathrm{d}p}\end{aligned}$$

$$= \frac{p^{n\bar{x}}(1-p)^{n-n\bar{x}}}{\int_0^1 p^{n\bar{x}}(1-p)^{n-n\bar{x}}\mathrm{d}p}$$

$$= \frac{\Gamma(n+2)}{\Gamma(n\bar{x}+1)\Gamma(n-n\bar{x}+1)}p^{n\bar{x}}(1-p)^{n-n\bar{x}}$$

即 p 的后验分布为 β 分布 $Be(n\bar{x}+1, n-n\bar{x}+1)$.

2.4.2 贝叶斯风险

如何从后验分布出发去构造参数 θ 的估计？有两种不同的思路可寻：

第一,从某种直观的想法出发,例如用后验分布中心位置的数字特征、后验分布的均值 $E(\theta|\boldsymbol{x})$ 来估计参数 θ,其中 $\boldsymbol{x}=(x_1,x_2,\cdots,x_n)$,$E(\theta|\boldsymbol{x})$ 的计算公式如下

$$E(\theta|\boldsymbol{x}) = \int_{-\infty}^{+\infty} yh(y|\boldsymbol{x})\mathrm{d}y \tag{2.41}$$

第二,提出适当的准则用来度量估计的优劣,并在可能的场合下寻找最优估计. 这里介绍在统计决策理论的框架内用于度量估计优劣的一些名词和概念.

1. 决策空间与决策函数

设总体 X 的分布函数为 $F(\boldsymbol{x};\theta)$,用样本空间中的一个点 $\boldsymbol{x}=(x_1,x_2,\cdots,x_n)$ 对未知参数 θ 作一个估计,亦即作一个决定,在统计决策中称这一决定为决策,并称可能采取的全部决策所成的集合为决策空间,记为 A.

统计决策问题实质上是对样本空间 Ω 的每一个样本点 x,在决策空间 A 上指明一个点与之对应. 这样一个对应规则可以看做定义在样本空间 Ω 上,取值于决策空间 A 的一个函数,称这个函数为决策函数,记为 $d(x_1,x_2,\cdots,x_n)$. 在不至于引起误解的情形下,也称 $d(X_1,X_2,\cdots,X_n)$ 为决策函数,这时,表示在得到样本观察值 x_1, $x_2,\cdots,x_n$ 时,采取决策 $d(x_1,x_2,\cdots,x_n)$. 因此 $d(X_1,X_2,\cdots,X_n)$ 本质上是一个统计量.

例 2.4.2 设总体 X 服从 0-1 分布,$P(x=1)=p$,$P(x=0)=1-p$,p 为未知参数,参数空间 $\Theta=[0,1]$,$X_1,X_2,\cdots,X_n$ 为取自总体 X 的样本. 则样本空间为由 2^n 个元素组成的数集 $\Omega=\{(x_1,x_2,\cdots,x_n)|x_i=0,1;i=1,2,\cdots,n\}$. 在点估计问题中,若采用样本均值作为 p 的估计量,估计值为 $\bar{x}=\frac{1}{n}\sum_{i=1}^{n}x_i$,则 $\bar{x}$ 为对 p 的一个决策,决策空间 $A=[0,1]$,即 $A=\Theta$,决策函数

$$d(x_1,x_2,\cdots,x_n)=\bar{x}=\frac{1}{n}\sum_{i=1}^{n}x_i$$

2. 损失函数与风险函数

由于对每个具体估计问题,总有许多不同的决策函数可供选择. 因此,必然会提出“选择的标准是什么?”这样的问题. 在点估计中,估计量的选择标准较多,根据不同的要求可以采用不同的标准,一般采用无偏性与最小方差等标准. 在决策论中,决策函数的选择标准是用损失函数与风险函数来描述的.

定义 2.4.1 设 Θ 为参数 θ 的参数空间,$L(\theta,d)$ 为定义于 Θ 和 A 上的一个非负二元实值函数,则称 $L(\theta,d)$ 为一个损失函数.

损失函数 $L(\theta,d)$ 表示对参数 θ 采取决策 d 所带来的损失. 由于损失总是非负的,所以要求 $L(\theta,d)\geqslant 0$. 对于不同的实际问题可以选择不同的损失函数. 常用的损失函数有:

(1) $L(\theta,d)=|\theta-d|$,绝对值损失函数;

(2) $L(\theta,d)=(\theta-d)^2$,平方损失函数,也称二次损失函数;

(3) $L(\theta,d)=\lambda(\theta)(\theta-d)^2,0<\lambda(\theta)<+\infty$,加权平方损失函数;

(4) $L(\theta,d)=\begin{cases}1,d\neq\theta\\0,d=\theta\end{cases}$,0 - 1 损失函数.

用得最多的是平方损失函数.

由于我们是用样本 $(X_1,X_2,\cdots,X_n)$ 建立的决策函数 $d(X_1,X_2,\cdots,X_n)$ 来产生决策的,在 $(X_1,X_2,\cdots,X_n)$ 取得观察值之前,$d(X_1,X_2,\cdots,X_n)$ 是一个随机变量,它所对应的损失 $L(\theta,d(X_1,X_2,\cdots,X_n))$ 也是一个随机变量,显然不能用依赖样本一次观察值 $x_1,x_2,\cdots,x_n$ 所采取的某个决策带来的损失 $L(\theta,d(x_1,x_2,\cdots,x_n))$ 来衡量损失的大小,而应采用平均损失来作评价,为此引入风险函数的概念.

定义 2.4.2 记

$$R(\theta,d)=E_\theta\{L[\theta,d(X_1,X_2,\cdots,X_n)]\} \tag{2.42}$$

称 $R(\theta,d)$ 为决策函数 $d(X_1,X_2,\cdots,X_n)$ 的风险函数,简称为风险函数.

$R(\theta,d)$ 是在参数为 θ 时对样本的损失函数 $L(\theta,d(X_1,X_2,\cdots,X_n))$ 所求的数学期望,代表了当参数为 θ 时采用决策 $d(X_1,X_2,\cdots,X_n)$ 所造成的平均损失. 显而易见,风险函数不仅依赖于决策函数 $d(x_1,x_2,\cdots,x_n)$,而且依赖于总体参数 θ.

在例 2.4.2 中取决策函数为 $\bar{x}=\dfrac{1}{n}\sum\limits_{i=1}^{n}x_i$,取平方损失函数为损失函数,则风险函数为

$$\begin{aligned}R(p,d)&=E_p(\bar{X}-p)^2=E_p(\bar{X}-E\bar{X})^2\\&=D(\bar{X})=\frac{1}{n}D(X)=\frac{1}{n}p(1-p)\end{aligned}$$

3. 贝叶斯风险

风险函数给出了一个判断决策函数优劣的标准，诚然，风险函数越小越好. 因此，若存在这样一个决策函数 d^*，使对任何决策函数 d 都有

$$R(\theta,d^*)\leqslant R(\theta,d) \quad (\forall\theta\in\Theta)$$

则称 d^* 为 θ 的一致最优决策函数. 然而一致最优决策函数通常是不存在的，故有必要引进某种限制较宽的优良性准则.

前面已作叙述，贝叶斯统计是将参数 θ 理解成具有先验分布的随机变量，在这个观点下，风险函数 $R(\theta,d)$ 便是随机变量. 如果再把风险函数 $R(\theta,d)$ 对 θ 取一次平均，那么所得结果就不依赖于参数 θ 而仅依赖于决策函数 d 了，以此作为衡量决策函数优劣的标准应该是合理的.

定义 2.4.3 设参数 θ 是具有先验分布的随机变量，决策函数 d 的风险函数为 $R(\theta,d)$. 记

$$B(d)=E(R(\theta,d)) \tag{2.43}$$

其中期望值是对 θ 求的. $B(d)$ 称为决策函数 d 在给定先验分布下的贝叶斯风险，简称 d 的贝叶斯风险.

从 $B(d)$ 的定义知，可以把贝叶斯风险看做是随机损失函数 $L(\theta,d(X_1,X_2,\cdots,X_n))$ 求两次期望而得到的. 当总体 X 和参数 θ 都是连续型随机变量时

$$\begin{aligned}
B(d) &= \int_\Theta R(\theta,d)\pi(\theta)\mathrm{d}\theta \\
&= \int_\Theta \left[\int_K L(\theta,\mathrm{d}(x_1,x_2,\cdots,x_n))\prod_{i=1}^n f(x_i|\theta)\mathrm{d}x_1\mathrm{d}x_2\cdots\mathrm{d}x_n\right]\pi(\theta)\mathrm{d}\theta \\
&= \int_\Theta \left[\int_n L(\theta,d(x_1,x_2,\cdots,x_n)g(x_1,x_2,\cdots,x_n))\cdot\right. \\
&\quad \left. h(\theta|x_1,x_2,\cdots,x_n)\mathrm{d}x_1\mathrm{d}x_2\cdots\mathrm{d}x_n\right]\mathrm{d}\theta \\
&= \int_\Omega g(x_1,x_2,\cdots,x_n)\left[\int_\Theta L(\theta,d(x_1,x_2,\cdots,x_n))\cdot\right. \\
&\quad \left. h(\theta|x_1,x_2,\cdots,x_n)\mathrm{d}\theta\right]\mathrm{d}x_1\mathrm{d}x_2\cdots\mathrm{d}x_n
\end{aligned} \tag{2.44}$$

2.4.3 贝叶斯估计

如同经典统计学中参数的矩估计、最大似然估计等一样，贝叶斯估计也可以依照不同的准则列出几种估计.

1. 最大后验估计

取使得后验密度函数(或概率函数)达到最大的参数值作为待估参数的估计值,称为贝叶斯最大后验估计,记作$\hat{\theta}_M$,求$\hat{\theta}_M$ 的基本思想和具体方法与最大似然法相同,下面通过例子来说明.

为了简化计算,定义"核"的概念如下:

定义 2.4.4　如果函数 $\varphi(x)$ 与函数 $f(x)$ 只相差一个常数因子,则称 $\varphi(x)$ 为 $f(x)$ 的核,记为 $f(x)\propto\varphi(x)$.

例如,$f(p)=C_m^k p^k(1-p)^{m-k}$,显然 $f(p)=C_m^k p^k(1-p)^{m-k}\propto p^k(1-p)^{m-k}=\varphi(p)$.

例 2.4.3(续例 2.4.1)　设总体 X 服从 0-1 分布,即 $P(X=1)=p,P(X=0)=1-p,p\in\Theta=(0,1)$,$X_1,X_2,\cdots,X_n$ 为样本,未知参数 p 的先验分布为 $p\sim U(0,1)$. 试求 p 的最大后验估计$\hat{p}_M$.

解　由例 2.4.1 知,p 的后验分布

$$h(p|x_1,\cdots,x_n)\propto p^{n\bar{x}}(1-p)^{n-n\bar{x}}$$

关于 p 求导数,并令导数为零,得方程

$$p^{n\bar{x}-1}(1-p)^{n-n\bar{x}-1}[n\bar{x}(1-p)-p(n-n\bar{x})]=0$$

即

$$n\bar{x}(1-p)-p(n-n\bar{x})=0$$

解之得

$$\hat{p}_M=\bar{x}$$

此结果与矩估计、最大似然估计的结果相同.

2. 期望型估计

取后验分布的期望值作为参数的估计值,称为贝叶斯期望型估计,记作$\hat{\theta}_\varepsilon$.

例 2.4.3 中因 p 的后验分布为 $Be(n\bar{x}+1,n-n\bar{x}+1)$,由于 β 分布 $Be(p,q)$ 的数学期望 $EX=\dfrac{p}{p+q}$知,p 的期望型估计为

$$\hat{p}_E=\frac{n\bar{x}+1}{(n\bar{x}+1)+(n-n\bar{x}+1)}=\frac{n\bar{x}+1}{n+2}$$

下面通过实例来说明这个期望型估计的合理性. 例如,一个人打靶,打了 n 次,命中了 r 次$\left(r=\sum\limits_{i=1}^{n}x_i=n\bar{x}\right)$. 现在问该人打靶命中率 p 应如何估计? 由例 2.4.3 知,p 的矩估计、最大似然估计、最大后验估计都是$\hat{p}=\bar{x}=\dfrac{r}{n}$. 但这一估计有其不合

理之处. 如对 $n=r=1$,估计$\hat{p}=1$,对 $n=r=100$,还是$\hat{p}=1$. 打了 100 次,每次都命中了,直觉上总感到该人命中率相当大;打了 1 次,命中了,就认为这个人的命中率为 1 似乎不很合适. 如果用期望型估计$\hat{p}_E=\dfrac{r+1}{n+2}$,那么当 $n=r=1$ 时,$\hat{p}=\dfrac{2}{3}$,当 $n=r=100$ 时,$\hat{p}=\dfrac{101}{102}$,显然这个估计要比$\hat{p}=\bar{x}$ 合理.

3. 最小风险估计

定义 2.4.5 设总体 X 的密度函数(或概率函数)为 $f(\boldsymbol{x};\theta)$,$\theta\in\Theta$,θ 是随机变量,其先验分布为 $\pi(\theta)$,$\boldsymbol{x}=(X_1,X_2,\cdots,X_n)$ 是样本. 若存在一个决策函数 $d^*(\boldsymbol{x})$,使得对任意一个决策函数 $d(\boldsymbol{x})$,均有

$$B(d^*)\leqslant B(d)$$

则称 $d^*(\boldsymbol{x})$ 为给定先验分布下 θ 的贝叶斯最小风险估计. 简称贝叶斯估计,记作$\hat{\theta}_B$.

由定义 2.4.5 知,贝叶斯估计 $d^*(\boldsymbol{x})$ 是使得贝叶斯风险 $B(d)$ 达到最小的决策函数.

定理 2.4.1 在平方损失函数

$$L(\theta,d)=[\theta-d(\boldsymbol{x})]^2$$

下,参数 θ 的贝叶斯估计为后验分布的数学期望,即

$$d^*(\boldsymbol{x})=\int_\Theta \theta h(\theta|\boldsymbol{x})\mathrm{d}\theta$$

证明 由式(2.44)知,贝叶斯风险在平方损失函数下取最小值等价于

$$\int_\Theta [\theta-d(\boldsymbol{x})]^2 h(\theta|\boldsymbol{x})\mathrm{d}\theta \tag{2.45}$$

对于 $d\in A$ 取最小值. 由于

$$\begin{aligned}\int_\Theta [\theta-d(\boldsymbol{x})]^2 h(\theta|\boldsymbol{x})\mathrm{d}\theta &= \int_\Theta [\theta^2+d^2(\boldsymbol{x})-2\theta d(\boldsymbol{x})]h(\theta|\boldsymbol{x})\mathrm{d}\theta \\ &= d^2(\boldsymbol{x})-2d(\boldsymbol{x})\int_\Theta \theta h(\theta|\boldsymbol{x})\mathrm{d}\theta+\int_\Theta \theta^2 h(\theta|\boldsymbol{x})\mathrm{d}\theta\end{aligned}$$

右端是关于 $d(\boldsymbol{x})$ 的二次三项式,因此当

$$d(\boldsymbol{x})=\int_\Theta \theta h(\theta|\boldsymbol{x})\mathrm{d}\theta \triangleq d^*(\boldsymbol{x})$$

时,对式(2.45)取最小值,故 $d^*(\boldsymbol{x})$ 即为参数 θ 的贝叶斯估计.

对于例 2.4.3 中待估参数 p,前面我们已求得$\hat{p}_M=\bar{x}$,$\hat{p}_E=\dfrac{n\bar{x}+1}{n+2}$,因此,在平方损失函数下

$$\hat{p}_B = \hat{p}_E = \frac{n\bar{x}+1}{n+2}$$

我们不难得到估计量 $d=\bar{X}$ 及 $d^* = \dfrac{n\bar{X}+1}{n+2}$ 的风险函数为

$$R(p,d) = E_p(\bar{X}-p)^2 = D(\bar{X}) = \frac{1}{n}p(1-p)$$

$$\begin{aligned} R(p,d^*) &= E_p\left(\frac{n\bar{X}+1}{n+2}-p\right)^2 \\ &= D\left(\frac{n\bar{X}+1}{n+2}\right) + \left[E_p\left(\frac{n\bar{X}+1}{n+2}-p\right)\right]^2 \\ &= \frac{n^2}{(n+2)^2}D(\bar{X}) + \left[\frac{nE(\bar{X})+1}{n+2}-p\right]^2 \\ &= \frac{1}{(n+2)^2}[np(1-p)+(1-2p)^2] \end{aligned}$$

相应的贝叶斯风险为

$$\begin{aligned} B(d) = B(\bar{X}) &= \int_0^1 R(p,\bar{X})\cdot 1\mathrm{d}p \\ &= \int_0^1 \frac{1}{n}p(1-p)\mathrm{d}p = \frac{1}{6n} \end{aligned}$$

$$\begin{aligned} B(d^*) &= \int_0^1 R(p,d^*)\cdot 1\mathrm{d}p \\ &= \int_0^1 \frac{1}{(n+2)^2}[np(1-p)+(1-2p)^2]\mathrm{d}p = \frac{1}{6(n+2)} \end{aligned}$$

显然,$B(d^*)<B(d)$.

2.4.4 先验分布的选取

在贝叶斯统计中,关于先验分布的选取是一个重要的问题.

首先,贝叶斯学派提出,如果没有以往任何信息来帮助我们确定参数的先验分布,则假定先验分布为参数空间 Θ 上的均匀分布. 即参数在它的变化范围内取到各个值的机会是相同的,这种确定先验分布的原则称为贝叶斯假设.

关于贝叶斯假设,当参数 θ 取值范围有界时,以均匀分布作为参数 θ 的先验分布是合理的. 但当参数 θ 取值范围无界时,如 $\theta\in(-\infty,+\infty)$,认为参数 θ 服从取值范围内的均匀分布就使人很难接受且不具有可操作性. 为此,人们提出了各种办法来选取参数 θ 的先验分布,以下介绍常用的两种方法.

1. 广义贝叶斯假设

由均匀分布的定义知,参数 θ 的先验分布假定如下

$$\pi(y)=\begin{cases}c, y\in D\\0, y\notin D\end{cases}$$

其中 c 为正常数. 为计算方便,经常略去密度函数取0的部分,简记为

$$\pi(y)=c \quad (y\in D)$$

或

$$\pi(y)\propto 1 \quad (y\in D)$$

在此假定下,后验密度函数

$$h(y|\boldsymbol{x})=\frac{\pi(y)f(\boldsymbol{x}|y)}{g(\boldsymbol{x})}\propto f(\boldsymbol{x}|y) \quad (y\in D) \tag{2.46}$$

例 2.4.4　设总体 $X\sim N(\mu,1)$,$X_1,X_2,\cdots,X_n$ 是来自于总体 X 的样本,$\mu\in(-\infty,+\infty)$,μ未知,并且 $L(\mu,d)=(\mu-d)^2$,求叶贝斯估计量 μ.

解　由公式(2.46)知

$$h(y|\boldsymbol{x})\propto f(\boldsymbol{x}|y)=\left(\frac{1}{\sqrt{2\pi}}\right)^n \mathrm{e}^{-\frac{1}{2}\sum\limits_{i=1}^{n}(x_i-y)^2}$$

$$\propto\exp\left(-\frac{1}{2}(ny^2-2yn\bar{x})\right)\propto\exp\left(-\frac{n}{2}(y-\bar{x})^2\right)$$

其中 $\boldsymbol{x}=(x_1,x_2,\cdots,x_n)$. 所以 $\mu|\boldsymbol{x}\sim N\left(\bar{x},\frac{1}{n}\right)$,$E(\mu|\boldsymbol{x})=\bar{x}$,即叶贝斯估计量 $\hat{\mu}=\bar{X}$.

2. 共轭先验分布

大家关心的问题是:参数 θ 的先验分布究竟选取什么分布比较合适?贝叶斯学派对先验分布提出一种称为“共轭先验分布”的选取方法. 其定义如下

定义 2.4.6　设样本的分布族是 $\{f(x;\theta)|\theta\in\Theta\}$,$\theta$ 的先验分布是 $\pi(\theta)$,若先验分布 $\pi(\theta)$ 与后验分布 $h(\theta|x)$ 属于同一分布类型,则先验分布 $\pi(\theta)$ 称为 $f(x|\theta)$ 的共轭先验分布.

这种选取方法的理由是:当我们将样本中的信息与先验分布中的信息融合在一起而得到后验分布时,可能得到更多的关于参数 θ 的信息,但不应该改变它的分布类型. 使用共轭分布的好处是:先验分布与后验分布属于同一分布族,便于比较. 如例2.4.4,对于来自正态总体 $N(a,1)$ 的样本,选取参数 a 的先验分布 $N(\mu,\sigma^2)$,其中 μ,σ^2 已知,计算得到 a 的后验分布为

$$a|x\sim N\left(\frac{\mu+n\bar{x}\sigma^2}{1+n\sigma^2},\frac{\sigma^2}{1+n\sigma^2}\right)$$

说明先验分布与后验分布仍属于同一类型. 常见概率分布的共轭先验分布及后验

分布见表2.1.

贝叶斯学派在第二次世界大战以后获得蓬勃发展,由于其深刻的思想和独特的视角确实具有一些别的方法所不具备的优点. 对一个应用工作者而言,将数理统计方法作为一种工具对贝叶斯估计方法作进一步的了解是非常必要的.

表2.1　常见概率分布的共轭先验分布

总体分布	共轭先验分布	后验分布
二项分布 $B(n,p)$	β 分布 $\beta(a,b)$	$\beta(a+x,n+b-x)$
泊松分布 $P(\lambda)$	Γ 分布 $\Gamma(\alpha,\mu)$	$\Gamma(\alpha+n\bar{x},n+\mu)$
指数分布 $\Gamma(1,\frac{1}{\theta})$	逆 Γ 分布 $I\Gamma(\alpha,\lambda)$	$I\Gamma(\alpha+n,\lambda+n\bar{x})$
正态分布 $N(\mu,\sigma^2)$ (σ^2 已知)	$N(\mu_0,\tau^2)$	$N(\hat{\mu},\gamma^2)$,其中 $\gamma^2=\left(\frac{n}{\sigma^2}+\frac{1}{\tau^2}\right)^{-1}$ $\hat{\mu}=\left(\frac{n}{\sigma^2}+\frac{1}{\tau^2}\right)^{-1}\left(\frac{n\bar{x}}{\sigma^2}+\frac{\mu_0}{\tau^2}\right)$

习　题　2

1. 设 $X_1,X_2,\cdots,X_n$ 是来自总体 X 的样本. 试分别求总体未知参数的矩估计量与最大似然估计量. 已知总体 X 的分布密度为:

(1) $f(x;\lambda)=\begin{cases}\lambda e^{-\lambda x}, & x>0\\ 0, & x\leqslant 0\end{cases}$, $\lambda>0$ 未知;

(2) $f(x;\lambda)=\dfrac{\lambda^x}{x!}e^{-\lambda}$,其中 $x=0,1,2,\cdots;\lambda>0$ 未知;

(3) $f(x;a,b)=\begin{cases}\dfrac{1}{b-a}, & a\leqslant x\leqslant b\\ 0, & 其他\end{cases}$, $a<b$ 未知;

(4) $f(x;\theta)=\begin{cases}\theta x^{-2}, & 0<\theta\leqslant x<+\infty\\ 0, & 其他\end{cases}$, θ 未知;

(5) $f(x;\alpha,\beta)=\begin{cases}\dfrac{1}{\beta}e^{-\frac{x-\alpha}{\beta}}, & x\geqslant\alpha\\ 0, & x<\alpha\end{cases}$, $\beta>0,\alpha,\beta$ 未知;

(6) $f(x;\alpha,\beta)=\begin{cases}\dfrac{\alpha}{\beta^{\alpha}}x^{\alpha-1}, & \alpha\leqslant x\leqslant\beta\\ 0, & x<\alpha\end{cases}$, $\alpha,\beta>0$,其中参数 α,β 未知;

(7) $f(x;\theta)=\begin{cases}\dfrac{4x^2}{\theta^3\sqrt{\pi}}\mathrm{e}^{-\frac{x^2}{\theta^2}}, x>0\\ 0, x\leqslant 0\end{cases}$, $\theta>0$ 未知;

(8) $f(x;\theta)=(x-1)\theta^2(1-\theta)^{x-2}$,其中 $x=2,3,\cdots;0<\theta<1$.

2. 设总体 $X\sim N(\mu,\sigma^2)$,现得 X 的样本值为 14.7,15.1,14.8,15.0,15.2,14.6. 试用最大似然法、矩估计法求 μ 与 σ^2 的估计值.

3. 设总体 X 的概率分布如表 2.2 所示,其中 $\theta\left(0<\theta<\dfrac{1}{2}\right)$ 是未知参数,利用总体 X 的如下样本值:3,1,3,0,3,1,2,3. 求 θ 的矩估计值和最大似然估计值.

表 2.2

X	0	1	2	3
P	θ^2	$2\theta(1-\theta)$	θ^2	$1-2\theta$

4. 设总体的分布密度为

$$f(x;\alpha)=\begin{cases}(\alpha+1)x^{\alpha}, 0<x<1\\ 0, 其他\end{cases}$$

$X_1,X_2,\cdots,X_n$ 为其样本,求参数 α 的矩估计量 $\hat{\alpha}_1$ 和最大似然估计量 $\hat{\alpha}_2$. 现测得样本观测值为 0.1,0.2,0.9,0.8,0.7,0.7. 求参数 α 的估计值.

5. 设总体 X 的概率密度为

$$f(x)=\begin{cases}\dfrac{6x}{\theta^3}(\theta-x), 0<x<\theta\\ 0, 其他\end{cases}$$

$X_1,\cdots,X_n$ 是取自总体 X 的简单随机样本. 求:

(1) θ 的矩估计量 $\hat{\theta}$;

(2) $\hat{\theta}$ 的方差 $D(\hat{\theta})$.

6. 设总体 X 的概率分布 $f(x;\theta)$ ($\theta\in\{1,2,3\}$) 如表 2.3 所示. 若给定样本观测值:1,0,4,3,1,4,3,1. 求最大似然估计值 $\hat{\theta}$.

表 2.3

x	$f(x;1)$	$f(x;2)$	$f(x;3)$
0	1/3	1/4	0
1	1/3	1/4	0
2	0	1/4	1/4
3	1/6	1/4	1/2
4	1/6	0	1/4

7. 设总体 X 具有以下概率分布 $f(x;\theta)$，$\theta\in\{0,1\}$

$$f(x;0)=\begin{cases}1,0<x<1\\0,其他\end{cases},\quad f(x;1)=\begin{cases}\dfrac{1}{2\sqrt{x}},0<x<1\\0,其他\end{cases}$$

求参数 θ 的最大似然估计量 $\hat{\theta}$.

8. 设总体 X 的概率密度为

$$f(x;\theta)=\begin{cases}\theta,0<x<1\\1-\theta,1\leqslant x<2\\0,其他\end{cases}$$

其中 θ 是未知参数$(0<\theta<1)$. $X_1,X_2,\cdots,X_n$ 为来自总体 X 的简单随机样本，记 N 为样本值 $x_1,x_2,\cdots,x_n$ 中小于 1 的个数. 求：

(1) θ 的矩估计量；

(2) θ 的最大似然估计量.

9. 设 $X_1,\cdots,X_n(n>2)$ 为来自总体 $N(0,\sigma^2)$ 的简单随机样本，其样本均值为 $\bar{X}$. 记 $Y_i=X_i-\bar{X}(i=1,2,\cdots,n)$. 若 $C(Y_1+Y_n)^2$ 是 σ^2 的无偏估计量，求常数 C.

10. 设总体 X 服从正态分布 $N(\mu,\sigma^2)$，$X_1,X_2,\cdots,X_n$ 是其样本，则：

(1) 求 c 使得 $\hat{\sigma}^2=c\sum\limits_{i=1}^{n-1}(X_{i+1}-X_i)^2$ 为 σ^2 的无偏估计量；

(2) 求 k 使得 $\hat{\sigma}=k\sum\limits_{i=1}^{n}|X_i-\bar{X}|$ 为 σ 的无偏估计量.

11. 设总体 $X\sim N(\mu,\sigma^2)$，X_1,X_2,X_3 是来自 X 的样本. 试证：估计量

$$\hat{\mu}_1=\frac{1}{5}X_1+\frac{3}{10}X_2+\frac{1}{2}X_3$$

$$\hat{\mu}_2=\frac{1}{3}X_1+\frac{1}{4}X_2+\frac{5}{12}X_3$$

$$\hat{\mu}_3=\frac{1}{3}X_1+\frac{1}{6}X_2+\frac{1}{2}X_3$$

都是 μ 的无偏估计，并指出它们中哪一个最有效.

12. 设样本 $X_1,X_2,\cdots,X_n$ 来自于总体 X，且 $X\sim P(\lambda)$（泊松分布）. 求 $E\bar{X},D\bar{X}$，并求 C-R 不等式下界，最后证明估计量 $\bar{X}$ 是参数 λ 的有效估计量.

13. 设总体 X 具有如下密度函数

$$f(x;\theta)=\begin{cases}\theta x^{\theta-1},0<x<1\\0,其他\end{cases}\quad(\theta>0)$$

$X_1,X_2,\cdots,X_n$ 是来自于总体 X 的样本. 对可估计函数 $g(\theta)=\frac{1}{\theta}$,求 $g(\theta)$ 的有效估计量 $\hat{g}(\theta)$,并确定 C-R 不等式下界.

14. 设总体 X 服从几何分布 $P(X=k)=p(1-p)^{k-1}(k=1,2,\cdots)$,可估计函数 $g(p)=\frac{1}{p}$,则:

(1)求 $g(p)$ 的有效估计量 $T(X_1,X_2,\cdots,X_n)$;

(2)求方差 DT 和信息量 $I(p)$;

(3)验证 T 的相合性.

15. 设总体 $X\sim N(\mu,\sigma^2)$,$X_1,X_2,\cdots,X_n$ 为来自 X 的样本. 试证:$S^2=\frac{1}{n-1}\sum_{i=1}^{n}(X_i-\bar{X})^2$ 是 σ^2 的相合(一致)估计.

16. 从一批钉子中抽取 16 枚,测得其长度为(单位:cm):2. 14,2. 10,2. 13,2. 15,2. 13,2. 12,2. 13,2. 10,2. 15,2. 12,2. 14,2. 10,2. 13,2. 11,2. 14,2. 11. 设钉长分布服从正态分布. 试在下列情况下求总体期望 μ 的置信度为 0. 90 的置信区间:

(1)已知 σ 为 0. 01 cm;

(2)σ 为未知.

17. 在方差 σ^2 已知的正态总体下,问抽取容量 n 为多大的样本,才能使总体均值 μ 的置信度为 $1-\alpha$ 的置信区间长度不大于 l?

18. 从正态总体 $N(3.4,36)$ 中抽取容量为 n 的样本,如果要求其样本均值位于区间(1. 4,5. 4)内的概率不小于 0. 95,问样本容量 n 至少应取多大?

19. 零件的尺寸与规定尺寸的偏差 $X\sim N(\mu,\sigma^2)$,今测试 10 个零件,得偏差值为(单位:cm):2,1,-2,3,2,4,-2,5,3,4. 试求 μ 和 σ^2 的无偏估计值和置信度为 0. 90的置信区间.

20. 假设 0. 5,1. 25,0. 8,2. 0 是总体 X 的简单随机样本值. 已知 $Y=\ln X\sim N(a,1)$.

(1)求参数 a 的置信度为 0. 95 的置信区间;

(2)求 EX 的置信度为 0. 95 的置信区间.

21. 对某农作物的两个品种计算了 8 个地区的单位面积产量如下

品种 A:86,87,56,93,84,93,75,79

品种 B:80,79,58,91,77,82,74,66

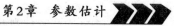

假定两个品种的单位面积产量分别服从正态分布,且方差相等. 试求平均单位面

积产量之差的置信度为0.95的置信区间.

22. 有两位化验员 A,B,他们独立地对某种聚合物的含氯量用相同方法各做了10次测定,其测定值的方差 S^2 依次为0.541 9和0.606 5,设 σ_A^2 与 σ_B^2 分别为 A,B 所测量数据的总体方差(正态总体).求方差比 σ_A^2/σ_B^2 的置信度为95%的置信区间.

23. 设总体 X 服从区间 $[0,\theta]$ 上的均匀分布 $(\theta>0)$,$X_1,X_2,\cdots,X_n$ 为来自 X 的一个样本. 试利用 $\frac{X_{(n)}}{\theta}$ 的分布导出未知参数 θ 的置信度为 $1-\alpha$ 的置信区间.

24. 设总体 $X\sim B(1,p)$,假设 p 的先验分布是 β 分布 $Be(a,b)$,其密度函数为

$$f(x)=\frac{\Gamma(a+b)}{\Gamma(a)\Gamma(b)}x^{a-1}(1-x)^{b-1}\quad(0<x<1)$$

$X_1,X_2,\cdots,X_n$ 为来自 X 的样本.试求 p 的后验分布.

25. 设总体 $X\sim N(\mu,1)$,参数 $\mu\sim N(0,1)$,$X_1,X_2,\cdots,X_n$ 是来自总体 X 的样本,并且 $L(\mu,d)=(\mu-d)^2$.求参数 μ 的贝叶斯估计量 $\hat{\mu}$.

26. 设总体 $X\sim P(\lambda)$,参数 λ 具有指数分布,即 $\lambda\sim\Gamma(1,\gamma)$,并且损失函数为平方差函数形式.求参数 λ 的贝叶斯估计量 $\hat{\lambda}$.

27. 设总体 X 具有密度函数

$$f(x)=\begin{cases}\lambda^2 x\mathrm{e}^{-\lambda x},\ x>0\\0,x\leqslant 0\end{cases}$$

其中未知参数 $\lambda>0$,$X_1,X_2,\cdots,X_n$ 为总体 X 的样本,如果 λ 的先验分布 $\lambda\sim\Gamma(1,a_0)$,a_0 为已知,那么在平方损失函数下求 λ 的贝叶斯估计量 $\hat{\lambda}$.

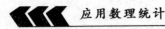

第 3 章　假设检验

假设检验(hypothesis testing)是统计推断的一个重要组成部分,是一种利用样本信息对总体的某种假设进行判断的方法. 它分为参数假设检验与非参数假设检验. 对总体分布中未知参数的假设检验称为参数假设检验(parameter hypothesis testing);对总体分布函数形式或总体分布性质的假设检验称为非参数假设检验(nonparametric hypothesis testing).

3.1　假设检验的基本概念

3.1.1　假设检验的问题

为了说明假设检验的基本思想和基本概念,我们先看几个实际例子.

例 3.1.1　某咨询公司根据过去资料分析了国内旅游者的旅游费,发现参加 5 日游的游客旅游费用(包括车费、住宿费、膳食费以及购买纪念品等方面的费用)服从均值为 1 010 元,标准差为 205 元的正态分布. 今年对 400 位这类游客的调查显示,平均每位游客的旅游费用是 1 250 元. 问与过去比较今年这类游客的旅游费用是否有显著变化?

设 X(单元:元)表示今年参加 5 日游的任意一位游客的旅游费用,如果已知 X 服从 $N(\mu,\sigma^2)$ 分布,那么本例中我们所关心的问题就是根据样本数据判断“$\mu = 1\ 010$”是否成立.

例 3.1.2　为了研究一种新化肥对种植小麦的效力,选用 13 块条件相同面积相等的土地进行试验,各块产量如下(单位:kg)

施肥的:34,35,30,33,34,32

未施肥的:29,27,32,28,32,31,31

问这种化肥对小麦产量是否有显著影响?

用 X 与 Y 分别表示在一块土地上施肥与未施肥情况下小麦的产量. 如果已知它们分别服从 $N(\mu_1,\sigma_1^2)$ 与 $N(\mu_2,\sigma_2^2)$ 分布,那么问题就是检验假设“$\mu_1 = \mu_2$”是否成立?

例 3.1.3　某电话交换台在 1 小时内接到用户呼叫次数按每分钟记录如表3.1所示. 试问呼叫次数 X 的分布能否看做泊松分布?

表 3.1

呼叫次数	0	1	2	3	4	5	6	≥7
频数	8	16	17	10	6	2	1	0

本例中我们所关心的问题是,随机变量 X 是否服从泊松分布? 即根据样本提供的信息对此假设作出判断.

以上三个例子都没有要求我们去估计某个参数的值或取值范围,因此不适合用参数估计. 但这些却是假设检验中的常见问题. 其中例 3.1.1 和例 3.1.2 是参数的假设检验问题,目的是为了对总体的参数及其性质作出判断.

在例 3.1.1 ~ 例 3.1.3 中,只提出一个统计假设,而且目的也仅仅是判断这个统计假设是否成立,并不同时研究其他统计假设,这类假设检验又称为显著性检验. 本章将讨论参数假设与非参数假设的一些显著性检验方法.

3.1.2　假设检验的基本思想

根据大数定律,在大量重复试验中,某事件 A 出现的频率依概率接近于事件 A 的概率,因而若某事件 A 的概率 α 很小,则在大量重复试验中,它出现的频率应该很小. 例如 $\alpha = 0.001$,则大约在 1 000 次试验中,事件 A 才出现一次. 因此,概率很小的事件在一次试验中实际上不可能出现. 人们称这样的事件为实际不可能事件. 在概率统计的应用中,人们总是根据所研究的具体问题规定一个界限 $\alpha(0 < \alpha < 1)$,把概率不超过 α 的事件看成是实际不可能事件,认为这样的事件在一次试验中是不会出现的. 这就是所谓"小概率原理".

为了说明假设检验的基本思想,先看一个例子.

例 3.1.4　据报道,某百货商场为搞促销对购买一定金额商品的顾客给予一次摸球中奖的机会,规定从装有红、白两色球各 6 个的暗箱中随机有放回地摸出 15 个球. 若 15 个球都是红球则中特等奖. 结果第一天就有人摸得了 15 个红球,但商场认定此人作弊,拒付特等奖.

若仅从统计的角度看,商店的怀疑是有道理的. 因为如果此人没有作弊,完全是随机摸球,那么摸得 15 个红球是随机事件,其概率为 $(1/2)^{15} \approx 0.000\,030\,517\,6$. 即使当天有 1 000 人摸奖,概率也仅为 0. 03,这是一个小概率事件,与小概率原理——小概率事件在一次试验中不发生产生矛盾. 因此,撇开问题的实际情况,仅看推断过程,使用了建立在小概率原理上的反证法:首先对所研究的问题提出一种看法——称为"原假法"(null hypothesis,NH),此处可假定顾客没有作弊,然后在原假设成立的条件下,分析抽样所发生的事件是否是一个小概率事件,本例算出来的概率是0.03(当然什么概率才算小概率,可以事先规定,这就是显著性水平(level of significance)). 若是小概率,则根据小概率原理拒绝原假设;若不是,则不能拒绝原假设,只能接受原假设. 本例如果规定显著性水平为0.05,则拒绝顾客没有作弊的假定,认为顾客作弊了. 反之,若显著性水平是0.01,则判断顾客作弊不够明显,显而易见,假设检验对拒绝原假设是十分谨慎的.

下面我们用统计中的参数假设检验来严格地叙述上面的问题. 这时例3.1.1的问题可以描述为:总体 X 的均值 μ 与 $\mu_0=1\ 010$ 比较无显著差异,原假设可设为:μ 与 $\mu_0=1\ 010$ 无显著差异,用符号"$H_0:\mu=\mu_0$"表示,用"$H_1:\mu\neq\mu_0$"表示 μ 与 $\mu_0=1\ 010$ 有显著差异,称为备择假设(alternative hypothesis).

由于样本均值 $\bar{X}$ 是 μ 的一致最小方差无偏估计量,因而通常情况下 $|\bar{X}-\mu|$ 的观测值应很小,在 H_0 成立时,即 $|\bar{X}-\mu_0|$ 很小. 换句话说,在 H_0 成立的假设下,$\{|\bar{X}-\mu_0|很大\}$ 是一个小概率事件. 因此对给定的一个很小的正数(显著性水平)$\alpha(0<\alpha<1)$,可以通过下式确定临界值 c

$$P(|\bar{X}-\mu|>c|H_0\text{ 成立})=P(|\bar{X}-\mu_0|>c)=P\left(\frac{|\bar{X}-\mu_0|}{\frac{\sigma}{\sqrt{n}}}>\frac{c\sqrt{n}}{\sigma}\right)=\alpha \quad (3.1)$$

由于在 H_0 成立下 $\bar{X}\sim N(\mu_0,\frac{\sigma^2}{n})$,所以 $\frac{c\sqrt{n}}{\sigma}=u_{\frac{\alpha}{2}}$,即

$$c=u_{\frac{\alpha}{2}}\frac{\sigma}{\sqrt{n}} \quad (3.2)$$

获得临界值 c 以后,当 $x_1,x_2,\cdots,x_n$ 使得 $|\bar{x}-\mu_0|>c$ 时,拒绝 H_0;否则,就接受 H_0. 称

$$\{(x_1,x_2,\cdots,x_n)\,|\,|\bar{x}-\mu_0|>c\} \quad (3.3)$$

为 H_0 的拒绝域(rejection region),简记为 $\{|\bar{x}-\mu_0|>c\}$,用 K_0 表示. 称

$$\{(x_1,x_2,\cdots,x_n)\,|\,|\bar{x}-\mu_0|\leqslant c\} \quad (3.4)$$

为 H_0 的接受域(acceptance region),简记为 $\{|\bar{x}-\mu_0|\leqslant c\}$,用 $\bar{K}_0$ 表示,$\bar{X}$ 称为检验统计量.

对例3.1.1,取 $\alpha=0.05$,查表得 $u_{\frac{\alpha}{2}}=u_{0.025}=1.96$,计算出临界值 $c=1.96\times$

$\frac{205}{\sqrt{400}}=20.09$，$H_0$ 的拒绝域 $K_0=\{|\bar{x}-1\ 010|>20.09\}$. 由于 $|\bar{x}-\mu_0|=|1\ 250-1\ 010|=240>c=20.09$，所以拒绝 H_0，接受 H_1，即在显著性水平是5%时，今年参加5日游的游客的旅游费用较过去有显著的变化.

从上述分析可见，对于一个假设检验问题，关键在于适当选择检验统计量和拒绝域 K_0 的形式. 对参数假设检验，检验统计量一般与要检验的参数的估计量有关.

3.1.3　假设检验的基本步骤

1. 设立统计假设

统计假设是关于总体状况的一种陈述，一般包含两个假设：一个是原假设，也称为零假设，用 H_0 表示；另一个是备择假设，也称为对立假设，用 H_1 表示，表示在抛弃原假设后可提供的假设. 在假设检验中，若肯定了原假设就等于否定了备择假设；若肯定了备择假设就等于否定了原假设. 从形式上看，原假设与备择假设的内容可以互换，但原假设与备择假设的提出却不是任意的. 因为假设检验拒绝原假设或接受备择假设相对不易，如果抽样结果不能显著地说明备择假设成立，则不能拒绝原假设接受备择假设. 因此，原假设与备择假设的选择取决于我们对问题的态度，一般把不能轻易接受的结论作为备择假设，需要有充分的理由才能否定的结论作为原假设.

2. 提出拒绝域形式

根据统计假设，提出拒绝域的形式. 拒绝域 K_0 的形式一般反映了 H_1 的结论，如例3.1.1中 $H_1:\mu\neq\mu_0$，表示总体均值 μ 与 μ_0 有显著差异，那么拒绝域的形式为 $\{|\bar{x}-\mu_0|>c\}$. 若 $H_1:\mu>\mu_0$，则选择拒绝域 K_0 的形式为 $\{\bar{x}-\mu_0>c\}$.

3. 选择检验统计量 $W=W(X_1,X_2,\cdots,X_n)$

在 H_0 成立的情况下检验统计量 $W=W(X_1,X_2,\cdots,X_n)$ 的分布或极限分布已知，并在给定的显著水平 α 下通过分位点确定临界值，从而确定拒绝域 K_0，保证

$$P(W(X_1,X_2,\cdots,X_n)\in K_0|H_0\text{ 成立})\leqslant\alpha \tag{3.5}$$

显著性水平是当 H_0 成立而拒绝 H_0 的概率上限，通常取0.01，0.05或0.10.

4. 结论

根据样本值 $x_1,x_2,\cdots,x_n$ 计算检验统计量的样本值 $w=W(x_1,x_2,\cdots,x_n)$. 若 $w\in K_0$，则拒绝 H_0，否则接受 H_0.

3.1.4 两类错误

由于抽样的随机性和小概率原理,假设检验所作出的判断可能与事实不吻合,出现判断错误,如表3.2所示. 把作出拒绝 H_0 的判断可能犯的错误(即 H_0 成立时拒绝了 H_0)称为第I类错误(type I error)或弃真错误;把作出接受 H_0 的判断可能犯的错误(即 H_0 不成立但接受了 H_0)称为第II类错误(type II error)或纳伪错误. 令

$$\alpha = P(\text{犯第I类错误}) = P(\text{拒绝} H_0 | H_0 \text{成立}) = P(w \in K_0 | H_0 \text{成立}) \tag{3.6}$$

即通过显著性水平 α 控制犯第I类错误的概率,令

$$\begin{aligned}\beta &= P(\text{犯第II类错误}) = P(\text{接受} H_0 | H_0 \text{不成立}) \\ &= P\{w \in \bar{K}_0 | H_0 \text{不成立}\}\end{aligned} \tag{3.7}$$

我们当然希望犯两类错误的概率 α 与 β 都尽可能小,但当样本容量 n 给定后,α 与 β 中的一个减小时,另一个必然随着增大,要使它们同时都很小,只有增加样本容量,这在实际中又是不现实的.

表3.2 假设检验的两类错误

		真实情况	
		H_0 成立	H_0 不成立
假设检验结果	拒绝 H_0	犯第I类错误(弃真错误)	判断正确
	接受 H_0	判断正确	犯第II类错误(纳伪错误)

例3.1.5 设总体 $X \sim N(\mu, \sigma^2)$,σ^2 已知,μ 只能取两个值 μ_0 和 μ_1,并假设 $\mu_0 < \mu_1$,现从总体 X 中抽取容量为 n 的样本 $X_1, X_2, \cdots, X_n$. 试在显著性水平 α 下,检验假设

$$H_0: \mu = \mu_0, H_1: \mu = \mu_1 (> \mu_0)$$

解 当 H_0 成立时,$U = \dfrac{\bar{X} - \mu_0}{\dfrac{\sigma}{\sqrt{n}}} \sim N(0,1)$. 在显著性水平 α 下,得到

$$P\{\text{拒绝} H_0 | H_0 \text{为真}\} = \alpha$$

即

$$P\left\{\frac{\bar{X} - \mu_0}{\dfrac{\sigma}{\sqrt{n}}} \geqslant u_{\frac{\alpha}{2}} | H_0 \text{为真}\right\} = P\left\{\bar{X} \geqslant \mu_0 + u_{\frac{\alpha}{2}} \frac{\sigma}{\sqrt{n}} | H_0 \text{为真}\right\} = \alpha \tag{3.8}$$

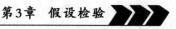

记 $\lambda=\mu_0+u_{\frac{\alpha}{2}}\frac{\sigma}{\sqrt{n}}$,则式(3.8)为

$$P\{\bar{X}\geqslant\lambda\mid H_0\text{ 为真}\}=\alpha$$

此为犯第Ⅰ类错误的概率.

下面来求犯第Ⅱ类错误的概率,由定义知

$$\beta=P\{\text{接受 }H_0\mid H_0\text{ 不真}\}=P\left\{\frac{\bar{X}-\mu_0}{\frac{\sigma}{\sqrt{n}}}<u_{1-\alpha}\mid H_0\text{ 不真}\right\}$$

$$=P\{\bar{X}<\lambda\mid H_1\text{ 为真}\} \tag{3.9}$$

现绘出 H_0 为真和 H_1 为真时 $\bar{X}$ 的密度函数图形,如图 3.1 所示.

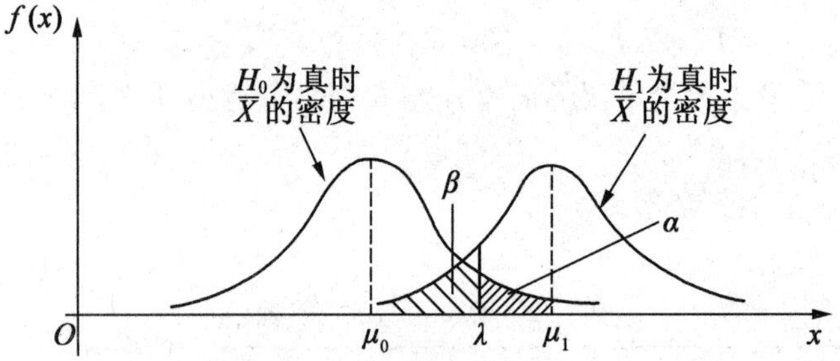

图 3.1

从图 3.1 可以看出,若要减小 α,则 λ 右移,此时 β 增大;若要减小 β,则 λ 左移,此时 α 又增大. 可见,当样本容量 n 给定后,α 与 β 是相互制约无法同时变小的,若要 α 和 β 同时减小,只有增加样本容量 n,这在实际中是有困难的.

基于上述情况,奈曼和小皮尔逊(N. S. Pearson)提出了一个原则,我们称之为 N-P 原则,即在控制犯第Ⅰ类错误 α 的条件下,寻求使犯第Ⅱ类错误的概率 β 尽量小的检验. 这在理论和计算上并非易事,为简单起见,在样本容量 n 给定时,可以先对犯第Ⅰ类错误的概率加以控制,再适当考虑犯第Ⅱ类错误的概率的大小,这就是显著性检验的基本原则.

例 3.1.6 设总体 $X\sim N(\mu,4)$,$X_1,X_2,\cdots,X_{16}$ 为其样本,考虑如下检验问题

$$H_0:\mu=0,H_1:\mu=-1$$

(1)试证下述两个检验(拒绝域)

$$w_1=\{2\bar{x}\leqslant-1.645\},w_2=\{2\bar{x}\leqslant-1.96\text{ 或 }2\bar{x}\geqslant1.96\}$$

犯第Ⅰ类错误的概率同为 $\alpha=0.05$;

(2)试求它们犯第Ⅱ类错误的概率,并说明哪个检验好.

解 (1)对第一个检验,因拒绝域为

$$w_1 = \{2\bar{x} \leqslant -1.645\}$$

设显著性水平为 α,则有

$$P\{拒绝 H_0 | H_0 为真\} = \alpha$$

又当 H_0 为真时,$U = \dfrac{\bar{X}-0}{\dfrac{\sigma}{\sqrt{n}}} = 2\bar{X} \sim N(0,1)$,所以有

$$P\{拒绝 H_0 | H_0 为真\} = P\{2\bar{X} \leqslant u_{1-\alpha}\} = \alpha$$

由于 $u_{1-\alpha} = -1.645$,故 $u_\alpha = 1.645$,查附表1得 $1-\alpha = 0.950$,所以 $\alpha = 0.05$.

又对第二个检验的拒绝域 $w_2 = \{2\bar{x} \leqslant -1.96$ 或 $2\bar{x} \geqslant 1.96\}$ 及显著性水平 α,有

$$P\{拒绝 H_0 | H_0 为真\} = \alpha$$

又当 H_0 为真时,$U = \dfrac{\bar{X}-\mu_0}{\dfrac{\sigma}{\sqrt{n}}} = 2\bar{X} \sim N(0,1)$,所以有

$$P\{拒绝 H_0 | H_0 为真\} = P\{2\bar{X} \leqslant k_1\} + P\{2\bar{X} \geqslant k_2\} = \alpha$$

取
$$P\{2\bar{X} \leqslant k_1\} = \frac{\alpha}{2}, P\{2\bar{X} \geqslant k_2\} = \frac{\alpha}{2}$$

则有
$$P\{2\bar{X} \leqslant u_{1-\frac{\alpha}{2}}\} = \frac{\alpha}{2}, P\{2\bar{X} \geqslant u_{\frac{\alpha}{2}}\} = \frac{\alpha}{2}$$

依题设有 $u_{\frac{\alpha}{2}} = -1.96$,所以 $u_{1-\frac{\alpha}{2}} = -u_{\frac{\alpha}{2}} = -1.96$,查附表1得 $1-\dfrac{\alpha}{2} = 0.975$,所以 $\alpha = 0.05$.

(2)对第一个检验,其犯第Ⅱ类错误的概率为

$$\beta_1 = P\{接受 H_0 | H_1 为真\}$$

因为 H_1 为真时,$U = \dfrac{\bar{X}+1}{\dfrac{\sigma}{\sqrt{n}}} = 2(\bar{X}+1) \sim N(0,1)$,所以

$$\begin{aligned}\beta_1 &= P\{2\bar{X} > -1.645 | H_1 为真\} = P\{2(\bar{X}+1) > 0.355 | H_1 为真\} \\ &= 1 - P\{2(\bar{X}+1) \leqslant 0.355 | H_1 为真\} = 1 - \Phi(0.355) \\ &= 1 - 0.639 = 0.361\end{aligned}$$

第二个检验犯第Ⅱ类错误的概率为

$$\beta_2 = P\{接受 H_0 | H_1 为真\}$$

因为当 H_1 为真时,$2(\bar{X}+1) \sim N(0,1)$,所以

$$\begin{aligned}\beta_2 &= P\{-1.96 < 2\bar{X} < 1.96 | H_1 为真\} \\ &= P\{0.04 < 2(\bar{X}+1) < 3.96 | H_1 为真\}\end{aligned}$$

$=\Phi(3.96)-\Phi(0.04)=0.999\ 963-0.516=0.484$

由于$\beta_1<\beta_2$,说明在显著性水平$\alpha=0.05$都一样的情况下,第一种检验犯第Ⅱ类错误的概率小于第二种检验犯第Ⅱ类错误的概率,即第一种检验比第二种检验好.

例 3.1.6 是 N-P 原则的一个应用,即在控制犯第Ⅰ类错误的概率α的条件下,寻求使犯第Ⅱ类错误的概率β尽量小的检验.

3.2 参数假设检验

由于实际问题中大多数随机变量服从或近似服从正态分布,因此这节重点介绍正态总体参数的假设检验. 按总体的个数,又可分为单个正态总体与多个(主要是两个)正态总体的参数假设检验.

3.2.1 单个正态总体参数的假设检验

设$x_1,x_2,\cdots,x_n$为取自正态总体$N(\mu,\sigma^2)$的一个容量为n的样本,$\bar{x}$与S^2分别为样本均值与样本方差,μ_0,σ_0为已知常数,$\sigma_0>0$. 现在来讨论关于未知参数μ,σ^2的各种假设检验法.

1. u 检验

(1)已知$\sigma^2=\sigma_0^2$,检验$H_0:\mu=\mu_0,H_1:\mu\neq\mu_0$.

选择统计量

$$u=\frac{\bar{x}-\mu_0}{\sigma_0}\sqrt{n} \tag{3.10}$$

在H_0成立的假定下,由式(1.17),它服从$N(0,1)$分布. 对给定的显著性水平α,查附表1可得临界值$u_{\frac{\alpha}{2}}$,使得

$$P(|u|\geqslant u_{\frac{\alpha}{2}})=\alpha \tag{3.11}$$

这说明

$$A=\{|u|\geqslant u_{\frac{\alpha}{2}}\} \tag{3.12}$$

为小概率事件(图 3.2). 将样本值代入式(3.10)算出统计量的值u. 如果$|u|\geqslant u_{\frac{\alpha}{2}}$,则表明在一次试验中小概率事件$A$出现了,因而拒绝$H_0$,接受$H_1$. 这种检验法称为$u$检验.

在以上的假设检验问题中,当构造小概率事件时,利用了统计量u的概率密度曲线两侧尾部的面积(图 3.2),这样的检验称为双侧检验. 这里采用双侧检验有直观的解释:因为任何情况下,$\bar{x}$都是未知参数μ的无偏估计,所以当H_0成立时,即

$\mu=\mu_0$时，$\bar{x}$ 与 μ_0 不应相差太大. 因此，对固定的样本容量 n，如果 $|u|$ 太大，则有理由怀疑 H_0 的正确性，从而认为 μ 与 μ_0 有显著差别. $|u|$ 大到什么程度才有足够的理由拒绝 H_0 呢？这需由给定的显著性水平 α 查得的临界值 $u_{\frac{\alpha}{2}}$ 来决定.

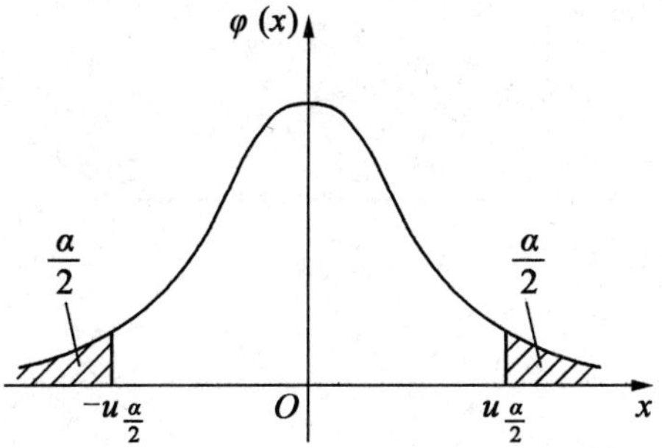

图 3.2

(2)已知 $\sigma^2=\sigma_0^2$，检验 $H_0:\mu\leqslant\mu_0$，$H_1:\mu>\mu_0$（$H_1:\mu=\mu_1,\mu_1>\mu_0$）.

选取统计量

$$u=\frac{\bar{x}-\mu_0}{\sigma_0}\sqrt{n} \tag{3.13}$$

并令

$$\tilde{u}=\frac{\bar{x}-\mu}{\sigma_0}\sqrt{n}$$

则 $\tilde{u}\sim N(0,1)$. 若 H_0 成立，还有

$$u\leqslant\tilde{u} \tag{3.14}$$

对给定的 α，由附表 1 可查得临界值 u_α，使得

$$P(\tilde{u}\geqslant u_\alpha)=\alpha$$

由式(3.14)可得

$$P(u\geqslant u_\alpha)\leqslant P(\tilde{u}\geqslant u_\alpha)=\alpha$$

这说明事件“$u\geqslant u_\alpha$”是小概率事件. 因此 H_0 的拒绝域为 $\{u\geqslant u_\alpha\}$. 将样本值代入式(3.13)算出统计量的值 u，若 $u\geqslant u_\alpha$，则拒绝 H_0，接受 H_1；否则可接受 H_0.

注意 这里在构造小概率事件时，利用了 $N(0,1)$ 分布概率密度曲线的单侧尾部的面积(图 3.3)，这样的检验称为单侧检验. 直观解释是：如果 H_0 成立，即 $\bar{x}$ 比 μ_0 的值就不能大得太多. 因此，对固定的 n，如果 u 太大，则有理由怀疑 H_0 的正确性. 至于 u 大到什么程度才有足够的理由拒绝 H_0 呢？这需由给定的显著性水平 α 从附表 1 查得的临界值 u_α 来决定.

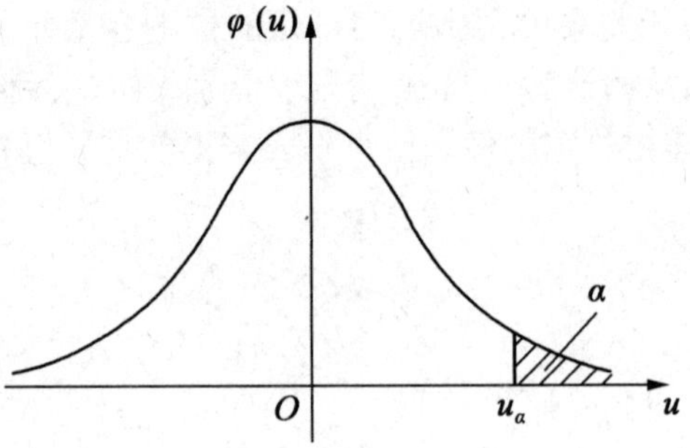

图 3.3

2. t 检验

(1)未知 σ^2,检验 $H_0:\mu=\mu_0$,$H_1:\mu\neq\mu_0$.

选择统计量

$$t=\frac{\bar{x}-\mu_0}{s}\sqrt{n} \tag{3.15}$$

在 H_0 成立的假定下,由式(1.19)知,t 服从 $t(n-1)$ 分布. 对给定的 α,从附表 2 查临界值 $t_{\frac{\alpha}{2}}(n-1)$,使得

$$P(|t|\geqslant t_{\frac{\alpha}{2}}(n-1))=\alpha \tag{3.16}$$

这说明 $A=\{|t|\geqslant t_{\frac{\alpha}{2}}(n-1)\}$ 是小概率事件. 可见 H_0 的拒绝域为 $|t|\geqslant t_{\frac{\alpha}{2}}(n-1)$. 于是将样本值代入式(3.15)算出统计量的值 t,如果 $|t|\geqslant t_{\frac{\alpha}{2}}(n-1)$,则拒绝 H_0,接受 H_1;反之,可接受 H_0. 由于这个检验法选择的统计量服从 t 分布,所以称为 t 检验. 这里采用了双侧检验.

(2)未知 σ^2,检验 $H_0:\mu\geqslant\mu_0$,$H_1:\mu<\mu_0$($H_1:\mu=\mu_1$,$\mu_1<\mu_0$).

选取统计量

$$t=\frac{\bar{x}-\mu_0}{s}\sqrt{n} \tag{3.17}$$

并令

$$\tilde{t}=\frac{\bar{x}-\mu}{s}\sqrt{n}$$

则由式(1.19)知,$\tilde{t}\sim t(n-1)$. 若 H_0 成立,还有

$$t\geqslant\tilde{t} \tag{3.18}$$

对给定的 α,由附表 2 查临界值 $t_\alpha(n-1)$,使得

$$P(\tilde{t}\leqslant -t_\alpha(n-1))=\alpha$$

由式(3.18)可得

$$P(t \leqslant -t_{\alpha}(n-1)) \leqslant P(\tilde{t} \leqslant -t_{\alpha}(n-1)) = \alpha$$

故事件“$t \leqslant -t_{\alpha}(n-1)$”是小概率事件. 因此,将样本值代入式(3.17)算得 t 值,如果 $t \leqslant -t_{\alpha}(n-1)$,则拒绝 H_0;否则可接受 H_0,拒绝 H_1. H_0 的拒绝域为 $t \leqslant -t_{\alpha}(n-1)$.

例 3.2.1 某产品中铅的质量分数服从正态分布,今从一批产品中随机抽取5个样品,它们的铅的质量分数(%)依次为:3.25,3.27,3.24,3.26,3.24. 试问在显著水平 $\alpha=0.01$ 下能否接受这批产品中铅的质量分数的均值为3.25?

解 由题意需检验 $H_0:\mu=\mu_0=3.25$,$H_1:\mu \neq \mu_0$,方差未知,则该检验的拒绝域为

$$|t| = \left|\frac{\bar{X}-\mu_0}{\frac{S}{\sqrt{n}}}\right| \geqslant t_{\frac{\alpha}{2}}(n-1)$$

现在 $n=5$,$\bar{x}=3.252$,$s=0.013\ 04$,$\alpha=0.01$,$t_{0.005}(4)=4.604\ 1$,计算得

$$|t| = \left|\frac{\bar{X}-\mu_0}{\frac{S}{\sqrt{n}}}\right| = 0.343 < 4.604\ 1$$

t 未落在拒绝域中,故接受 $H_0:\mu=3.25$,即可以认为这批产品中铅的质量分数的均值为3.25.

3.χ^2 检验

(1)未知 μ,检验 $H_0:\sigma^2=\sigma_0^2$,$H_1:\sigma^2 \neq \sigma_0^2$.

选择统计量

$$\chi^2 = \frac{(n-1)s^2}{\sigma_0^2} \tag{3.19}$$

在 H_0 成立的假定下,由式(1.18)知,它服从 $\chi^2(n-1)$ 分布. 对给定的 α,查附表3可得临界值 $\chi^2_{1-\frac{\alpha}{2}}(n-1)$ 与 $\chi^2_{\frac{\alpha}{2}}(n-1)$,使得

$$P(\chi^2 \leqslant \chi^2_{1-\frac{\alpha}{2}}(n-1)) = \frac{\alpha}{2}$$

$$P(\chi^2 \geqslant \chi^2_{\frac{\alpha}{2}}(n-1)) = \frac{\alpha}{2} \tag{3.20}$$

这说明

$$A = \{\chi^2 \leqslant \chi^2_{1-\frac{\alpha}{2}}(n-1)\} \cup \{\chi^2 \geqslant \chi^2_{\frac{\alpha}{2}}(n-1)\}$$

是小概率事件. 因此,H_0 的拒绝域为 $\{\chi^2 \leqslant \chi^2_{1-\frac{\alpha}{2}}(n-1)\}$ 或 $\{\chi^2 \geqslant \chi^2_{\frac{\alpha}{2}}(n-1)\}$. 由于这个检验法所用的统计量服从 χ^2 分布,所以称为 χ^2 检验.

这里也采用了双侧检验. 直观地看:因为 s^2 是 σ^2 的无偏估计,所以在 H_0 成立的条件下,s^2/σ_0^2 与 1 相差不应太大. 对固定的 n,$\chi^2=(n-1)s^2/\sigma_0^2$ 之值不应太大也不应太小. 至于大到什么程度和小到什么程度才可以拒绝 H_0 呢? 这由上面的检验法找到的两个临界值 $\chi^2_{\frac{\alpha}{2}}(n-1)$ 与 $\chi^2_{1-\frac{\alpha}{2}}(n-1)$ 来决定(图 3.4).

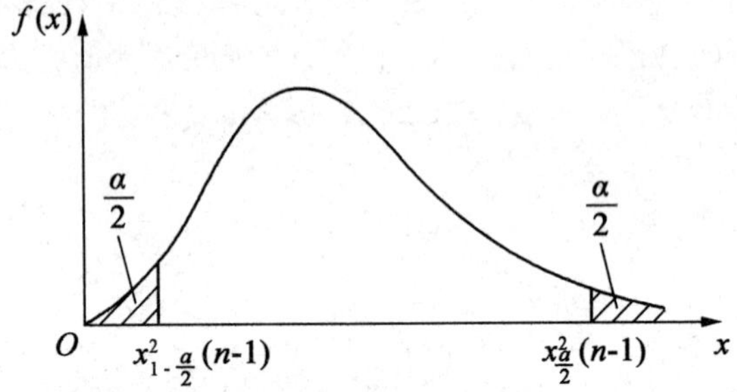

图 3.4

不难看出,如果从附表 3 查出临界值 $\chi^2_{1-\alpha_1}(n-1)$ 与 $\chi^2_{1-\alpha_2}(n-1)$ 满足

$$P(\chi^2\leqslant\chi^2_{1-\alpha_1}(n-1))=\alpha_1$$

$$P(\chi^2\geqslant\chi^2_{\alpha_2}(n-1))=\alpha_2$$

那么,只要 $\alpha_1\geqslant0,\alpha_2\geqslant0,\alpha_1+\alpha_2=\alpha$,则事件

$$A=\{\chi^2\leqslant\chi^2_{1-\alpha_1}(n-1)\}\cup\{\chi^2\geqslant\chi^2_{\alpha_2}(n-1)\}$$

就是小概率事件. 可见对不同选定的 α_1 和 α_2 可决定不同的检验法则. 因此,对同一检验统计量,检验法则也是很多的. 上面采用 $\alpha_1=\alpha_2=\frac{\alpha}{2}$ 的形式主要是为查表方便,而且这种检验法也是较好的.

(2)未知 μ,检验 $H_0:\sigma^2\leqslant\sigma_0^2,H_1:\sigma^2>\sigma_0^2(H_1:\sigma^2=\sigma_1^2,\sigma_1^2>\sigma_0^2)$.

选择统计量

$$\chi^2=\frac{(n-1)s^2}{\sigma_0^2}\tag{3.21}$$

并令

$$\tilde{\chi}^2=\frac{(n-1)s^2}{\sigma^2}$$

则由式(1.18)知,$\tilde{\chi}^2\sim\chi^2(n-1)$. 若 H_0 成立,还有

$$\chi^2\leqslant\tilde{\chi}^2\tag{3.22}$$

故

$$P(\chi^2\geqslant\chi^2_\alpha(n-1))\leqslant P(\tilde{\chi}^2\geqslant\chi^2_\alpha(n-1))=\alpha$$

其中$\chi_{\alpha}^{2}(n-1)$为$\chi^{2}(n-1)$分布的临界值,可从附表3查找. 由上可见,事件$A=\{\chi^{2}\geqslant\chi_{\alpha}^{2}(n-1)\}$是小概率事件,故$H_0$的拒绝域为$\{\chi^{2}\geqslant\chi_{\alpha}^{2}(n-1)\}$. 这里采用了单侧检验,读者不妨给以直观的解释.

例 3.2.2 已知维尼纶纤度在正常条件下服从正态分布$N(1.405,0.048^2)$. 某日抽取5根纤维,测得其纤度为1.32,1.55,1.36,1.40,1.44.问这一天纤度的总体标准差是否正常($\alpha=0.05$)?

解 (1)以X表示这一天生产的维尼纶纤度,则$X\sim N(\mu,\sigma^2)$. 如果总体标准差正常,则应有$\sigma^2=0.048^2$. 因而问题是检验$H_0:\sigma^2=0.048^2,H_1:\sigma^2\neq0.048^2$;

(2)不难看出$\bar{x}=1.414,(n-1)s^2=0.031\ 12$,则

$$\chi^{2}=\frac{(n-1)s^{2}}{\sigma_{0}^{2}}=\frac{0.031\ 12}{0.048^{2}}=13.507$$

(3)查附表3得$\chi_{\frac{\alpha}{2}}^{2}(n-1)=\chi_{0.025}^{2}(4)=11.143$;

(4)由于13.507 > 11.143,故拒绝H_0,接受H_1,即认为总体标准差有显著的变化.

3.2.2 两个正态总体参数的显著性检验

设有总体$X\sim N(\mu_1,\sigma_1^2)$,总体$Y\sim N(\mu_2,\sigma_2^2)$. $x_1,x_2,\cdots,x_{n_1}$为来自总体X的容量为n_1的样本,$\bar{x}$和s_1^2分别为它的样本均值与样本方差;$y_1,y_2,\cdots,y_{n_2}$为来自总体Y的容量为n_2的样本,$\bar{y}$和s_2^2分别为它的样本均值和样本方差. 又设这两个样本相互独立,考虑以下参数的各种假设检验问题.

1. t 检验(续)

(1)σ_1^2,σ_2^2未知,但已知$\sigma_1^2=\sigma_2^2$,检验$H_0:\mu_1=\mu_2,H_1:\mu_1\neq\mu_2$.

选择统计量

$$t=\frac{\bar{x}-\bar{y}}{S_W\sqrt{\frac{1}{n_1}+\frac{1}{n_2}}} \tag{3.23}$$

其中

$$S_W=\sqrt{\frac{(n_1-1)s_1^2+(n_2-1)s_2^2}{n_1+n_2-2}} \tag{3.24}$$

在H_0成立的条件下,由式(1.20)知,统计量t服从$t(n_1+n_2-2)$分布. 对给定的α,由附表2查临界值$t_{\frac{\alpha}{2}}(n_1+n_2-2)$,不难看出,$H_0$的拒绝域为$\{|t|\geqslant t_{\frac{\alpha}{2}}(n_1+n_2-2)\}$.

(2)σ_1^2,σ_2^2未知,但已知$\sigma_1^2=\sigma_2^2$,检验$H_0:\mu_1\leqslant\mu_2,H_1:\mu_1>\mu_2$.

选择统计量

$$t=\frac{\bar{x}-\bar{y}}{S_W\sqrt{\frac{1}{n_1}+\frac{1}{n_2}}} \tag{3.25}$$

其中 S_W 如式(3.24)所示. 对给定的 α,查附表 2 可得临界值 $t_\alpha(n_1+n_2-2)$,不难找到 H_0 的拒绝域为 $t\geqslant t_\alpha(n_1+n_2-2)$.

(3) σ_1^2,σ_2^2 未知,$n_1=n_2=n$,检验 $H_0:\mu_1=\mu_2$,$H_1:\mu_1\neq\mu_2$.

我们采用配对试验的 t 检验法. 令

$$z_i=x_i-y_i\quad(i=1,2,\cdots,n)$$

则 $z_1,z_2,\cdots,z_n$ 独立同分布,$z_i\sim N(d,\sigma^2)$,其中 $d=\mu_1-\mu_2$,$\sigma^2=\sigma_1^2+\sigma_2^2$. 于是,$z_1,z_2,\cdots,z_n$ 可看做来自正态总体 $N(d,\sigma^2)$ 的样本. 此时,检验 μ_1 与 μ_2 是否相等就等价于检验假设 $H_0:d=0$.

可用统计量

$$t=\frac{\bar{z}}{s}\sqrt{n} \tag{3.26}$$

其中

$$\bar{z}=\frac{1}{n}\sum_{i=1}^{n}z_i,\ s=\sqrt{\frac{1}{n-1}\sum_{i=1}^{n}(z_i-\bar{z})^2}$$

拒绝域为 $|t|\geqslant t_{\frac{\alpha}{2}}(n-1)$.

例 3.2.3　为判断两种工艺方法对产品的某性能指标有无显著性差异,将 9 批材料用两种工艺方法进行生产,得到该指标的 9 对数据,见表 3.3. 问:根据上述数据能否说明在两种不同工艺方法下,产品的该性能指标有显著性差异($\alpha=0.05$)?

表 3.3

x_i	0.20	0.30	0.40	0.50	0.60	0.70	0.80	0.90	1.00
y_i	0.10	0.21	0.52	0.32	0.78	0.59	0.68	0.77	0.89

解　将 9 对数据作差 $z_i=x_i-y_i$ 得 0.10,0.09,−0.12,0.18,−0.18,0.11,0.12,0.13,0.11,由上可得 $\bar{z}=0.06$,$s^2=0.015$,故

$$t=\frac{\bar{z}}{s}\sqrt{n}=1.467$$

查表知 $t_{\frac{\alpha}{2}}(n-1)=t_{0.025}(8)=2.306$. 由于 $1.467<2.306$,故不能认为在两种不同工艺方法下产品的该指标有显著性差异.

2. *F* 检验

(1)未知 μ_1,μ_2,检验 $H_0:\sigma_1^2=\sigma_2^2,H_1:\sigma_1^2\neq\sigma_2^2$.

选择统计量

$$F=\frac{s_1^2}{s_2^2} \tag{3.27}$$

在 H_0 成立的假定下,由式(1.21)知,F 服从 $F(n_1-1,n_2-1)$分布. 对给定的 α,查附表4可得临界值 $F_{1-\frac{\alpha}{2}}(n_1-1,n_2-1)$与 $F_{\frac{\alpha}{2}}(n_1-1,n_2-1)$,使得

$$P(F\leqslant F_{1-\frac{\alpha}{2}}(n_1-1,n_2-1))=\frac{\alpha}{2}$$

$$P(F\geqslant F_{\frac{\alpha}{2}}(n_1-1,n_2-1))=\frac{\alpha}{2}$$

不难看出,H_0 的拒绝域为$\{F\leqslant F_{1-\frac{\alpha}{2}}(n_1-1,n_2-1)\}$或 $F\geqslant F_{\frac{\alpha}{2}}(n_1-1,n_2-1)$,这种检验法称为 F 检验.

(2)未知 μ_1,μ_2,检验 $H_0:\sigma_1^2\leqslant\sigma_2^2,H_1:\sigma_1^2>\sigma_2^2$.

选择统计量

$$F=\frac{s_1^2}{s_2^2} \tag{3.28}$$

对给定的 α,从附表4查临界值 $F_\alpha(n_1-1,n_2-1)$,不难得到 H_0 的拒绝域为 $F\geqslant F_\alpha(n_1-1,n_2-1)$.

现在把正态总体各种参数假设的显著性检验法列成表3.4,以便查用.

表3.4 正态总体参数假设检验表

名称	条件	假设 H_0	假设 H_1	拒绝域	统计量
u 检验	$X\sim N(\mu,\sigma^2)$ σ^2 已知	$\mu=\mu_0$	$\mu\neq\mu_0$	$\|u\|\geqslant u_{\frac{\alpha}{2}}$	$u=\frac{\bar{x}-\mu_0}{\sigma}\sqrt{n}$
		$\mu\leqslant\mu_0$	$\mu>\mu_0$ 或 $\mu=\mu_1(\mu_1>\mu_0)$	$u\geqslant u_\alpha$	
		$\mu\geqslant\mu_0$	$\mu<\mu_0$ 或 $\mu=\mu_1(\mu_1<\mu_0)$	$u\leqslant -u_\alpha$	
t 检验	$X\sim N(\mu,\sigma^2)$ σ^2 未知	$\mu=\mu_0$	$\mu\neq\mu_0$	$\|t\|\geqslant t_{\frac{\alpha}{2}}(n-1)$	$t=\frac{\bar{x}-\mu_0}{s}\sqrt{n}$
		$\mu\leqslant\mu_0$	$\mu>\mu_0$ 或 $\mu=\mu_1(\mu_1>\mu_0)$	$t\geqslant t_\alpha(n-1)$	
		$\mu\geqslant\mu_0$	$\mu<\mu_0$ 或 $\mu=\mu_1(\mu_1<\mu_0)$	$t\leqslant -t_\alpha(n-1)$	

续表

名称	条件	假设 H_0	假设 H_1	拒绝域	统计量
t 检验	$X\sim N(\mu_1,\sigma^2)$ $Y\sim N(\mu_2,\sigma^2)$ σ^2 未知	$\mu_1=\mu_2$	$\mu_1\neq\mu_2$	$\lvert t\rvert\geqslant t_{\frac{\alpha}{2}}(n_1+n_2-2)$	$t=\dfrac{\bar{x}-\bar{y}}{S_W\sqrt{\dfrac{1}{n_1}+\dfrac{1}{n_2}}}$
		$\mu_1\leqslant\mu_2$	$\mu_1>\mu_2$	$t\geqslant t_{\alpha}(n_1+n_2-2)$	
		$\mu_1\geqslant\mu_2$	$\mu_1<\mu_2$	$t\leqslant -t_{\alpha}(n_1+n_2-2)$	
χ^2 检验	$X\sim N(\mu,\sigma^2)$ μ 未知	$\sigma^2=\sigma_0^2$	$\sigma^2\neq\sigma_0^2$	$\chi^2\leqslant\chi^2_{1-\frac{\alpha}{2}}(n-1)$ 或 $\chi^2\geqslant\chi^2_{\frac{\alpha}{2}}(n-1)$	$\chi^2=\dfrac{(n-1)s^2}{\sigma_0^2}$
		$\sigma^2\leqslant\sigma_0^2$	$\sigma^2>\sigma_0^2$ 或 $\sigma^2=\sigma_1^2(\sigma_1^2>\sigma_0^2)$	$\chi^2\geqslant\chi^2_{\alpha}(n-1)$	
		$\sigma^2\geqslant\sigma_0^2$	$\sigma^2<\sigma_0^2$ 或 $\sigma^2=\sigma_1^2(\sigma_1^2<\sigma_0^2)$	$\chi^2\leqslant\chi^2_{1-\alpha}(n-1)$	
F 检验	$X\sim N(\mu_1,\sigma_1^2)$ $Y\sim N(\mu_2,\sigma_2^2)$ μ_1,μ_2 未知	$\sigma_1^2=\sigma_2^2$	$\sigma_1^2\neq\sigma_2^2$	$F\leqslant F_{1-\frac{\alpha}{2}}(n_1-1,n_2-1)$ 或 $F\geqslant F_{\frac{\alpha}{2}}(n_1-1,n_2-1)$	$F=\dfrac{s_1^2}{s_2^2}$
		$\sigma_1^2\leqslant\sigma_2^2$	$\sigma_1^2>\sigma_2^2$	$F\geqslant F_{\alpha}(n_1-1,n_2-1)$	
		$\sigma_1^2\geqslant\sigma_2^2$	$\sigma_1^2<\sigma_2^2$	$F\leqslant F_{1-\alpha}(n_1-1,n_2-1)$	

3.2.3 非正态总体参数的假设检验

例 3.2.4 某十字路口早上 8 点钟左右是交通高峰期. 根据以往的统计知,该路口每天单位时间内通过的车辆数服从泊松分布,且车流量是 0.5 辆/秒. 表 3.5 中的数据是某天该路口 8 点后 1 min 内车辆到达的时刻,试以这些数据检验该路口的车流量是否有明显改变($\alpha=0.1$).

表 3.5 车辆到达时刻记录表

单位:s

2.7	5.5	7.5	11.4	14.1	14.4	14.8	15.6	16.7	19.6	20.7
23.3	24.5	24.7	27.6	29.9	31.1	31.8	33.7	36.5	37.4	42.2
44.1	44.3	46.6	46.9	47.7	50.2	50.3	50.6	50.9	52.5	55.4
58.4	58.6									

设 X 表示 1 s 内该路口通过的车辆数,则 $X\sim P(\lambda)$. 于是,所研究的问题变成了非正态总体 X 的参数 p 的假设检验问题. 由前面讨论知,假设检验涉及总体的抽样分布,对非正态总体的抽样分布,一般不易求得,即使能得到精确分布,由于相

应的分位数难求,从而拒绝域难以确定. 一般的做法是采用基于中心极限定理的大样本方法.

1. 非正态总体均值检验的大样本法

由中心极限定理知,对总体 X,在 $EX=\mu, DX=\sigma^2$ 存在的条件下,$\frac{\bar{X}-\mu}{\sigma}\sqrt{n}$ 的渐近分布为 $N(0,1)$. 因此,对 $H_0:\mu=\mu_0, H_1:\mu\neq\mu_0$,当 n(一般的,$n\geqslant 30$)充分大,且 $DX=\sigma^2$ 已知时,可利用

$$U=\frac{\bar{X}-\mu_0}{\sigma}\sqrt{n}\overset{\text{近似}}{\sim}N(0,1) \tag{3.29}$$

确定拒绝域. 对 $DX=\sigma^2$ 的未知情形,用 σ^2 的无偏估计量 s^2 代替式(3.29)中的 σ^2,可证明当 n 充分大时

$$U=\frac{\bar{X}-\mu_0}{S}\sqrt{n}\overset{\text{近似}}{\sim}N(0,1) \tag{3.30}$$

由此可确定拒绝域.

在例 3.2.4 中,$X_1, X_2, \cdots, X_{60}$ 是来自 X 的样本,则统计假设为

$$H_0:\lambda=0.5, H_1:\lambda\neq 0.5$$

因为 $EX=\lambda$,所以对 λ 的假设检验也可看成是对均值 EX 的检验. 当 n 充分大时,在 H_0 成立的条件下,利用式(3.29),有

$$U=\frac{\bar{X}-\lambda_0}{\sqrt{\lambda_0}}\sqrt{n}\overset{\text{近似}}{\sim}N(0,1) \tag{3.31}$$

因而拒绝域为

$$K_0=\left\{|\bar{x}-\lambda_0|>c=u_{\frac{\alpha}{2}}\sqrt{\frac{\lambda_0}{n}}\right\} \tag{3.32}$$

对 λ 其他形式的检验,仍可选择式(3.31)来确定拒绝域.

由式(3.32)得拒绝域

$$K_0=\left\{|\bar{x}-\lambda_0|>c=u_{\frac{\alpha}{2}}\sqrt{\frac{\lambda_0}{n}}=1.65\times\sqrt{\frac{0.5}{60}}=0.150\,6\right\}$$

将 8 点后的 1 min 分为 60 个小区间,1 s 为一个区间. 整理上述数据,得表 3.6. 由此计算出样本均值 $\bar{X}$ 的样本值 $\bar{x}=\frac{35}{60}=0.583\,3$. 因为

$$|\bar{x}-\lambda_0|=0.083\,3<c=0.150\,6$$

显然落在接受域内. 因此,接受 H_0,即可认为该路口的平均车流量为 0.5 辆/秒.

表 3.6　不同到达车辆数的小区间统计表

每个区间到达车辆数	0	1	2	3	4
小区间个数	35	18	5	1	1

2. 针对总体 $X\sim\Gamma(1,\lambda)$ 的小样本方法

考虑 λ 的统计假设 $H_0:\lambda=\lambda_0,H_1:\lambda\neq\lambda_0$.

由于 $EX=\dfrac{1}{\lambda}$,因此,检验等价于

$$H_0:EX=\frac{1}{\lambda_0},H_1:EX\neq\frac{1}{\lambda_0} \tag{3.33}$$

同样可用大样本检验法,但这里也可采用小样本方法,设拒绝域的形式为

$$K_0=\left\{\bar{x}-\frac{1}{\lambda_0}<c_1\ \text{或}\ \bar{x}-\frac{1}{\lambda_0}>c_2\right\}\quad(c_1<c_2) \tag{3.34}$$

且

$$P\left(\bar{X}-\frac{1}{\lambda_0}<c_1\ \text{或}\ \bar{X}-\frac{1}{\lambda_0}>c_2\mid H_0\ \text{成立}\right)=\alpha$$

设 $X_1,X_2,\cdots,X_n$ 是来自 X 的样本,由 χ^2 密度函数易知

$$2\lambda X_i\sim\chi^2(2)\quad(i=1,2,\cdots,n)$$

从而

$$2n\lambda\bar{X}\sim\chi^2(2n)$$

在 H_0 成立下有

$$\chi^2=2n\lambda_0\bar{X}\sim\chi^2(2n)$$

拒绝域的临界值

$$c_1=\frac{\chi^2_{1-\frac{\alpha}{2}}(2n)}{2n\lambda_0}-\frac{1}{\lambda_0} \tag{3.35}$$

$$c_2=\frac{\chi^2_{\frac{\alpha}{2}}(2n)}{2n\lambda_0}-\frac{1}{\lambda_0} \tag{3.36}$$

例 3.2.5　对例 3.2.4,设相邻两辆车到达路口的时间间隔为 X(单位:s),且 $X\sim\Gamma(1,\lambda)$(其中 λ 表示平均每秒的车流量). 就例中数据检验车流量是否为 $\lambda=0.5$(辆/秒)($\alpha=0.1$).

解　设 $H_0:\lambda=\lambda_0=0.5,H_1:\lambda\neq\lambda_0=0.5$. 对 $\alpha=0.1$,有

$$\chi^2_{1-\frac{\alpha}{2}}(2n)=\chi^2_{0.95}(68)\approx\frac{1}{2}(-1.65+\sqrt{2\times68-1})^2\approx49.74$$

$$\chi^2_{\frac{\alpha}{2}}(2n)=\chi^2_{0.05}(68)\approx\frac{1}{2}(1.65+\sqrt{2\times68-1})^2\approx87.97$$

拒绝域式(3.35)的临界值为

$$c_1=\frac{\chi^2_{1-\frac{\alpha}{2}}(2n)}{2n\lambda_0}-\frac{1}{\lambda_0}=\frac{49.74}{34}-2=-0.5371$$

$$c_2=\frac{\chi^2_{\frac{\alpha}{2}}(2n)}{2n\lambda_0}-\frac{1}{\lambda_0}=\frac{87.97}{34}-2=0.5874$$

由例3.2.4中的数据计算出相邻两辆车到达路口的时间间隔见表3.7. 由此计算 $\bar{x}-\frac{1}{\lambda_0}=-0.3559$ 落在接受域内. 所以,接受 H_0,即可认为该路口的平均车流量为0.5辆/秒.

表3.7 相邻车辆到达路口的时间间隔表

单位:s

2.8	2.0	3.9	2.7	0.3	0.4	0.8	1.1	2.9	1.1
2.6	1.2	0.2	2.9	2.3	1.2	0.7	1.9	2.8	0.9
4.8	1.9	0.2	2.3	0.3	0.8	2.5	0.1	0.3	0.3
1.6	2.9	3.0	0.2						

3.3 非参数假设检验

上一节讨论了总体分布类型已知时的参数假设检验问题. 一般在进行参数估计或参数假设检验之前,需要对总体分布的类型进行正确的判断. 但在实际问题中常常不能确定总体分布,如例3.1.3,这时就需要从样本来检验关于总体分布的各种假设,这就是非参数假设检验.

本节将介绍 χ^2 拟合优度检验. 它是一种重要的非参数假设检验. 拟合优度检验是检验得到的观测数据是否与某种类型的理论分布相符合. 因 χ^2 拟合优度检验采用的检验统计量的极限分布是 χ^2 分布,故得名. 它属于大样本检验,一般要求样本容量 $n\geqslant50$.

3.3.1 总体分布函数的假设检验

设总体 X 的分布函数为 $F(x)$，但未知. $X_1,X_2,\cdots,X_n$ 是来自 X 的样本，样本值为 $x_1,x_2,\cdots,x_n$. $F_0(x)$ 是一个完全已知或类型已知但含有若干未知参数的分布函数，常称为理论分布，一般根据总体的物理意义、样本的经验分布函数、直方图等得到启发而确定. 统计假设为

$$H_0:F(x)=F_0(x),H_1:F(x)\neq F_0(x) \tag{3.37}$$

针对 $F_0(x)$ 的不同类型有不同的检验方法，一般采用皮尔逊 χ^2 检验法，也称为拟合优度 χ^2 检验法.

统计假设(3.37)可理解为：事先给定的理论分布 $F_0(x)$ 能否较好地拟合观测数据 $X_1,X_2,\cdots,X_n$ 所反映的随机分布. 拟合优度检验法的基本思想就是设法确定一个能刻画观测数据 $X_1,X_2,\cdots,X_n$ 与理论分布 $F_0(x)$ 之间拟合程度的量，即“拟合优度”，当这个量超过某个界限时，说明拟合程度不高，应拒绝 H_0，否则接受 H_0. 为此，把总体 X 的所有可能结果的全体 Ω 适当分为若干个互不相容的事件 A_1，$A_2,\cdots,A_m$ ($\bigcup_{i=1}^{m}A_i=\Omega,A_iA_j=\varnothing,i\neq j;i,j=1,2,\cdots,m$). 计算 $A_i(i=1,2,\cdots,m)$ 在 H_0 成立下的概率值 $p_i=P(A_i)$ $(i=1,2,\cdots,m)$（称为理论概率值）和抽样试验中的频率 ν_i/n（ν_i 表示 n 次抽样试验中 A_i 出现的频数）. 当 H_0 成立，试验次数 n 充分大时，p_i 与 ν_i/n 的差异应很小. 若 p_i 与 ν_i/n 的差异很大，则应拒绝 H_0. 因此，可利用 p_i 与 ν_i/n 或 np_i 与 ν_i 的差异构造检验统计量，并确定拒绝域. 基于这种思想，皮尔逊在 1900 年提出了检验统计量

$$\chi^2=\sum_{i=1}^{m}\frac{(\nu_i-np_i)^2}{np_i} \tag{3.38}$$

并证明了若 $F_0(x)$ 不含有未知参数，则在 H_0 成立的条件下，χ^2 的极限分布是 $\chi^2(m-1)$. 1924 年，费歇尔又给出了结论：若 $F_0(x)$ 含有 r 个未知参数 $\theta_1,\theta_2,\cdots,\theta_r$，则

$$\hat{\chi}^2=\sum_{i=1}^{m}\frac{(\nu_i-n\hat{p}_i)^2}{n\hat{p}_i} \tag{3.39}$$

的极限分布是 $\chi^2(m-1-r)$，其中 $\hat{p}_i(i=1,2,\cdots,m)$ 是 $F_0(x)$ 中未知参数 $\theta_1,\theta_2,\cdots,\theta_r$ 用其最大似然估计 $\hat{\theta}_1,\hat{\theta}_2,\cdots,\hat{\theta}_r$ 替代后 $P(A_i)$ 的估计值.

因此，对假设检验(3.37)，当样本容量 n 充分大时，检验统计量选择为式

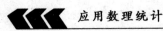

(3.38)或式(3.39),拒绝域为

$$\{\chi^2 > \chi_\alpha^2(m-1)\} \tag{3.40}$$

或

$$\{\hat{\chi}^2 > \chi_\alpha^2(m-1-r)\} \tag{3.41}$$

拟合优度χ^2检验法在应用上存在事件$A_1, A_2, \cdots, A_m$及事件个数m的取法问题. 总原则是m不能太小,否则不能完全反映理论分布$F_0(x)$,但也不宜太大,不然会使每个事件$A_i(i=1,2,\cdots,m)$中样本量太少(样本容量很大时另当别论). 一般应有至少4~6个事件,最多12~15个,且每个事件A_i中的样本量都应不小于5. 对总体是离散型时,自然的做法是X的每个取值组成一个事件组A_i,但有时也有必要把X的一些相邻的值并成一组.

例 3.3.1 在实际中,每隔一定时间观察一次由某种铀所放射的到达计数器上的α粒子数X,共观察了100次,结果如表3.8所示. 其中n_i是观察到有i个α粒子的次数. 问上述实验数据与X服从泊松分布的理论结果是否相符($\alpha=0.05$)?

表 3.8

i	0	1	2	3	4	5	6	7	8	9	10	11	≥12
n_i	1	5	16	17	26	11	9	9	2	1	2	1	0

解 要检验假设

$$H_0: P(X=i) = \frac{\lambda^i}{i!}e^{-\lambda} \quad (i=0,1,2,\cdots)$$

先求出λ的最大似然估计$\hat{\lambda}=\bar{x}=4.2$. 若$H_0$成立,则$P(X=i)$有估计

$$\hat{p}_i = \hat{P}(X=i) = \frac{4.2^i}{i!}e^{-4.2} \quad (i=0,1,\cdots,11)$$

$$\hat{p}_{12} = \hat{P}(X \geqslant 12) = 1 - \sum_{i=0}^{11}\hat{p}_i$$

计算结果如表3.9所示.

注意到有些$n\hat{p}_i<5$的组要与相邻组适当合并,使新的一组内$n\hat{p}_i \geqslant 5$. 合并情况如表3.9中第4列花括号所示,并组后$m=8, r=1, \chi_\alpha^2(k-m-r)=\chi_{0.05}^2(6)=12.592$. 由于$6.282<12.592$,故接受$H_0$,即认为实验数据与理论结果相符.

表 3.9

i	n_i	$\hat{p}_i$	$n\hat{p}_i$	$n_i - n\hat{p}_i$	$\frac{(n_i - n\hat{p}_i)^2}{n\hat{p}_i}$
0	1	0.015	1.5 }	-1.8	0.415
1	5	0.063	6.3 }		
2	16	0.132	13.2	2.8	0.594
3	17	0.185	18.5	-1.5	0.122
4	26	0.194	19.4	6.6	2.245
5	11	0.163	16.3	-5.3	1.723
6	9	0.114	11.4	-2.4	0.505
7	9	0.069	6.9	2.1	0.639
8	2	0.036	3.6 }		
9	1	0.017	1.7 }		
10	2	0.007	0.7 }	-0.5	0.039
11	1	0.003	0.3 }		
12	0	0.002	0.2 }		
		Σ			6.282

例 3.3.2 从某高校 99 级本科生中随机抽取了 60 名学生，其英语结业考试成绩见表 3.10. 试问 99 级本科生的英语结业成绩是否符合正态分布（$\alpha=0.10$）？

表 3.10

93	75	83	93	91	85	84	82	77	76	77	95	94	89	91
88	86	83	96	81	79	97	78	75	67	69	68	83	84	81
75	66	85	70	94	84	83	82	80	78	74	73	76	70	86
76	90	89	71	66	86	73	80	94	79	78	77	63	53	55

解 设 X 表示该校 99 级任意一位本科生的英语结业成绩，分布函数为 $F(x)$，统计假设是

$$H_0: F(x) = \Phi\left(\frac{x-\mu}{\sigma}\right), H_1: F(x) \neq \Phi\left(\frac{x-\mu}{\sigma}\right)$$

（1）选择检验统计量（3.39）；

（2）将 X 的取值划分为若干区间.

通常按成绩等级分为不及格（60 分以下）、及格（60 ~ 70）、中（70 ~ 80）、良

(80 ~ 90)、优(90 分以上). 由于一般要求所划分的每个区间所含样本值个数 ν_i(即频数)至少是 5,而不及格人数为 2,故需将不及格与及格区间合并,最后得到 $m=4$ 个事件: $A_1=\{X<70\}$, $A_2=\{70\leqslant X<80\}$, $A_3=\{80\leqslant X<90\}$, $A_4=\{90\leqslant X\}$;

(3)在 H_0 成立的条件下,计算参数 μ,σ^2 的最大似然估计值 $\hat{\mu},\hat{\sigma}^2$. 通过计算得 $\hat{\mu}=\bar{x}=80$, $\hat{\sigma}^2=m_2^*=9.6^2$;

(4)在 H_0 成立的条件下, $A_i(i=1,2,3,4)$的概率理论估计值为

$$\hat{p}_1=\Phi(\frac{70-80}{9.6})=\Phi(-1.04)=0.149\ 2$$

$$\hat{p}_2=\Phi(\frac{80-80}{9.6})-\Phi(-1.04)=\Phi(0)-\Phi(-1.04)=0.350\ 8$$

$$\hat{p}_3=\Phi(\frac{90-80}{9.6})-\Phi(0)=0.350\ 8$$

$$\hat{p}_4=1-\Phi(\frac{90-80}{9.6})=0.149\ 2$$

(5)拒绝域为 $\{\chi^2>\chi^2_{0.10}(1)=2.71\}$;

(6)计算 $\hat{\chi}^2$ 的样本值. 计算过程见表 3.11. 由 $\hat{\chi}^2$ 样本值为 0.622,落在接受域内,因而接受 H_0. 所以,99 级本科生的英语结业成绩符合正态分布.

表 3.11 χ^2 样本值计算表

i	A_i	ν_i	$\hat{p}_i$	$n\hat{p}_i$	$(\nu_i-n\hat{p}_i)^2/n\hat{p}_i$
1	$\{X<70\}$	8	0.149 2	8.952	0.101 2
2	$\{70\leqslant X<80\}$	20	0.350 8	21.048	0.052 2
3	$\{80\leqslant X<90\}$	21	0.350 8	21.048	0.000 1
4	$\{90\leqslant X\}$	11	0.149 2	8.952	0.468 5
	Σ	60	1.000 0	60	0.622 0

3.3.2 独立性假设检验

例 3.3.3 在对某城市家庭的社会经济特征调查中,美国某调查公司对 10 000 户家庭组成的简单随机样本进行了家庭电话拥有量与汽车拥有量的调查,获得的资料如表 3.12 所示. 试根据这些资料对家庭电话拥有量与汽车拥有量是否独立作出判断.

表 3.12　汽车拥有量与电话拥有量

电话拥有量/台 \ 汽车拥有量/辆	0	1	2	合计
0	1 000	900	100	2 000
1	1 500	2 600	500	4 600
2	500	2 500	400	3 400
合计	3 000	6 000	1 000	10 000

设 X 表示某城市家庭中的电话拥有量，Y 表示汽车拥有量，则电话拥有量与汽车拥有量是否独立的问题可视为随机变量 X 与 Y 是否独立的问题．下面介绍随机变量 X 与 Y 的独立性 χ^2 检验法．

1. 问题的描述

设总体为随机向量 (X,Y)，X 的所有可能的不同取值为 $a_1,a_2,\cdots,a_r$，Y 的所有可能的不同取值为 $b_1,b_2,\cdots,b_s$，对 (X,Y) 做 n 次独立观测，得到事件 $\{X=a_i,Y=b_j\}$ 的频数 $n_{ij}(i=1,2,\cdots,r;j=1,2,\cdots,s)$，见表 3.13．据此检验

$$H_0:X \text{ 与 } Y \text{ 独立}, H_1:X \text{ 与 } Y \text{ 不独立} \tag{3.42}$$

2. χ^2 检验法

假设 (X,Y) 的联合分布函数为 $F(x,y)$，边缘分布为 $F_X(x)$，$F_Y(y)$，那么 X 与 Y 独立等价于

$$F(x,y)=F_X(x)F_Y(y)\quad(-\infty<x,y<+\infty) \tag{3.43}$$

表 3.13　$r\times s$ 联列表

X \ Y	b_1	b_2	$\cdots$	b_s	$n_{i\cdot}$
a_1	n_{11}	n_{12}	$\cdots$	n_{1s}	$n_{1\cdot}$
a_2	n_{21}	n_{22}	$\cdots$	n_{2s}	$n_{2\cdot}$
$\vdots$	$\vdots$	$\vdots$		$\vdots$	$\vdots$
a_r	n_{r1}	n_{r2}	$\cdots$	n_{rs}	$n_{r\cdot}$
$n_{\cdot j}$	$n_{\cdot 1}$	$n_{\cdot 2}$	$\cdots$	$n_{\cdot s}$	n

$$n_{i\cdot}=\sum_{k=1}^{s}n_{ik}\quad(i=1,2,\cdots,r)$$

$$n_{\cdot j}=\sum_{k=1}^{r}n_{kj}\quad(j=1,2,\cdots,s)$$

记 $p_{ij}=P(X=a_i,Y=b_j)$, $p_{i\cdot}=\sum_{k=1}^{s}p_{ik}$, $p_{\cdot j}=\sum_{k=1}^{r}p_{kj}(i=1,2,\cdots,r;j=1,2,\cdots,s)$.

因此上述假设检验可转化为

$$H_0:p_{ij}=p_{i\cdot}p_{\cdot j},H_1:p_{ij}\neq p_{i\cdot}p_{\cdot j}\quad(i=1,2,\cdots,r;j=1,2,\cdots,s)\tag{3.44}$$

若 p_{ij} 均已知,则令

$$\chi^2=\sum_{j=1}^{s}\sum_{i=1}^{r}\frac{(n_{ij}-np_{ij})^2}{np_{ij}}\tag{3.45}$$

皮尔逊建议当 n 充分大时,选择 χ^2 作为检验统计量(若问题中 p_{ij} 未知,可用 p_{ij} 的最大似然估计 $\hat{p}_{ij}$ 代替). 由于在 H_0 成立的条件下有 $p_{ij}=p_{i\cdot}p_{\cdot j}$,因此有

$$\hat{p}_{ij}=\hat{p}_{i\cdot}\hat{p}_{\cdot j}\quad(i=1,2,\cdots,r;j=1,2,\cdots,s)$$

而

$$\hat{p}_{r\cdot}=1-\sum_{k=1}^{r-1}\hat{p}_{k\cdot},\hat{p}_{\cdot s}=1-\sum_{k=1}^{s-1}\hat{p}_{\cdot k}$$

所以只需要求出 $r+s-2$ 个参数 $p_{i\cdot}$, $p_{\cdot j}(i=1,2,\cdots,r-1;j=1,2,\cdots,s-1)$ 的最大似然估计即可.

关于参数 $p_{i\cdot}$, $p_{\cdot j}$ 的似然函数为

$$\begin{aligned}L&=\prod_{i=1}^{r}\prod_{j=1}^{s}(P(X=a_i,Y=b_j))^{n_{ij}}=\prod_{i=1}^{r}\prod_{j=1}^{s}(p_{ij})^{n_{ij}}\\&=\prod_{i=1}^{r}\prod_{j=1}^{s}(p_{i\cdot})^{n_{ij}}(p_{\cdot j})^{n_{ij}}\\&=(p_{1\cdot})^{n_{1\cdot}}\cdot(p_{2\cdot})^{n_{2\cdot}}\cdot\cdots\cdot(p_{r\cdot})^{n_{r\cdot}}\cdot(p_{\cdot 1})^{n_{\cdot 1}}\cdot(p_{\cdot 2})^{n_{\cdot 2}}\cdot\cdots\cdot(p_{\cdot s})^{n_{\cdot s}}\\&=\prod_{i=1}^{r-1}(p_{i\cdot})^{n_{i\cdot}}\left(1-\sum_{i=1}^{r-1}p_{i\cdot}\right)^{n_{r\cdot}}\prod_{j=1}^{s-1}(p_{\cdot j})^{n_{\cdot j}}\left(1-\sum_{j=1}^{s-1}p_{\cdot j}\right)^{n_{\cdot s}}\end{aligned}$$

似然方程为

$$\begin{cases}\dfrac{\partial\ln L}{\partial p_{i\cdot}}=\dfrac{n_{i\cdot}}{p_{i\cdot}}-\dfrac{n_{r\cdot}}{p_{r\cdot}}=0,i=1,2,\cdots,r-1\\[2ex]\dfrac{\partial\ln L}{\partial p_{\cdot j}}=\dfrac{n_{\cdot j}}{p_{\cdot j}}-\dfrac{n_{\cdot s}}{p_{\cdot s}}=0,j=1,2,\cdots,s-1\end{cases}$$

得到 $p_{i\cdot}$, $p_{\cdot j}(i=1,2,\cdots,r;j=1,2,\cdots,s)$ 的最大似然估计量

$$\begin{cases}\hat{p}_{i\cdot}=\dfrac{n_{i\cdot}}{n}, i=1,2,\cdots,r\\ \hat{p}_{\cdot j}=\dfrac{n_{\cdot j}}{n}, j=1,2,\cdots,s\end{cases}\tag{3.46}$$

这时检验统计量为

$$\chi_n^2=\sum_{j=1}^{s}\sum_{i=1}^{r}\frac{(n_{ij}-n\hat{p}_{ij})^2}{n\hat{p}_{ij}}=\sum_{j=1}^{s}\sum_{i=1}^{r}\frac{(n_{ij}-n\hat{p}_{i\cdot}\hat{p}_{\cdot j})^2}{n\hat{p}_{i\cdot}\hat{p}_{\cdot j}}$$

$$=n\sum_{j=1}^{s}\sum_{i=1}^{r}\frac{\left(n_{ij}-\dfrac{n_{i\cdot}n_{\cdot j}}{n}\right)^2}{n_{i\cdot}n_{\cdot j}}\tag{3.47}$$

在 H_0 成立下,χ_n^2 的极限分布为 $\chi^2(rs-1-(r-1)-(s-1))=\chi^2((r-1)(s-1))$,拒绝域为

$$\{\chi_n^2>\chi_\alpha^2((r-1)(s-1))\}\tag{3.48}$$

对例 3.3.3,$n=10\ 000$,$r=s=3$,表 3.12 给出了频数 n_{ij},取 $\alpha=0.01$,则拒绝域为

$$\{\chi_n^2>\chi_{0.01}^2(4)=13.28\}$$

由式(3.47)计算得 χ_n^2 的样本值为 736.607,落在拒绝域内,故拒绝 H_0,接受 H_1,即电话拥有量与汽车拥有量不独立.

当 $r=s=2$ 时,得 2×2 表,如表 3.14 所示. 检验统计量为

$$\chi^2=\frac{n(n_{11}n_{22}-n_{21}n_{12})^2}{n_{1\cdot}n_{2\cdot}n_{\cdot 1}n_{\cdot 2}}\tag{3.49}$$

拒绝域为

$$\{\chi^2>\chi_\alpha^2(1)\}\tag{3.50}$$

表 3.14　2×2 列联表

X \\ Y	b_1	b_2	$n_{i\cdot}$
a_1	n_{11}	n_{12}	$n_{1\cdot}$
a_2	n_{21}	n_{22}	$n_{2\cdot}$
$n_{\cdot j}$	$n_{\cdot 1}$	$n_{\cdot 2}$	n

例 3.3.4　某研究所推出一种感冒特效新药. 为证明其疗效,选择了 200 名患感冒的志愿者,将他们分为两组,一组不服药,另一组服药,观察数天后,治愈情况

如表3.15所示. 问新药是否有明显的疗效?

表3.15 200名感冒患者数天后治愈情况

	痊愈者	未痊愈者	合计
未服药者	48	52	100
服药者	56	44	100
合计	104	96	200

解 设 Y 表示患者感冒是否痊愈, X 表示患者是否服用新药. 若新药有明显的疗效,则说明 X 与 Y 不独立. 因此统计假设为

$$H_0:X\text{ 与 }Y\text{ 独立},H_1:X\text{ 与 }Y\text{ 不独立}$$

这时, $n=200$, $r=s=2$,相应的 2×2 表如表3.16所示. 当 $\alpha=0.05$ 时,拒绝域为

$$\{\chi^2>\chi^2_{0.05}(1)=3.84\}$$

计算出检验统计量(3.49)的样本值1.282,落在接受域内,因此接受 H_0,即认为新药对感冒无明显疗效.

表3.16 2×2列联表

X \ Y	感冒痊愈	感冒未痊愈	$n_{i\cdot}$
未服药	48	52	100
服药	56	44	100
$n_{\cdot j}$	104	96	200

当总体 (X,Y) 中的随机变量是连续型,在对 X 与 Y 的独立性检验时,可像处理连续型随机变量分布函数的假设检验问题一样,对其取值离散化,其假设检验步骤归结为:

设来自总体 (X,Y) 的样本为 $(X_i,Y_i)(i=1,2,\cdots,n)$.

(1)将 X 的取值范围分为 r 个互不相交的子区间,将 Y 的取值范围分为 s 个互不相交的子区间,这样形成 rs 个互不相交的小矩形;

(2)求出样本落入各小矩形的频数 $n_{ij}(i=1,2,\cdots,r;j=1,2,\cdots,s)$ 以及 $n_{i\cdot}(i=1,2,\cdots,r)$ 和 $n_{\cdot j}(j=1,2,\cdots,s)$;

(3)选择检验统计量

$$\chi^2 = n\sum_{j=1}^{s}\sum_{i=1}^{r}\frac{\left(n_{ij}-\frac{n_{i}.n_{.j}}{n}\right)^2}{n_{i}.n_{.j}} \tag{3.51}$$

(4)给出显著性水平 α 下的拒绝域

$$\{\chi^2 > \chi^2_{\alpha}((r-1)(s-1))\} \tag{3.52}$$

(5)计算 χ^2 的样本值,判断是否拒绝 H_0.

3.3.3 两总体分布比较的假设检验

在许多科学试验或社会经济调查中,常常需要比较两个总体有无明显差异,而总体的分布往往是不清楚的,甚至调查结果都很难从数量上把握. 例如,让消费者品尝评判不同品牌啤酒的质量. 评判者只能判断较好、较差或给出质量等级分. 为此,我们介绍两个常用的方法:符号检验法和秩和检验法.

1. 问题的描述

设 $F_X(x)$,$F_Y(x)$分别为连续型总体 X,Y 的分布函数,$f_X(x)$,$f_Y(y)$为它们的密度函数,这些函数都未知. $X_1,X_2,\cdots,X_n;Y_1,Y_2,\cdots,Y_m$ 是分别来自 X 和 Y 的样本,且相互独立,样本值分别为 $x_1,x_2,\cdots,x_n;y_1,y_2,\cdots,y_m$. 统计假设是

$$H_0:F_X(x)=F_Y(x),H_1:F_X(x)\neq F_Y(x) \tag{3.53}$$

2. 符号检验法

符号检验法要求配对样本,即 $n=m$,且假设 $x_i\neq y_i(i=1,2,\cdots,n)$. 若出现 $x_i=y_i$,则从样本中剔除,样本容量相应减少. 令 n_+ 表示配对样本中 $x_i>y_i$ 的个数,n_- 表示 $x_i<y_i$ 的个数,则 $n_++n_-=n,n_+\sim B(n,\theta),n_-\sim B(n,1-\theta)$,其中 $\theta=P(X>Y)$. 当 H_0 成立时,有

$$\theta=P(X>Y)=\iint\limits_{x>y} f_X(s)f_Y(t)\,\mathrm{d}s\mathrm{d}t=\frac{1}{2}$$

这时,n_+,n_-应大致相等,都应接近$\frac{n}{2}$. 于是,选择检验统计量

$$s=\min(n_+,n_-) \tag{3.54}$$

在 H_0 成立的条件下 s 不应太小. 所以拒绝域为

$$K_0=\{s<s_{\alpha}(n)\} \tag{3.55}$$

其中 $s_{\alpha}(n)$是符号检验的 α 分位数,可查相关表获得.

例 3.3.5 某企业为比较白班与夜班的生产效率是否有明显差异,随机抽取了两星期进行观察,各日产量比较如表 3.17 所示.试据此在显著性水平 $\alpha=0.05$ 下判断白班与夜班生产是否存在显著差异?

表 3.17 白班与夜班产量比较

日期编号	白班产量/t	夜班产量/t	符号
1	105	102	+
2	94	90	+
3	92	95	−
4	102	96	+
5	96	96	0
6	98	104	−
7	105	103	+
8	90	98	−
9	85	84	+
10	88	85	+
11	98	88	+
12	110	98	+
13	108	104	+
14	95	98	−

解 设 X 表示白班的生产量(单位:t),Y 表示夜班的生产量(单位:t). X,Y 的分布函数分别是 $F_X(x),F_Y(x)$. 则统计假设为

$$H_0:F_X(x)=F_Y(x),H_1:F_X(x)\neq F_Y(x)$$

由题意知,$n=13$,当 $\alpha=0.05$ 时,拒绝域为

$$\{s<s_{0.05}(13)=2\}$$

而 $n_+=9,n_-=4$,检验计量(3.54)的样本值为 $s=\min(n_+,n_-)=4>s_{0.05}(13)=2$,故接受 H_0,认为白班与夜班生产不存在显著差异.

3. 秩和检验法

秩和检验也是检验两个总体分布是否有明显差异或两个独立样本是否来自同一总体的方法. 它与符号检验最主要的差别在于符号检验只考虑样本差数的符号,而秩和检验既要考虑样本差数的符号,同时还要考虑差数的顺序. 在利用样本信息方面秩和检验比符号检验更充分,效力更强,是一种既有效又方便的检验方

法. 另外,秩和检验法不要求配对样本.

(1)秩的概念. 将样本 $X_1,X_2,\cdots,X_n$ 的样本值 $x_1,x_2,\cdots,x_n$ 按由小到大的顺序排成一排,便得

$$x_{(1)},x_{(2)},\cdots,x_{(n)}$$

如果 $x_i=x_{(k)}$,则称 k 是 X_i 的秩($i=1,2,\cdots,n$). 事实上,X_i 的秩就是按观测值的大小排列成序后所占的位次. 将 $X_1,X_2,\cdots,X_n$ 与 $Y_1,Y_2,\cdots,Y_m$ 混合,且按观测值的大小顺序排列,同样可得每个变量的秩. 若出现几个样本值相同,则它们的秩为它们在排列顺序中位置数的平均值. 例如,混合样本值的排列顺序为

$$2,3,3,3,5,5$$

则 2 的秩是 1,3 的秩是 $(2+3+4)/3=3$,5 的秩为 $(5+6)/2=5.5$.

(2)秩和检验法. 设 $n\leqslant m$,将 $X_1,X_2,\cdots,X_n$ 在 $X_1,X_2,\cdots,X_n$ 与 $Y_1,Y_2,\cdots,Y_m$ 的混合样本中的秩相加,记其和为 T,则有

$$\frac{1}{2}n(n+1)\leqslant T\leqslant\frac{1}{2}n(n+2m+1)$$

在 H_0 成立的条件下,两个独立样本 $X_1,X_2,\cdots,X_n$ 与 $Y_1,Y_2,\cdots,Y_m$ 应来自同一总体,这时 $X_1,X_2,\cdots,X_n$ 随机分散在 $Y_1,Y_2,\cdots,Y_m$ 中,因而 T 不应太大,也不应太小,否则认为 H_0 不成立. 于是选择拒绝域的形式为

$$\{T<t_1\}\cup\{T>t_2\}\quad(t_1<t_2)\tag{3.56}$$

且

$$P(T<t_1\text{ 或 }T>t_2\mid H_0\text{ 成立})\leqslant\alpha$$

由于

$$P(T<t_1\text{ 或 }T>t_2\mid H_0\text{ 成立})=P(T<t_1\mid H_0\text{ 成立})+P(T>t_0\mid H_0\text{ 成立})$$

令

$$P(T<t_1\mid H_0\text{ 成立})=P(T>t_2\mid H_0\text{ 成立})=\frac{\alpha}{2}$$

由此可查表求出临界值 $t_1(n,m),t_2(n,m)$.

例 3.3.6 为了比较两种用不同规格灯丝制造的灯泡的使用寿命,分别从甲、乙两批灯泡中随机地抽取若干个灯泡进行寿命试验. 测得数据(单位:h)如下

甲:1 420,1 450,1 425,1 470,1 465,1 480

乙:1 425,1 445,1 410,1 420,1 415

试判断这两种灯泡的使用寿命是否有明显的差异?

解 设 X,Y 分别表示甲、乙两种灯泡的使用寿命(单位:h),$F_X(x),F_Y(x)$ 为它们的分布函数. 则统计假设为

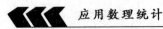

$$H_0:F_X(x)=F_Y(x),H_1:F_X(x)\neq F_Y(x)$$

样本混合后按由小到大顺序排列的结果以及秩见表3.18. 由于 $m=5<n=6$,所以选择 Y 的样本秩和 T 作为检验统计量(表3.18中有阴影的数据是 Y 的样本值). 在 $\alpha=0.05$ 时,拒绝域为

$$\{T<t_1(5,6)=20\}\cup\{T>t_2(5,6)=40\}$$

T 的样本秩为 $1+2+3.5+5.5+7=19$,落在拒绝域内,故拒绝原假设,接受备择假设,即认为两个总体分布存在明显差异.

表3.18 数据与秩对照表

秩	1	2	3.5	3.5	5.5	5.5	7	8	9	10	11
数据	1 410	1 415	1 420	1 420	1 425	1 425	1 445	1 450	1 465	1 470	1 480

一般秩和检验表只列出了 $m,n\leqslant 10$ 时的临界值. 但由于在 H_0 成立的条件下, T 的极限分布是

$$N\left(\frac{n(n+m+1)}{2},\frac{nm(n+m+1)}{12}\right)$$

从而

$$U^*=\frac{T-\dfrac{n(n+m+1)}{2}}{\sqrt{\dfrac{nm(n+m+1)}{12}}} \tag{3.57}$$

近似服从 $N(0,1)$. 因此当 $m,n>10$ 时,可选择检验统计量(3.57),这时拒绝域为

$$\{|u^*|>u_{\frac{\alpha}{2}}\} \tag{3.58}$$

习 题 3

1. 设 $X_1,X_2,\cdots,X_{10}$ 为总体 $X\sim B(1,p)$ 的样本,如果对未知参数 p 的假设为

$$H_0:p=0.2,H_1:p=0.5$$

H_0 的拒绝域为

$$C_1=\left\{\sum_{i=1}^{10}x_i\leqslant 1\text{ 或 }\sum_{i=1}^{10}x_i\leqslant 5\right\}$$

试求犯两类错误的概率 α 与 β.

2. 设 $X_1,X_2,\cdots,X_9$ 为总体 $X\sim N(\mu,1)$ 的样本,对假设

$$H_0:\mu=1,H_1:\mu=2$$

H_0 的拒绝域为

$$C_1=\{\bar{x}>1.5\}$$

(1)试求犯两类错误的概率 α 与 β;

(2)如果 $(X_1,X_2,\cdots,X_9)=(1.8,1.7,1.4,1.5,1.9,2.0,1.7,1.7,1.6)$. 试问 H_0 是否成立?

3. 设 $X_1,X_2,\cdots,X_n$ 是从总体 X 中抽出的样本. 假设 X 服从参数为 λ 的指数分布(λ 未知),给定 $\lambda_0>0$ 和显著性水平 $\alpha(0<\alpha<1)$. 试求假设 $H_0:\lambda\geqslant\lambda_0$ 的 χ^2 检验统计量及拒绝域.

4. 某种零件的尺寸方差为 $\sigma^2=1.21$,检查其中 6 个零件得尺寸数据(单位: mm)

$$32.56,29.66,31.64,30.00,21.87,31.03$$

设零件尺寸服从正态分布. 问这批零件的平均尺寸能否认为是 32.50 mm($\alpha=0.05$)?

5. 设某产品的指标服从正态分布,它的标准差 $\sigma=100$,今抽取一个容量为 26 的样本,计算得平均值为 1 580. 问在显著性水平 $\alpha=0.05$ 下,能否认为这批产品的指标的期望值 μ 不低于 1 600?

6. 糖厂用自动打包机打包. 每包标准重量为 100 kg. 每天开工后需要检验一次打包机工作是否正常. 某日开工后测得 9 包重量(单位:kg)如下

$$99.3,98.7,100.5,101.2,98.3,99.7,99.5,102.1,100.5$$

问该日打包机工作是否正常($\alpha=0.05$,已知包重服从正态分布)?

7. 按照规定,每 100 g 番茄汁罐头中维生素 C 的含量不得少于 21 mg,现从某厂生产的一批罐头中抽取 17 个,测得维生素 C 的含量(单位:mg)如下

$$16,22,21,20,23,21,19,15,13,23,17,20,29,18,22,16,25$$

已知维生素 C 的含量服从正态分布. 试检验这种罐头的维生素 C 含量是否合格($\alpha=0.025$).

8. 某种合金弦的抗拉强度 $X\sim N(\mu,\sigma^2)$,过去检验 $\mu\leqslant 10\ 560$(kg/cm^2),今用新工艺生产了一批弦线,随机取 10 根作抗拉试验,测得数据如下

$$10\ 512,10\ 632,10\ 668,10\ 554,10\ 776,10\ 707,10\ 557,10\ 581,10\ 666,10\ 670$$

问这批弦线的抗拉强度是否提高了($\alpha=0.05$)?

9. 从一批保险丝中抽取 10 根试验其熔化时间,结果为

$$42,65,75,78,71,59,57,68,54,55$$

问是否可认为这批保险丝的熔化时间的方差不大于 80($\alpha=0.05$,熔化时间服从正

态分布)?

10. 将种植某种作物的一块土地等分为15小块,其中5块施有某种肥料,而其他10块没有施肥,收获时分别测量亩产量如下(单位:kg)

施肥的:250,241,270,245,260

不施肥的:200,208,210,213,230,224,205,220,216,214

假设施肥与不施肥的作物亩产量均服从正态分布,且方差相同. 试问施肥的作物平均亩产量比不施肥的作物平均亩产量是否提高一成以上($\alpha=0.05$)?

11. 设有A种药随机地给8个病人服用,经过一段固定时间后,测量病人身体细胞内药的浓度,其结果为

1.04,1.42,1.41,1.62,1.55,1.81,1.60,1.52

又有B种药给6个病人服用,并在同样固定的时间后,测得病人身体细胞内药的浓度,其结果为

1.76,1.41,1.81,1.48,1.67,181

并设两种药在病人身体细胞内的浓度都服从正态分布. 试问A种药在病人身体细胞内浓度的方差是否为B种药在病人身体细胞内浓度方差的$\frac{2}{3}$($\alpha=0.10$)?

12. 某厂使用两种不同的原料A,B生产同一类型产品,各在一周产品中取样进行比较,取使用原料A生产的样品220件,测得平均重量为$x_A=2.46$(kg),样本标准差$S_A=0.57$(kg). 取使用原料B生产的样品205件,测得平均重量为$x_B=2.55$(kg),样本标准差为$S_B=0.48$(kg). 设这两个样本独立. 试问在水平$\alpha=0.05$下,能否认为使用原料B的产品平均重量较使用原料A的大?

13. 一骰子掷了120次,所得结果如表3.19所示. 问骰子是否匀称($\alpha=0.05$)?

表3.19

点数	1	2	3	4	5	6
出现次数	23	26	21	20	15	15

14. 从随机数表中取150个两位数,抽样结果如表3.20所示. 试用χ^2检验法检验其服从均匀分布的假设($\alpha=0.05$).

表3.20

组限	0~9	10~19	20~29	30~39	40~49	50~59	60~69	70~79	80~89	90~99
频数	16	15	19	13	14	19	14	11	13	16

15. 要比较甲、乙两种轮胎的耐磨性,现从甲、乙两种轮胎中各取8个,从两组中各取一个组成一对,再随机选取8架飞机,8对轮胎磨损量(单位:mg)数据如表

3.21 所示. 试问这两种轮胎的耐磨性有无显著差异($\alpha=0.05$)? 假定甲、乙两种轮胎的磨损量分别满足 $X\sim N(\mu_1,\sigma_1^2)$, $Y\sim N(\mu_2,\sigma_2^2)$, 且两个样本相互独立.

表 3.21

x_i(甲)	4 900	5 220	5 500	6 020	6 340	7 660	8 650	4 870
y_i(乙)	4 930	4 900	5 140	5 700	6 110	6 880	7 930	5 010

16. 设总体 $X\sim N(\mu_1,\sigma_1^2)$, 总体 $Y\sim N(\mu_2,\sigma_2^2)$, 由两个总体分别抽取其样本

$$X: 4.4, 4.0, 2.0, 4.8, Y: 6.0, 1.0, 3.2, 0.4$$

(1) 能否认为 $\mu_1=\mu_2$($\alpha=0.05$)?

(2) 能否认为 $\sigma_1^2=\sigma_2^2$($\alpha=0.05$)?

17. 为比较两车间(生产同一种产品)的产品某项指标的波动情况, 各依次抽取 12 件产品进行测量, 其数据如表 3.22 所示. 问这两个车间所生产的产品的该项指标分布是否相同($\alpha=0.05$)?

表 3.22

甲	1.13	1.26	1.16	1.41	0.86	1.39	1.21	1.22	1.20	0.62	1.18	1.34
乙	1.21	1.31	0.99	1.59	1.41	1.48	1.31	1.12	1.60	1.38	1.60	1.84

18. 两班组的劳动生产率(单位:件/小时)如表 3.23 所示. 问两班组的劳动生产率是否相同($\alpha=0.05$)?

表 3.23

第 1 班组	28	33	39	40	41	42	45	46	47
第 2 班组	34	40	41	42	43	44	46	48	49

19. 在某地区的人口调查中发现: 15 729 245 个男人中有 3 497 个是聋哑人, 16 799 031个女人中有 3 072 个是聋哑人. 试检验"聋哑人与性别无关"的假设($\alpha=0.05$).

20. 如表 3.24 所示为某药治疗感冒效果的联列表. 试问该药疗效是否与年龄有关($\alpha=0.05$)?

表 3.24

疗效 \ 年龄	儿童	成年	老年	$n_{i\cdot}$
一般	58	38	32	128
较差	28	44	45	117
显著	23	18	14	55
$n_{\cdot j}$	109	100	91	300

第 4 章　回归分析

一元线性回归是描述两个变量之间统计关系的最简单的回归模型. 一元线性回归虽然简单,但通过一元线性回归模型的建立过程,我们可以了解回归分析方法的基本统计思想以及它在实际问题研究中的应用原理. 本章将详细讨论一元线性回归的建模思想,最小二乘估计及其性质,回归方程的有关检验、预测和控制的理论及应用.

4.1　一元线性回归模型

4.1.1　一元线性回归模型的实际背景

在实际问题的研究中,经常需要研究某一现象与影响它的某一最主要因素的关系. 如影响粮食产量的因素非常多,但在众多因素中,施肥量是一个最重要的因素,我们往往需要研究施肥量这一因素与粮食产量之间的关系;在消费问题的研究中,影响消费的因素很多,但我们可以只研究国民收入与消费额之间的关系,因为国民收入是影响消费的最主要因素;保险公司在研究火灾损失的规律时,把火灾发生地与最近的消防站的距离作为一个最主要因素,研究火灾损失与火灾发生地距最近消防站的距离之间的关系.

上述几个例子都是研究两个变量之间的关系,而且它们的一个共同点是:两个变量之间有着密切的关系,但它们之间的密切程度并不能由一个变量唯一确定另一个变量,即它们间的关系是一种非确定性的关系. 那么它们之间到底有什么样的关系呢? 这就是下面要进一步研究的问题.

通常我们对所研究的问题首先要收集与它有关的 n 组样本数据 (x_i,y_i), $i=1,2,\cdots,n$. 为了直观地发现样本数据的分布规律,我们把 (x_i,y_i) 看成是平面直角坐标系中的点,画出这 n 个样本点的散点图.

例 4.1.1　假定一保险公司希望确定居民住宅区火灾造成的损失数额与该住户到最近的消防站之间的距离的相互关系,以便准确地定出保险金额. 表 4.1 列出 15 起火灾事故的损失及火灾发生地与最近的消防站的距离. 图 4.1 给出了 15

个样本点的分布状况.

表 4.1　火灾损失表

距消防站距离 x/km	3.4	1.8	4.6	2.3	3.1	5.5	0.7	3.0
火灾损失 y/千元	26.2	17.8	31.3	23.1	27.5	36.0	14.1	22.3
距消防站距离 x/km	2.6	4.3	2.1	1.1	6.1	4.8	3.8	
火灾损失 y/千元	19.6	31.3	24.0	17.3	43.2	36.4	26.1	

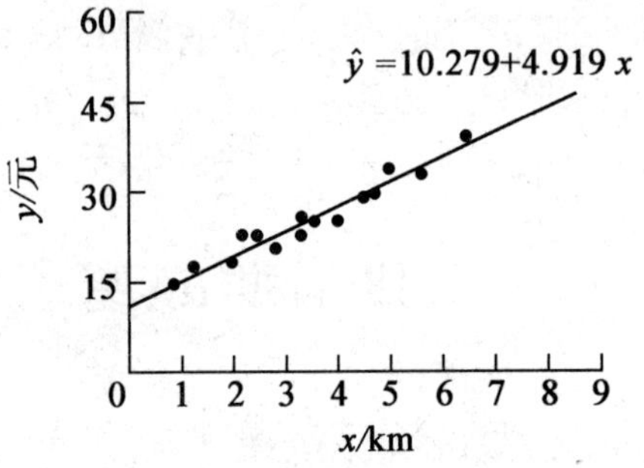

图 4.1

例 4.1.2　在研究我国人均消费水平的问题中,把全国人均消费金额记作 y(元);把人均国民收入记为 x(元). 我们收集到 1980 ~ 1998 年的样本数据(x_i, y_i), $i=1,2,\cdots,n$. 数据见表 4.2;样本分布情况见图 4.2.

表 4.2　人均国民收入表

单位:元

年份	人均国民收入	人均消费金额	年份	人均国民收入	人均消费金额
1980	460	234.75	1990	1 634	797.08
1981	489	259.26	1991	1 879	890.66
1982	525	280.58	1992	2 287	1 063.39
1983	580	305.97	1993	2 939	1 323.22
1984	692	347.15	1994	3 923	1 736.32
1985	853	433.53	1995	4 854	2 224.59
1986	956	481.36	1996	5 576	2 627.06
1987	1 104	545.40	1997	6 053	2 819.36
1988	1 355	687.51	1998	6 392	2 958.18
1989	1 512	756.27			

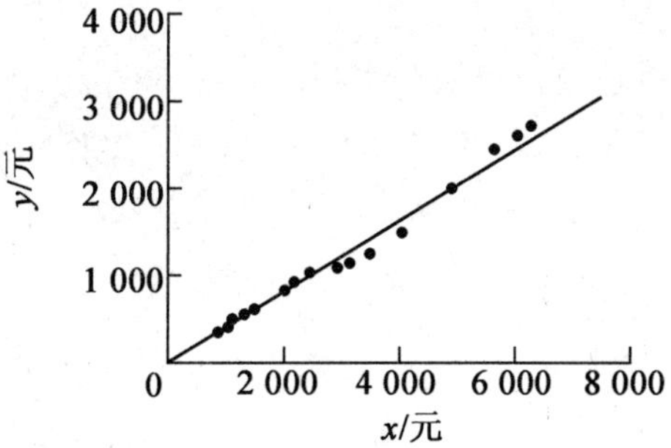

图 4.2

如图 4.1,图 4.2 所示,上面两个例子的样本数据点(x_i,y_i)大致都分别落在一条直线附近. 这说明变量 x 与 y 之间具有明显的线性关系. 从图中还看到,这些样本点又不都在一条直线上,这表明变量 x 与 y 的关系并没有确切到给定 x 就可以唯一确定 y 的程度. 事实上,对 y 产生影响的因素还有许多,如人均消费金额不仅受人均国民收入的影响,还与上年的消费水平、银行利率、商品价格指数等有关,这些对 y 的取值都有随机影响. 把每个样本点与直线的偏差就可看做是其他随机因素的影响.

4.1.2 一元线性回归模型的数学形式

上面两个例子都是只考虑两个变量间的关系,描述上述 x 与 y 间线性关系的数学结构式为

$$y=\beta_0+\beta_1 x+\varepsilon \tag{4.1}$$

式(4.1)将实际问题中变量 y 与 x 之间的关系用两个部分描述:一部分是由于 x 的变化引起 y 线性变化的部分,即 $\beta_0+\beta_1 x$;另一部分是由其他一切随机因素引起的,记为 ε. 式(4.1)确切地表达了变量 x 与 y 之间密切相关,但密切的程度又没有到由 x 唯一确定 y 的地步的这种特殊关系.

式(4.1)称为变量 y 对 x 的一元线性理论回归模型. 一般我们称 y 为被解释变量(因变量),x 为解释变量(自变量). 式中 β_0 和 β_1 是未知参数,称 β_0 为回归常数,β_1 为回归系数,ε 表示其他随机因素的影响. 在式(4.1)中我们一般假定 ε 是不可观测的随机误差,它是一个随机变量,通常假定 ε 满足

$$\begin{cases} E(\varepsilon)=0 \\ D(\varepsilon)=\sigma^2 \end{cases} \tag{4.2}$$

这里 $E(\varepsilon)$表示 ε 的数学期望,$D(\varepsilon)$表示 ε 的方差. 对式(4.1)两端求期望,得

$$E(y)=\beta_0+\beta_1 x \tag{4.3}$$

称式(4.3)为回归方程.

一般情况下,对我们所研究的某个实际问题获得的 n 组样本观测值(x_1,y_1),(x_2,y_2),…,(x_n,y_n)来说,如果它们符合模型式(4.1),则

$$y_i=\beta_0+\beta_1x_i+\varepsilon_i \quad (i=1,2,\cdots,n) \tag{4.4}$$

由式(4.2),有

$$\begin{cases}E(\varepsilon_i)=0\\D(\varepsilon_i)=\sigma^2\end{cases} \quad (i=1,2,\cdots,n) \tag{4.5}$$

通常我们还假定 n 组数据是独立观测的,因而 $y_1,y_2,\cdots,y_n$ 与 $\varepsilon_1,\varepsilon_2,\cdots,\varepsilon_n$ 都是相互独立的随机变量. 而 $x_i(i=1,2,\cdots,n)$是确定性变量,其值是可以精确测量和控制的. 我们称式(4.4)为一元线性样本回归模型.

式(4.1)的理论回归模型与式(4.4)的样本回归模型是等价的,因而我们常不加区分地将两者统称为一元线性回归模型.

对式(4.4)两边分别求数学期望和方差,得

$$E(y_i)=\beta_0+\beta_1x_i, D(y_i)=\sigma^2 \quad (i=1,2,\cdots,n) \tag{4.6}$$

式(4.6)表明随机变量 $y_1,y_2,\cdots,y_n$ 的期望不等,方差相等,因而 $y_1,y_2,\cdots,y_n$ 是独立的随机变量,但并不同分布. 而 $\varepsilon_1,\varepsilon_2,\cdots,\varepsilon_n$ 是独立同分布的随机变量.

$E(y_i)=\beta_0+\beta_1x_i$ 从平均意义上表达了变量 y 与 x 的统计规律性. 关于这一点,在应用上非常重要,因为我们经常关心的正是这个平均值. 例如,在消费 y 与收入 x 的研究中,我们所关心的正是当国民收入达到某个水平时,人均消费能达到多少;在小麦亩产 y 与施肥量 x 的关系中,我们所关心的也正是当施肥量 x 确定后,小麦的平均产量是多少.

回归分析的主要任务就是通过 n 组样本观测值(x_i,y_i),$i=1,2,\cdots,n$,对 β_0,β_1 进行估计. 一般用$\hat{\beta}_0,\hat{\beta}_1$ 分别表示 β_0,β_1 的估计值,则称

$$\hat{y}=\hat{\beta}_0+\hat{\beta}_1x \tag{4.7}$$

为 y 关于 x 的一元线性经验回归方程.

通常$\hat{\beta}_0$ 表示经验回归直线在纵轴上的截距. 如果模型范围里包括 $x=0$,则$\hat{\beta}_0$ 是 $x=0$ 时 y 的概率分布的均值;如果不包括 $x=0$,$\hat{\beta}_0$ 只是作为回归方程中的分开项,没有别的具体意义. $\hat{\beta}_1$ 表示经验直线回归方程的斜率,$\hat{\beta}_1$ 在实际应用中表示自变量 x 每增加一个单位时因变量 y 的平均增加数量.

在实际问题的研究中,为了方便对参数作区间估计和假设检验,我们还假定模型式(4.1)中误差项 ε 服从正态分布,即

$$\varepsilon \sim N(0,\sigma^2) \tag{4.8}$$

由于 $\varepsilon_1,\varepsilon_2,\cdots,\varepsilon_n$ 是 ε 的独立同分布的样本,因而有

$$\varepsilon_i \sim N(0,\sigma^2) \quad (i=1,2,\cdots,n) \tag{4.9}$$

在 ε_i 服从正态分布的假定下,进一步有随机变量 y_i 也服从正态分布

$$y_i \sim N(\beta_0+\beta_1 x_i,\sigma^2) \quad (i=1,2,\cdots,n) \tag{4.10}$$

为了在今后的讨论中充分利用矩阵这个处理线性关系的有力工具,我们这里将一元线性回归的一般形式(4.1)用矩阵表示. 令

$$\boldsymbol{y}=\begin{pmatrix} y_1 \\ y_2 \\ \vdots \\ y_n \end{pmatrix},\boldsymbol{x}=\begin{pmatrix} 1 & x_1 \\ 1 & x_2 \\ \vdots & \vdots \\ 1 & x_n \end{pmatrix}$$

$$\boldsymbol{\varepsilon}=\begin{pmatrix} \varepsilon_1 \\ \varepsilon_2 \\ \vdots \\ \varepsilon_n \end{pmatrix},\boldsymbol{\beta}=\begin{pmatrix} \beta_0 \\ \beta_1 \end{pmatrix} \tag{4.11}$$

于是模型(4.1)表示为

$$\begin{cases} \boldsymbol{y}=\boldsymbol{x}\boldsymbol{\beta}+\boldsymbol{\varepsilon} \\ E(\boldsymbol{\varepsilon})=\boldsymbol{0} \\ D(\boldsymbol{\varepsilon})=\sigma^2\boldsymbol{I}_n \end{cases} \tag{4.12}$$

其中 $\boldsymbol{I}_n$ 为 n 阶单位矩阵.

4.2 参数 β_0,β_1 的估计

4.2.1 普通最小二乘估计

为了由样本数据得到回归参数 β_0 和 β_1 的理想估计值,我们将使用普通最小二乘估计(ordinary least square estimation,OLSE). 对每一个样本观测值 (x_i,y_i),最小二乘法考虑观测值 y_i 与其回归值 $E(y_i)=\beta_0+\beta_1 x_i$ 的离差越小越好,综合地考虑 n 个离差值,定义离差平方和为

$$Q(\beta_0,\beta_1)=\sum_{i=1}^{n}(y_i-E(y_i))^2=\sum_{i=1}^{n}(y_i-\beta_0-\beta_1 x_i)^2 \tag{4.13}$$

所谓最小二乘法,就是寻找参数 β_0,β_1 的估计值 $\hat{\beta}_0$,$\hat{\beta}_1$,使式(4.13)定义的离

差平方和达到极小,即寻找$\hat{\beta}_0,\hat{\beta}_1$,满足

$$Q(\hat{\beta}_0,\hat{\beta}_1)=\sum_{i=1}^{n}(y_i-\hat{\beta}_0-\hat{\beta}_1x_i)^2=\min_{\beta_0,\beta_1}\sum_{i=1}^{n}(y_i-\beta_0-\beta_1x_i)^2 \tag{4.14}$$

依照式(4.14)求出的$\hat{\beta}_0,\hat{\beta}_1$就称为回归参数$\beta_0,\beta_1$的最小二乘估计. 称

$$\hat{y}_i=\hat{\beta}_0+\hat{\beta}_1x_i \tag{4.15}$$

为$y_i(i=1,2,\cdots,n)$的回归拟合值,简称回归值或拟合值. 称

$$e_i=y_i-\hat{y}_i \tag{4.16}$$

为$y_i(i=1,2,\cdots,n)$的残差.

从几何关系上看,用一元线性回归方程拟合n个样本观测点$(x_i,y_i),i=1,2,\cdots,n$,就是要求回归直线$\hat{y}_i=\hat{\beta}_0+\hat{\beta}_1x_i$位于这$n$个样本点中间,或者说这$n$个样本点能最靠近这条回归直线. 由图4.3可以直观地看到这种思想.

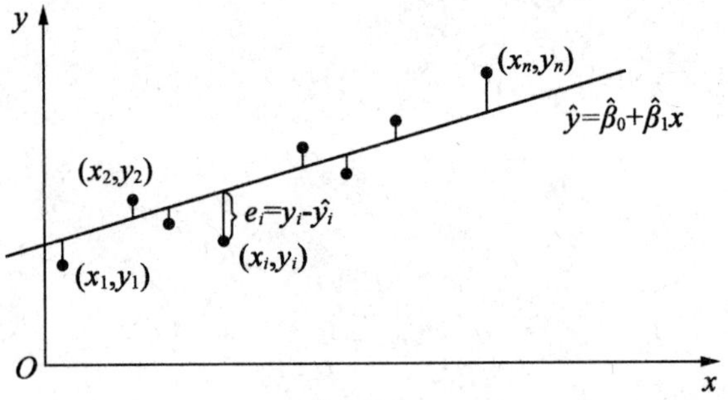

图4.3

残差平方和

$$\sum_{i=1}^{n}e_i^2=\sum_{i=1}^{n}(y_i-\hat{\beta}_0-\hat{\beta}_1x_i)^2 \tag{4.17}$$

从整体上刻画了n个样本观测点$(x_i,y_i),i=1,2,\cdots,n$,到回归直线$\hat{y}_i=\hat{\beta}_0+\hat{\beta}_1x_i$距离的大小.

从式(4.14)中求出$\hat{\beta}_0$和$\hat{\beta}_1$是一个求极值问题. 由于Q是关于$\hat{\beta}_0,\hat{\beta}_1$的非负二次函数,因而它的最小值总是存在的. 根据微积分中求极值的原理,$\hat{\beta}_0,\hat{\beta}_1$应满足下列方程组

$$\begin{cases}\left.\dfrac{\partial Q}{\partial\beta_0}\right|_{\beta_0=\hat{\beta}_0}=-2\sum_{i=1}^{n}(y_i-\hat{\beta}_0-\hat{\beta}_1x_i)=0\\ \left.\dfrac{\partial Q}{\partial\beta_1}\right|_{\beta_1=\hat{\beta}_1}=-2\sum_{i=1}^{n}(y_i-\hat{\beta}_0-\hat{\beta}_1x_i)x_i=0\end{cases} \tag{4.18}$$

经整理后,得正规方程组

$$\begin{cases} n\hat{\beta}_0 + (\sum_{i=1}^{n} x_i)\hat{\beta}_1 = \sum_{i=1}^{n} y_i \\ (\sum_{i=1}^{n} x_i)\hat{\beta}_0 + (\sum_{i=1}^{n} x_i^2)\hat{\beta}_1 = \sum_{i=1}^{n} x_i y_i \end{cases} \tag{4.19}$$

求解以上正规方程组得 β_0,β_1 的最小二乘估计(OLSE)为

$$\begin{cases} \hat{\beta}_0 = \bar{y} - \hat{\beta}_1 \bar{x} \\ \hat{\beta}_1 = \dfrac{\sum_{i=1}^{n}(x_i - \bar{x})(y_i - \bar{y})}{\sum_{i=1}^{n}(x_i - \bar{x})^2} \end{cases} \tag{4.20}$$

其中

$$\bar{x} = \frac{1}{n}\sum_{i=1}^{n} x_i, \bar{y} = \frac{1}{n}\sum_{i=1}^{n} y_i$$

记

$$L_{xx} = \sum_{i=1}^{n}(x_i - \bar{x})^2 = \sum_{i=1}^{n} x_i^2 - n(\bar{x})^2 \tag{4.21}$$

$$L_{xy} = \sum_{i=1}^{n}(x_i - \bar{x})(y_i - \bar{y}) = \sum_{i=1}^{n} x_i y_i - n\bar{x}\bar{y} \tag{4.22}$$

则式(4.20)可简写为

$$\begin{cases} \hat{\beta}_0 = \bar{y} - \hat{\beta}_1 \bar{x} \\ \hat{\beta}_1 = \dfrac{L_{xy}}{L_{xx}} \end{cases} \tag{4.23}$$

易知,$\hat{\beta}_1$ 可以等价地表示为

$$\hat{\beta}_1 = \frac{\sum_{i=1}^{n}(x_i - \bar{x})y_i}{\sum_{i=1}^{n}(x_i - \bar{x})^2} \tag{4.24}$$

或

$$\hat{\beta}_1 = \frac{\sum_{i=1}^{n} x_i y_i - n\bar{x}\bar{y}}{\sum_{i=1}^{n} x_i^2 - n(\bar{x})^2} \tag{4.25}$$

由$\hat{\beta}_0=\bar{y}-\hat{\beta}_1\bar{x}$可知

$$\bar{y}=\hat{\beta}_0+\hat{\beta}_1\bar{x} \tag{4.26}$$

可见回归直线$\hat{y}=\hat{\beta}_0+\hat{\beta}_1 x$是通过点$(\bar{x},\bar{y})$的，这对回归直线的作图很有帮助. 从物理学的角度看，$(\bar{x},\bar{y})$是n个样本值(x_i,y_i)的重心，也就是说回归直线通过样本的重心.

利用上述公式就可以具体计算回归方程的参数. 下面以例4.1.1的数据为例，建立火灾损失与住户到最近的消防站的距离之间的回归方程. 根据表4.1的数据计算得

$$\bar{x}=\frac{49.2}{15}=3.28,\bar{y}=\frac{396.2}{15}=26.413$$

$$L_{xx}=\sum_{i=1}^{n}x_i^2-n(\bar{x})^2=196.16-15\times(3.28)^2=34.784$$

$$L_{xy}=\sum_{i=1}^{n}x_iy_i-n\bar{x}\bar{y}=1\,470.65-1\,299.536=171.114$$

代入式(4.23)得

$$\begin{cases}\hat{\beta}_0=\bar{y}-\hat{\beta}_1\bar{x}=26.413-4.919\times3.28=10.279\\ \hat{\beta}_1=\dfrac{L_{xy}}{L_{xx}}=\dfrac{171.114}{34.784}=4.919\end{cases}$$

于是回归方程为

$$\hat{y}=10.279+4.919x$$

由图4.1看出，回归直线与15个样本数据点都很接近，这可直观说明回归直线对数据的拟合效果是好的.

由式(4.16)可以得到残差的一个有用的性质

$$\begin{cases}\sum_{i=1}^{n}e_i=0\\ \sum_{i=1}^{n}x_ie_i=0\end{cases} \tag{4.27}$$

即残差的平均值为0，残差以自变量x的加权平均值为0.

我们要确定的回归直线就是想使它与所有样本数据点都比较靠近，为了刻画这种靠近程度，人们曾设想用绝对残差和，即

$$\sum_{i=1}^{n}|e_i|=\sum_{i=1}^{n}|y_i-\hat{y}_i| \tag{4.28}$$

来度量观测值与回归直线的接近程度. 显然,绝对残差和越小,回归直线就与所有数据点越近. 然而,绝对残差和 $\sum |e_i|$ 在数学处理上比较麻烦,所以在经典的回归分析中,都用残差平方和(4.17)来描述因变量观测值 $y_i(i=1,2,\cdots,n)$ 与回归直线的偏离程度.

4.2.2 最大似然估计

除了上述的最小二乘估计外,最大似然估计(maximum likelihood estimation, MLE)方法也可以作为回归参数的估计方法. 最大似然估计是利用总体的分布密度或概率分布的表达式及其样本所提供信息建立起求未知参数估计量的一种方法.

当总体 X 为连续型分布时,设其分布密度族为 $\{f(x,\theta)|\theta\in\Theta\}$,假设总体 X 的一个独立同分布的样本为 $x_1,x_2,\cdots,x_n$. 其似然函数为

$$L(\theta;x_1,x_2,\cdots,x_n)=\prod_{i=1}^{n}f(x_i;\theta) \tag{4.29}$$

最大似然估计应在一切 θ 中选取使随机样本 $(X_1,X_2,\cdots,X_n)$ 落在点 $(x_1,x_2,\cdots,x_n)$ 附近,概率最大的 $\hat{\theta}$ 为未知参数 θ 真值的估计值. 即选取 $\hat{\theta}$ 满足

$$L(\hat{\theta};x_1,x_2,\cdots,x_n)=\max_{\theta}L(\theta;x_1,x_2,\cdots,x_n) \tag{4.30}$$

对连续型随机变量,似然函数就是样本的联合分布密度函数;对离散型随机变量,似然函数就是样本的联合概率函数. 似然函数的概念并不局限于独立同分布的样本,只要样本的联合密度的形式是已知的,就可以应用最大似然估计.

对于一元线性回归模型参数的最大似然估计,我们如果已经得到样本观测值 $(x_i,y_i),i=1,2,\cdots,n$,其中 x_i 为非随机变量,$y_1,y_2,\cdots,y_n$ 为随机样本. 那么在假设 $\varepsilon_i\sim N(0,\sigma^2)$ 时,由式(4.10)知 y_i 服从如下正态分布

$$y_i\sim N(\beta_0+\beta_1x_i,\sigma^2) \tag{4.31}$$

y_i 的分布密度为

$$f_i(y_i)=\frac{1}{\sqrt{2\pi}\sigma}\exp\left\{-\frac{1}{2\sigma^2}[y_i-(\beta_0+\beta_1x_i)]^2\right\}\quad(i=1,2,\cdots,n) \tag{4.32}$$

于是 $y_1,y_2,\cdots,y_n$ 的似然函数为

$$\begin{aligned}L(\beta_0,\beta_1,\sigma^2)&=\prod_{i=1}^{n}f_i(y_i)\\&=(2\pi\sigma^2)^{-\frac{n}{2}}\exp\left\{-\frac{1}{2\sigma^2}\sum_{i=1}^{n}[y_i-(\beta_0+\beta_1x_i)]^2\right\}\end{aligned} \tag{4.33}$$

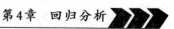

由于 L 的极值点与 $\ln L$ 的极值点是相同的，所以取对数似然函数为

$$\ln L = -\frac{n}{2}\ln(2\pi\sigma^2) - \frac{1}{2\sigma^2}\sum_{i=1}^{n}[y_i - (\beta_0 + \beta_1 x_i)]^2 \tag{4.34}$$

求式(4.34)的极大值等价于对 $\sum_{i=1}^{n}[y_i - (\beta_0 + \beta_1 x_i)]^2$ 求极小值，到此又与最小二乘原理完全相同. 因而$\hat{\beta}_0$，$\hat{\beta}_1$ 的最大似然估计就是式(4.20)的最小二乘估计. 另外，由最大似然估计还可以得到 σ^2 的估计值为

$$\hat{\sigma}^2 = \frac{1}{n}\sum_{i=1}^{n}(y_i - \hat{y}_i)^2 = \frac{1}{n}\sum_{i=1}^{n}[y_i - (\hat{\beta}_0 + \hat{\beta}_1 x_i)]^2 \tag{4.35}$$

这个估计量是 σ^2 的有偏估计. 在实际应用中，常用无偏估计量

$$\hat{\sigma}^2 = \frac{1}{n-2}\sum_{i=1}^{n}(y_i - \hat{y}_i)^2 = \frac{1}{n-2}\sum_{i=1}^{n}[y_i - (\hat{\beta}_0 + \hat{\beta}_1 x_i)]^2 \tag{4.36}$$

作为 σ^2 的估计量.

在此需要注意的是，以上最大似然估计是在 $\varepsilon_i \sim N(0, \sigma^2)$ 的正态分布假设下求得的，而最小二乘估计则对分布假设没有要求. 另外，$y_1, y_2, \cdots, y_n$ 是独立的正态分布样本，但并不是同分布的，期望值 $E(y_i) = \beta_0 + \beta_1 x_i$ 不相等，但这并不妨碍最大似然方法的应用.

4.3 最小二乘估计的性质

4.3.1 线性

所谓线性就是估计量$\hat{\beta}_0$，$\hat{\beta}_1$ 为随机变量 y_i 的线性函数. 由式(4.24)得

$$\hat{\beta}_1 = \frac{\sum_{i=1}^{n}(x_i - \bar{x})y_i}{\sum_{i=1}^{n}(x_i - \bar{x})^2} = \sum_{i=1}^{n}\frac{x_i - \bar{x}}{\sum_{i=1}^{n}(x_i - \bar{x})^2}y_i \tag{4.37}$$

其中 $\dfrac{x_i - \bar{x}}{\sum_{i=1}^{n}(x_i - \bar{x})^2}$ 是 y_i 的常数，所以$\hat{\beta}_1$ 是 y_i 的线性组合. 同理可以证明$\hat{\beta}_0$ 是 y_i 的线性组合，证明工作请读者自己完成.

因为 y_i 为随机变量，所以作为 y_i 的线性组合，$\hat{\beta}_0$，$\hat{\beta}_1$ 亦为随机变量，因此各有

其概率分布、均值、方差、标准差及二者的协方差.

4.3.2 无偏性

下面我们讨论$\hat{\beta}_0,\hat{\beta}_1$的无偏性. 由于$x_i$是非随机变量,$y_i=\beta_0+\beta_1x_i+\varepsilon_i$,$E(\varepsilon_i)=0$,因而有

$$E(y_i)=\beta_0+\beta_1x_i \tag{4.38}$$

再由式(4.37)可得

$$E(\hat{\beta}_1)=\sum_{i=1}^{n}\frac{x_i-\bar{x}}{\sum_{j=1}^{n}(x_j-\bar{x})^2}E(y_i)=\sum_{i=1}^{n}\frac{x_i-\bar{x}}{\sum_{j=1}^{n}(x_j-\bar{x})^2}(\beta_0+\beta_1x_i)=\beta_1 \tag{4.39}$$

证得$\hat{\beta}_1$是β_1的无偏估计,其中用到$\sum_{i=1}^{n}(x_i-\bar{x})=0$,$\sum_{i=1}^{n}(x_i-\bar{x})x_i=\sum_{i=1}^{n}(x_i-\bar{x})^2$. 同理可证$\hat{\beta}_0$是$\beta_0$的无偏估计. 证明过程请读者自己完成.

无偏估计的意义是:如果屡次变更数据,反复求β_0,β_1的估计值,这两个估计量没有高估或低估的系统趋向,它们的平均值将趋于β_0,β_1.

进一步有

$$E(\hat{y})=E(\hat{\beta}_0+\hat{\beta}_1x_i)=\beta_0+\beta_1x_i=E(y) \tag{4.40}$$

这表明回归值$\hat{y}$是$E(y)$的无偏估计,也说明$\hat{y}$与真实值y的平均值是相同的.

4.3.3 $\hat{\beta}_0,\hat{\beta}_1$的方差

一个估计量是无偏的,只揭示了估计量优良性的一个方面. 我们通常还关心估计量本身的波动状况,这就需进一步研究它的方差.

由$y_1,y_2,\cdots,y_n$相互独立,$D(y_i)=\sigma^2$及式(4.37),得

$$D(\hat{\beta}_1)=\sum_{i=1}^{n}\left[\frac{x_i-\bar{x}}{\sum_{j=1}^{n}(x_j-\bar{x})^2}\right]^2D(y_i)=\frac{\sigma^2}{\sum_{j=1}^{n}(x_j-\bar{x})^2} \tag{4.41}$$

我们知道,方差的大小表示随机变量取值波动的大小,因而$D(\hat{\beta}_1)$反映了估计量$\hat{\beta}_1$的波动大小. 假设我们反复抽取容量为n的样本建立回归方程,每次计算的$\hat{\beta}_1$的值是不相同的,$D(\hat{\beta}_1)$正是反映了这些$\hat{\beta}_1$的差异程度.

由$D(\hat{\beta}_1)$的表达式我们得到对实际应用有指导意义的思想. 从式(4.41)中看

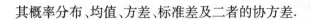

到，回归系数$\hat{\beta}_1$不仅与随机误差的方差σ^2有关，而且还与自变量x的取值波动程度有关. 如果x的取值比较分散，即x的波动较大，则$\hat{\beta}_1$的波动就小，β_1的估计值$\hat{\beta}_1$就比较稳定. 反之，如果原始数据x是在一个较小的范围内取值，则β_1的估计值稳定性就差，当然也就很难说精确了. 这一点显然对我们收集原始数据有重要的指导意义. 类似的，有

$$D(\hat{\beta}_0)=\left[\frac{1}{n}+\frac{(\bar{x})^2}{\sum_{i=1}^{n}(x_i-\bar{x})^2}\right]\sigma^2 \tag{4.42}$$

由式(4.42)可知，回归常数$\hat{\beta}_0$的方差也不仅与随机误差的方差σ^2和自变量x的取值波动程度有关，而且还同样本数据的个数n有关. 显然数据n越大时，$D(\hat{\beta}_0)$越小.

总之，由式(4.41)和式(4.42)我们可以看到，要想使β_0,β_1的估计值$\hat{\beta}_0,\hat{\beta}_1$更稳定，在收集数据时，就应该考虑$x$的取值尽可能分散一些，不要挤在一块，样本量也应尽可能大一些，样本量n太小时估计量的稳定性肯定不会太好.

由前边$\hat{\beta}_0,\hat{\beta}_1$的讨论我们知道$\hat{\beta}_0,\hat{\beta}_1$都是$n$个独立正态随机变量$y_1,y_2,\cdots,y_n$的线性组合，因而$\hat{\beta}_0,\hat{\beta}_1$也服从正态分布. 由上边$\hat{\beta}_0,\hat{\beta}_1$的均值和方差的结果，有

$$\hat{\beta}_0\sim N\left(\beta_0,\left(\frac{1}{n}+\frac{(\bar{x})^2}{L_{xx}}\right)\sigma^2\right) \tag{4.43}$$

$$\hat{\beta}_1\sim N\left(\beta_1,\frac{\sigma^2}{L_{xx}}\right) \tag{4.44}$$

另外，还可得到$\hat{\beta}_0,\hat{\beta}_1$的协方差

$$\mathrm{cov}(\hat{\beta}_0,\hat{\beta}_1)=-\frac{\bar{x}}{L_{xx}}\sigma^2 \tag{4.45}$$

式(4.45)说明，当$\bar{x}=0$时，$\hat{\beta}_0$与$\hat{\beta}_1$不相关，在正态假定下独立；当$\bar{x}\neq 0$时不独立. 它揭示了回归系数之间的关系状况.

在前边我们曾给出回归模型随机误差项ε_i、等方差及不相关的假定条件，这个条件称为高斯－马尔可夫(Gauss-Markov)条件，即

$$\begin{cases}E(\varepsilon_i)=0, i=1,2,\cdots,n\\ \mathrm{cov}(\varepsilon_i,\varepsilon_j)=\begin{cases}\sigma^2, i=j\\ 0, i\neq j\end{cases}\quad (i,j=1,2,\cdots,n)\end{cases} \tag{4.46}$$

在此条件下可以证明：$\hat{\beta}_0$ 与 $\hat{\beta}_1$ 分别是 β_0 与 β_1 的最佳线性无偏估计(best linear unbiased estimator, BLUE)也称为最小方差线性无偏估计.

进一步可知，对固定的 x_0 来讲

$$\hat{y}_0 = \hat{\beta}_0 + \hat{\beta}_1 x_0 \tag{4.47}$$

也是 $y_1, y_2, \cdots, y_n$ 的线性组合，且

$$\hat{y}_0 \sim N\left(\beta_0 + \beta_1 x_0, \left(\frac{1}{n} + \frac{(x_0 - \bar{x})^2}{L_{xx}}\right)\sigma^2\right) \tag{4.48}$$

由此可见，$\hat{y}_0$ 是 $E(y_0)$ 的无偏估计，且 $\hat{y}_0$ 的方差随给定的 x_0 值与 $\bar{x}$ 的距离 $|x_0 - \bar{x}|$ 的增大而增大. 即当给定的 x_0 与 x 的样本平均值 $\bar{x}$ 相差较大时，$\hat{y}_0$ 的估计值波动就增大. 这说明在实际应用回归方程进行控制和预测时，给定的 x_0 值不能偏离样本均值太大，如果太大，用回归方程无论是作因素分析还是作预测，效果都不会理想.

4.4 回归方程的显著性检验

当我们得到一个实际问题的经验回归方程 $\hat{y} = \hat{\beta}_0 + \hat{\beta}_1 x$ 后，还不能马上就用它去作分析和预测，因为 $\hat{y} = \hat{\beta}_0 + \hat{\beta}_1 x$ 是否真正描述了变量 y 与 x 之间的统计规律性，还需运用统计方法对回归方程进行检验. 在对回归方程进行检验时，通常需要正态性假设 $\varepsilon_i \sim N(0, \sigma^2)$，以下的检验内容若无特别声明，都是在此正态性假设下进行的. 下面我们介绍几种检验方法.

4.4.1 *t* 检验

t 检验是统计推断中常用的一种检验方法，在回归分析中，t 检验用于检验回归系数的显著性. 检验的原假设是

$$H_0: \beta_1 = 0 \tag{4.49}$$

备择假设是

$$H_1: \beta_1 \neq 0 \tag{4.50}$$

回归系数的显著性检验就是要检验因变量 y 对自变量 x 的影响程度是否显著. 如果原假设 H_0 成立，则因变量 y 与自变量 x 之间并没有真正的线性关系，也就是说自变量 x 的变化对因变量 y 并没有影响. 由式(4.44)知，$\hat{\beta}_1 \sim N\left(\beta_1, \frac{\sigma^2}{L_{xx}}\right)$，因而

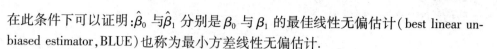

当原假设 $H_0:\beta_1=0$ 成立时,有

$$\hat{\beta}_1 \sim N\left(0,\frac{\sigma^2}{L_{xx}}\right) \tag{4.51}$$

此时$\hat{\beta}_1$ 在零附近波动.构造 t 统计量

$$t=\frac{\hat{\beta}_1}{\sqrt{\frac{\hat{\sigma}^2}{L_{xx}}}}=\frac{\hat{\beta}_1\sqrt{L_{xx}}}{\hat{\sigma}} \tag{4.52}$$

其中

$$\hat{\sigma}^2=\frac{1}{n-2}\sum_{i=1}^{n}e_i^2=\frac{1}{n-2}\sum_{i=1}^{n}(y_i-\hat{y}_i)^2 \tag{4.53}$$

是 σ^2 的无偏估计,称$\hat{\sigma}$为回归标准差.

当原假设 $H_0:\beta_1=0$ 成立时,式(4.52)构造的 t 统计量服从自由度为 $n-2$ 的 t 分布.给定显著性水平 α,双侧检验的临界值为 $t_{\frac{\alpha}{2}}$.当 $|t|\geqslant t_{\frac{\alpha}{2}}$ 时拒绝原假设 $H_0:\beta_1=0$,认为 β_1 显著不为零,因变量 y 对自变量 x 的一元线性回归成立;当 $|t|<t_{\frac{\alpha}{2}}$ 时接受原假设 $H_0:\beta_1=0$,认为 β_1 为零,因变量 y 对自变量 x 的一元线性回归不成立.

以上公式的计算虽然可以手工完成,但在计算机高速发展的今天,许多手工工作都已经被计算机所取代.因此,对与有关的统计软件结合的例题作简要介绍.

4.4.2 用统计软件计算

目前国际上通用的统计软件主要有 SPSS 和 SAS 两种,SPSS 的优点是已完全菜单化,使用方便;缺点是软件包含的方法是固定的,不能自己更改. SAS 的优点是功能强大,软件提供了很多子程序,可以自己编制程序调用子程序,因此可以完成各种各样的统计计算;缺点是使用相对困难,并且每次购得的软件有一定的使用期限(实际是租赁制). SPSS 由统计专业和非统计专业人士共同使用,SAS 则主要由统计专业人士使用. 另外非常普及的 Excel 软件也有简单的统计计算功能,适合于非统计专业人士做一些简单的统计分析. 本书的计算工作主要使用 SPSS 软件.

1. 用 Excel 软件计算

如果工具下拉菜单中没有数据分析项,首先要加入 Excel 的数据分析功能,方法是依次点选工具→加载宏→分析工具库→确定,这时工具下拉菜单中就增加了数据分析项. 按要求寻入数据,点选数据分析项,在对话框中选择回归,根据对话框的提示作必要的操作. 例 4.1.1 火灾损失数据的输出结果见输出结果 4.1.

输出结果4.1

输出结果

回归统计	
Multiple R	0.960 978
R Square	0.923 478
Adjusted R Square	0.917 592
标准误差	2.316 346
观测值	15

方差分析

	df	SS	MS	F	Significance F
回归分析	1	841.766 4	841.766 4	156.886 2	
残　差	13	69.750 98	5.365 46		1.25E - 08
总　计	14	911.517 3			

	Coefficients	标准误差	t Stat	P - value
Intercept	10.277 93	1.420 278	7.236 562	6.59E - 06
X Variable 1	4.919 331	0.392 748	12.525 42	1.25E - 08

在输出结果4.1中,Intercept是截距,即回归常数项β_0. X Variable 1指第一个自变量,本例为一元线性回归,只有一个自变量x. Coefficients列中的两个数值即为$\hat{\beta}_0 = 10.277\ 93$,$\hat{\beta}_1 = 4.919\ 331$,这与例4.1.1的手工计算结果是一致的. 另外$\hat{\beta}_0$的标准差为$\sqrt{D(\hat{\beta}_0)} = 1.420\ 278$,$\hat{\beta}_1$的标准差为$\sqrt{D(\hat{\beta}_1)} = 0.392\ 748$. 式(4.52)的$t$值为$t = 12.525\ 42$,取显著性水平$\alpha = 0.05$,自由度为$n - 2 = 15 - 2 = 13$,查$t$分布表得临界值$t_{\frac{\alpha}{2}}(13) = 2.160$,由$|t| = 12.525\ 42 > 2.160$可知,应拒绝原假设$H_0: \beta_1 = 0$,认为火灾损失$y$对距消防站距离$x$的一元线性回归的效果显著.

另外从输出结果4.1中可以看到回归标准误差$\hat{\sigma} = 2.316\ 346$. 对回归常数项$\beta_0$的显著性检验的$t$值为$t = 7.236\ 562$,由$7.236\ 562 > 2.160$可知,常数项$\beta_0$显著不为零. 不过,我们主要关心的是回归系数$\beta_1$的显著性,这决定$y$对$x$的回归是否成立,而对回归常数项$\beta_0$的显著性并不关心.

输出结果4.1中的P - value是概率值,通常称为P值,对回归系数β_1的显著

性检验的 P 值 $=1.25\mathrm{E}-08=1.25\times10^{-8}\approx0$，检验统计量 t 值与 P 值的关系是

$$P(|t|>|t\text{ 值}|)=P\text{ 值} \tag{4.54}$$

其中 t 为检验统计量，是随机变量，本例中 t 服从自由度为 $n-2$ 的 t 分布. t 值是 t 统计量的样本值，回归系数 β_1 的 $|t$ 值$|=12.525\,42$，因而式(4.54)即为

$$P(|t|>12.525\,42)=1.25\times10^{-8}$$

其中 $t\sim t(13)$. 可以看出，P 值越小，$|t$ 值$|$越大；P 值越大，$|t$ 值$|$越小. 当 P 值 $\leqslant\alpha$ 时，$|t$ 值$|\geqslant t_{\frac{\alpha}{2}}$，此时应拒绝原假设 H_0；当 P 值 $>\alpha$ 时，$|t$ 值$|<t_{\frac{\alpha}{2}}$，此时应接受原假设 H_0；因而可以用 P 值代替 t 值作判定. 另外，当 $|t$ 值$|=t_{\frac{\alpha}{2}}$ 时，必有 P 值 $=\alpha$.

用 P 值代替 t 值作判定有几方面的优越性：

(1)用 P 值作检验不需要查表，只需直接用 P 值与显著性水平 α 相比，当 P 值 $\leqslant\alpha$ 时即拒绝原假设 H_0，当 P 值 $>\alpha$ 时即接受原假设 H_0，而用 t 值作检验需要查 t 分布表求临界值；

(2)用 P 值作检验具有可比性，而用 t 值作检验与自由度有关，可比性差；

(3)用 P 值作检验可以准确地知道检验的显著性，实际上 P 值就是放弃真错误的真实概率，也就是检验的真实显著性；

用 P 值作检验的缺点是难以手工计算，但计算机软件可以方便地算出 P 值.

2. 用 SPSS 软件计算

本教材采用 SPSS 8.0 版本. 进入 SPSS 软件，按要求寻入数据，双击默认变量名(var 00001，var 00002)，个性为变量名 y，x. 由于例 4.1.1 的火灾损失数据已经建立了 Excel 数据文件，可以将数据直接粘到 SPSS 中，再加入变量名. 依次点选：Statistics→Regression→Linear，进入线性回归窗口，这是一个对话框形式的窗口. 左侧是变量名，选中 y，点右侧 Dependent(因变量)框条旁的箭头按钮，y 即进入此框条(从框条中剔除变量的方法是，选中框条中的变量，框条左侧的箭头按钮即转向左侧，点此按钮即可). 用同样的方法把自变量 x 选入 Independent 框条中，再点右侧 OK 按钮，即可得以下输出结果 4.2.

输出结果 4.2

Variables Entered/Removed[b]

Model	Variables Entered	Variables Removed	Method
1	X^a		Enter

a. All requested variables entered.

b. Dependent Variable：Y.

Model Summary

Model	R	R Square	Adjusted R Square	Std. Error of the Estimate
1	.961[a]	.923	.918	2.316 3

a. Predictors: (Constant)X.

ANOVA[b]

Model		Sum of Squares	df	Mean Square	F	Sig.
1	Regression	841.766	1	841.766	156.886	.000[a]
	Residual	69.751	13	5.365		
	Total	911.517	14			

a. Predictors: (Constant)X.

b. Dependent Variable: Y.

Coefficients[a]

Model		Unstandardized Coefficients		Standardized Coefficients	t	Sig.
		B	Std. Error	Beta		
1	(Constant)	10.278	1.420		7.237	.000
	X	4.919	.393	.961	12.525	.000

a. Dependent Variable: Y.

其中 Sig. 为 P 值;Sig. 为 Significance(显著性)的简写,这里只保留了三位小数,因而显示为零. 可以看出,两种软件的计算结果是一致的,只是输出项目和项目名称略有不同. 以上只是软件默认的输出项目,还可以根据需要增加输出项目.

4.4.3 F 检验

对线性回归方程显著性的另外一种检验是 F 检验,F 检验是根据平方和分解式,直接从回归效果检验回归方程的显著性. 平方和分解式是

$$\sum_{i=1}^{n}(y_i-\bar{y})^2=\sum_{i=1}^{n}(\hat{y}_i-\bar{y})^2+\sum_{i=1}^{n}(y_i-\hat{y}_i)^2 \tag{4.55}$$

其中 $\sum_{i=1}^{n}(y_i-\bar{y})^2$ 称为总平方和,简记为 S_T 或 $S_{总}$ 或 L_{yy}. S_T 表示 sum of squares for total.

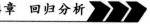

$\sum_{i=1}^{n}(\hat{y}_i-\bar{y})^2$ 称为回归平方和,简记为 S_R 或 $S_{回}$. R 表示 Regression.

$\sum_{i=1}^{n}(y_i-\hat{y}_i)^2$ 称为残差平方和,简记为 S_e 或 $S_{残}$,e 表示 Error.

因而平方和分解式可以简写为

$$S_T=S_R+S_e$$

请读者根据式(4.27)自己证明平方和分解式.

总平方和反映因变量 y 的波动程度或称不确定性,在建立了 y 对 x 的线性回归后,总平方和 S_T 就分解成回归平方和 S_R 与残差平方和 S_e 这两个组成部分,其中 S_R 是由回归方程确定的,也就是由自变量 x 的波动引起的,S_e 是不能用自变量解释的波动,是由 x 之外的未加控制的因素引起的. 这样,在总平方和 S_T 中,能够由自变量解释的部分为 S_R,不能由自变量解释的部分为 S_e. 这样,回归平方和 S_R 越大,回归的效果就越好,可以据此构造 F 检验统计量如下

$$F=\frac{\frac{S_R}{1}}{\frac{S_e}{n-2}} \tag{4.56}$$

在正态假设下,当原假设 $H_0:\beta_1=0$ 成立时,F 服从自由度为$(1,n-2)$的 F 分布. 当 F 值大于临界值 $F_\alpha(1,n-2)$时,拒绝 H_0,说明回归方程显著,x 与 y 有显著的线性关系. 也可以根据 P 值作检验,具体检验过程可以放在方差分析表中进行,如表 4.3 所示.

表 4.3　一元线性回归方差分析表

方差来源	自由度	平方和	均方	F 值	P 值
回归	1	S_R	$\frac{S_R}{1}$	$\frac{\frac{S_R}{1}}{\frac{S_e}{n-2}}$	$P(F>F$ 值$)=P$ 值
残差	$n-2$	S_e	$\frac{S_e}{n-2}$		
总和	$n-1$	S_T			

对例 4.1.1 的数据,Excel 软件计算的结果见输出结果 4.1 的方差分析表,由表中看到 $F=156.886\ 2$,P 值 $=1.25\times10^{-8}$. SPSS 软件的输出结果 4.2 中 ANOVA 即为方差分析表,ANOVA 表示 analysis of variance. 两个软件的结果是一致的.

4.4.4 相关系数的显著性检验

由于一元线性回归方程讨论的是变量 x 与变量 y 之间的线性关系,所以我们可以用变量 x 与 y 之间的相关系数来检验回归方程的显著性. 设 (x_i, y_i), $i=1, 2, \cdots, n$ 是 (x,y) 的 n 组样本观测值,我们称

$$r=\frac{\sum_{i=1}^{n}(x_i-\bar{x})(y_i-\bar{y})}{\sqrt{\sum_{i=1}^{n}(x_i-\bar{x})^2\sum_{i=1}^{n}(y_i-\bar{y})^2}}=\frac{L_{xy}}{\sqrt{L_{xx}L_{yy}}} \tag{4.57}$$

为 x 与 y 的简单相关系数,简称相关系数. 其中 L_{xy}, L_{xx}, L_{yy} 与前边定义相同. 相关系数 r 表示 x 和 y 的线性关系的密切程度. 相关系数的取值范围为 $|r|\leqslant 1$. 相关系数的直观意义如图 4.4 所示.

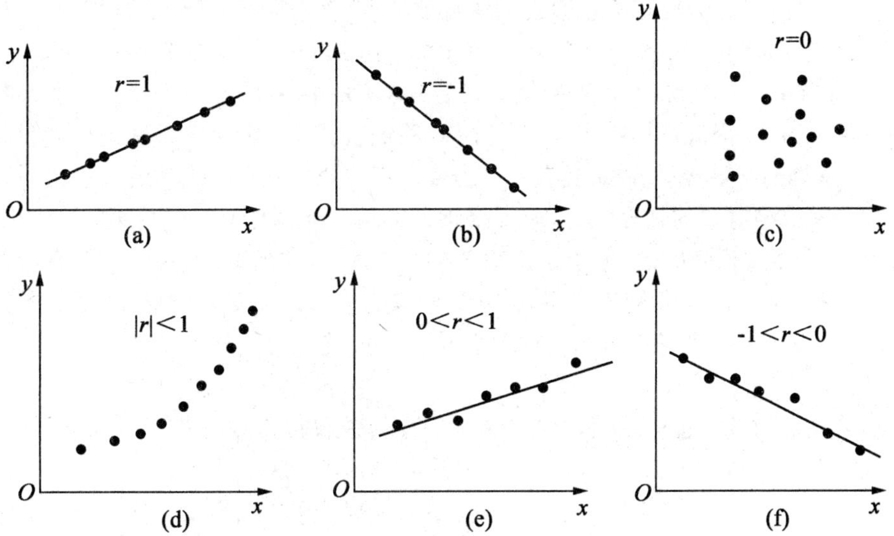

图 4.4

图 4.4 中的(a),(b)和(c),(d)是四种极端情况,即当 x 与 y 有精确的线性关系时,$r=1$ 或 $r=-1$. $r=1$ 表示 x 与 y 之间完全正相关,所有的对应点都在一条直线上;$r=-1$ 表示 x 与 y 之间完全负相关,对应点也都在一条直线上. 这实际上就是一种确定的线性函数关系,它并不是统计学中研究的主要内容. 图(c)中的这种极端情况说明所有的样本点分布杂乱无章,变量 x 与 y 之间没有相互关系,即 $r=0$. 在实际中 $r=0$ 的情况很少,往往我们拿来毫不相干的两个变量序列计算相关系数的绝对值都大于零. 图(d)中这种情况表明 x 与 y 有确定的非线性函数关系,或

称曲线函数关系. 此时$|r|<1$,并不等于1,这是因为简单相关系数只是反映两个变量间的线性关系,并不能反映变量间的非线性关系. 因而,即使$r=0$也并不能说明x与y无任何关系.

当变量x与y之间有线性统计关系时,$0<|r|<1$,如图4.4中(e),(f)所示. 统计学中主要研究这种非确定性的统计关系. 图(e)表示x与y是正的线性相关,图(f)表示x与y是负的线性相关. 我们在实际问题中经常碰到的是这两种情况.

由式(4.57)和回归系数$\hat{\beta}_1$的表达式可得

$$r=\frac{L_{xy}}{\sqrt{L_{xx}L_{yy}}}=\hat{\beta}_1\sqrt{\frac{L_{xx}}{L_{yy}}} \tag{4.58}$$

由上式可以看到一个很有用的结论,即一元线性回归的回归系数$\hat{\beta}_1$的符号与相关系数r的符号相同.

这里需要指出的是,相关系数有个明显的缺点,就是它接近于1的程度与数据组数n有关,这样容易给人一种假象. 因为,当n较小时,相关系数的绝对值容易接近于1;当n较大时,相关系数的绝对值容易偏小. 特别是当$n=2$时,相关系数的绝对值总为1. 因此在样本容量n较小时,我们仅凭较大的相关系数说变量x与y之间有密切的线性关系,就显得匆忙. 当我们计算变量x与y的相关系数绝对值大于相关系数绝对值的临界值时,才可以认为x与y有线性关系. 通常当$|r|$大于附表7中$\alpha=5\%$相应的值,但小于附表7中$\alpha=1\%$相应的值时,称x与y有显著的线性关系;如果$|r|$大于附表7中$\alpha=1\%$相应的值时,称x与y有十分显著的线性关系;如果$|r|$小于附表7中$\alpha=5\%$相应的值时,就认为x与y没有明显的线性关系.

相关系数的计算也可以用软件完成,在Excel软件的数据分析对话框中,选择相关系数即可算出例4.1.1中数据的相关系数为$r=0.960\ 978$.

例4.1.1中$n=15$,附表7中$\alpha=5\%$ $(n-2=13)$相应的值为0.514,$\alpha=1\%$相应的值为0.641,而$r=0.961>0.641$. 因此说明火灾地点与最近消防站的距离同损失之间有十分显著的线性依赖关系.

用SPSS软件计算相关系数有两种方法:第一种方法是点选Statistics→Correlate→ Bivariate进入相关系数对话框,点选Pearson计算出x与y的简单相关系数,其中Bivariate是二项的含义,表示计算两个变量的相关系数,Pearson相关系数就是式(4.57)定义的简单相关系数. 另外对话框中还有选项Two-tail与One-tail,代表对相关系数作双侧检验与单侧检验,检验的统计量为

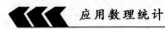

$$t=\frac{\sqrt{n-2}r}{\sqrt{1-r^2}} \tag{4.59}$$

当$|t|>t_{\frac{\alpha}{2}}(n-2)$时,认为 y 与 x 的简单回归系数显著不为零,软件中没有给出 t 值,而是直接给出了 P 值(Sig). 对例 4.1.1 火灾损失的数据,计算出 y 与 x 的相关系数输出结果见输出结果 4.3. 同样得到 y 与 x 的相关系数 $r=0.961$,由 P 值近似为零可知,y 与 x 的简单相关系数是显著不为零的.

用 SPSS 软件对简单相关系数的另外一种检验方法是直接在线性回归对话框内完成,点选线性回归对话框下面的 Statistics(统计量)选项,进入统计量选项对话框,可以看到默认选项为 Estimates 和 Model fit 两项,再点选 Discriptive,点选右边的 Continue,回到线性回归对话框,计算的输出结果就增加了 y 与 x 的简单回归系数 r 及单侧检验的 P 值. 对于对称分布的统计量,单侧检验的 P 值的 2 倍就是双侧检验的 P 值.

输出结果 4.3

Correlations

		Y	X
Y	Pearson Correlation Sig.	1.000	.961
	(Two-tailed)	.	.000
	N	15	15
X	Pearson Correlation Sig.	.961	1.000
	(Two-tailed)	.000	.
	N	15	15

4.4.5 三种检验的关系

前面介绍了回归系数显著性的 t 检验、回归方程显著性的 F 检验、相关系数显著性的 t 检验这三种检验. 那么这三种检验之间是否存在一定的关系? 回答是肯定的. 对一元线性回归,这三种检验的结果是完全一致的. 可以证明,回归系数显著性的 t 检验与相关系数显著性的 t 检验是完全等价的,式(4.52)与式(4.59)是相等的,而式(4.56)的 F 统计量则是这两个 t 统计量的平方. 因而对一元线性回归实际只需要作其中的一种检验即可. 然而对多元线性回归这三种检验所考虑的问题已有不同,所以并不等价,是三种不同的检验.

4.4.6 样本决定系数

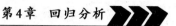

由回归平方和与残差平方和的意义我们知道,如果在总的离差平方和中回归

平方和所占的比重越大，则线性回归效果就越好，这说明回归直线与样本观测值拟合优度就越好；如果残差平方和所占的比重大，则回归直线与样本观测值拟合得就不理想. 这里把回归平方和与总离差平方和之比定义为样本决定系数，记为 r^2，即

$$r^2 = \frac{S_R}{S_T} = \frac{\sum_{i=1}^{n}(\hat{y}_i - \bar{y})^2}{\sum_{i=1}^{n}(y_i - \bar{y})^2} \tag{4.60}$$

由关系式

$$\sum_{i=1}^{n}(\hat{y}_i - \bar{y})^2 = \hat{\beta}_1^2 \sum_{i=1}^{n}(x_i - \bar{x})^2 \tag{4.61}$$

可以证明式(4.60)的 r^2 正好是式(4.57)中相关系数 r 的平方. 即

$$r^2 = \frac{S_R}{S_T} = \frac{L_{xy}^2}{L_{xx}L_{yy}} = (r)^2 \tag{4.62}$$

决定系数 r^2 是一个回归直线与样本观测值拟合优度的相对指标，反映了因变量的波动中能用自变量解释的比例. r^2 的值总是在 0 和 1 之间，也可以用百分数表示. 一个线性回归模型如果充分利用了 x 的信息，因变量不确定性的绝大部分能由回归方程解释，则 r^2 越接近于 1，拟合优度就越好. 反之，如 r^2 不大，说明从模型中给出的 x 对 y 的信息还不充分，回归方程的效果不好，应进行修改，使 x 与 y 的信息得到充分利用.

一般而言，回归方程的显著性检验与 r^2 值的大小是一致的，即检验越显著（P 值越小），r^2 就越大，但是这种关系并不是完全确定的，在样本容量 n 很大时，对高度显著的检验结果仍然可得到一个小的 r^2. 导致 r^2 小的可能原因有两个：第一是线性回归不成立，y 与 x 之间是曲线关系，这时应该用曲线回归；第二是 y 与 x 之间的确符合式(4.1)的线性模型，只是误差项方差 σ^2 大，导致 r^2 小，这时在样本容量 n 很大时，检验结果仍然可能得出线性回归显著的结论. 正确区分以上两种不同情况是重要的，在对自变量有重复观测时可以通过检验正确区分以上两种不同情况，而当数据建模不能得到重复观测，这时可以通过下面一节介绍的残差分析方法来正确区分以上两种不同情况.

对例 4.1.1 火灾损失的数据，SPSS 输出结果 4.2 中的 R Square 即为决定系数 r^2，其值为 $r^2 = 0.923\ 478 = (0.960\ 978)^2$. Excel 输出结果 4.1 也得到同样的结果. $r^2 = 0.923\ 478$ 表明在 y 值与 $\bar{y}$ 的偏离的平方和中有 92.35% 可以通过火灾地点与消防站之间的距离 x 来解释，这也说明了 y 与 x 之间的高度线性相关关系.

4.5 残差分析

一个线性回归方程通过了 t 检验或 F 检验,只是表明变量 x 与 y 之间的线性关系是显著的,或者说线性回归方程是有效的,但不能保证数据拟合得很好,也不能排除由于意外原因而导致的数据不完全可靠,比如有异常值出现、周期性因素干扰等. 只有当与模型中的残差项有关的假定满足时,我们才能放心地运用回归模型. 因此,在利用回归方程作分析和预测之前,应该用残差图帮助我们诊断回归效果与样本数据的质量,检查模型是否满足基本假定,以便对模型作进一步修改.

4.5.1 残差概念与残差图

残差 $e_i = y_i - \hat{y}_i$ 的定义已由式(4.16)给出,n 对数据产生 n 个残差值. 残差是实际观测值 y 与通过回归方程给出的回归值之差,残差 e_i 可以看做是误差项 ε_i 的估计值. 残差 $e_i = y_i - \hat{y}_i = y_i - \hat{\beta}_0 - \hat{\beta}_1 x_i$,误差项 $\varepsilon_i = y_i - \beta_0 - \beta_1 x_i$,比较两个表达式可以正确区分残差 e_i 与误差项 ε_i 的异同.

以自变量 x 作横轴(或以因变量回归值 $\hat{y}$ 作横轴),以残差作纵轴,将相应的残差点画在直角坐标系上,就可得到残差图,残差图可以帮助我们对数据的质量作一些分析. 图 4.5 给出常见的一些残差图,这些残差图各不相同,它们分别说明样本数据的不同表现情况.

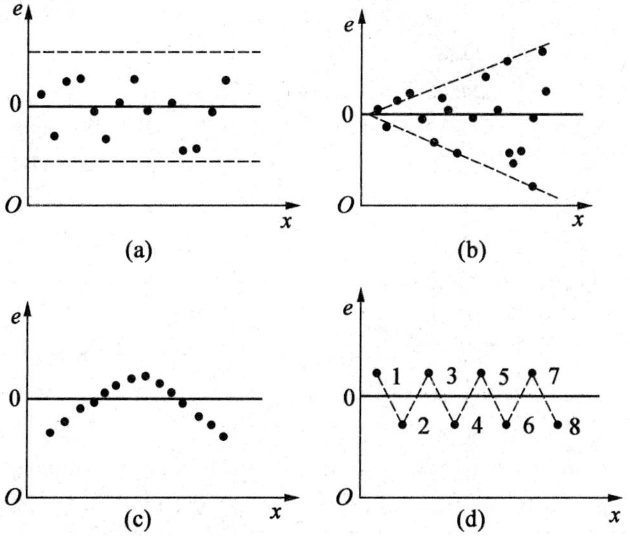

图 4.5 残差图

一般认为,如果一个回归模型满足所给出的基本假定,所有残差应是在 $e=0$ 附近随机变化,并在变化幅度不大的一条带子内(见图4.5中(a)的情况). 如果残差都落在变化幅度不大的一条带子内,也就可以说明回归模型满足基本假设.

图4.5中(b)的情况表明 y 的观测值的方差并不相同,而是随着 x 的增加而增加的.

图4.5中(c)的情况表明 y 和 x 之间的关系并非线性关系,而是曲线关系. 这就需考虑用另外的曲线方程去拟合样本观测值 y. 另外一种可能性是 y 存在自相关.

图4.5中(d)的情形称为蛛网现象,表明 y 具有自相关.

对例4.1.1的火灾损失数据作残差分析,首先计算残差. 残差 e_i 可以用软件在作回归时直接计算出来,在SPSS软件的线性回归对话框中,点选下面的Save框条进入Save对话框,即可保留所需的中间变量,在Save对话框中,点选Residuals下的Unstandardized选项,再点右面的Continue回到线性回归对话框,继续做回归. 回归完成后,在原始数据表格中即可看到新增加了一列变量res_1,此即残差 e_i. 用Excel软件同样也可以算出残差 e_i. 表4.4列出了火灾损失数据的残差.

表4.4 火灾损失数据的残差

序号	x	y	$\hat{y}$	e	ZRE	SRE
1	0.70	14.10	13.721 46	0.378 54	0.163 42	0.189 72
2	1.10	17.30	15.689 19	1.610 81	0.695 41	0.779 10
3	1.80	17.80	19.132 72	-1.332 72	-0.575 36	-0.616 72
4	2.10	24.00	20.608 52	3.391 48	1.464 15	1.549 12
5	2.30	23.10	21.592 39	1.507 61	0.650 86	0.683 89
6	2.60	19.60	23.068 19	-3.468 19	-1.497 27	-1.560 97
7	3.00	22.30	25.035 92	-2.735 92	-1.181 14	-1.224 07
8	3.10	27.50	25.527 85	1.972 15	0.851 40	0.881 73
9	3.40	26.20	27.003 65	-0.803 65	-0.346 95	-0.359 21
10	3.80	26.10	28.971 39	-2.871 39	-1.239 62	-1.288 50
11	4.30	31.30	31.431 05	-0.131 05	-0.056 58	-0.059 52
12	4.60	31.30	32.906 85	-1.606 85	-0.693 70	-0.738 13
13	4.80	36.40	33.890 72	2.509 28	1.083 29	1.163 48
14	5.50	36.00	37.334 25	-1.334 25	-0.576 01	-0.647 39
15	6.10	43.20	40.285 85	2.914 15	1.258 08	1.498 66

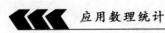

计算出残差后,以自变量 x 为横轴,以残差 e_i 为纵轴画散点图即得残差图. 图4.6是用SPSS软件画出的火灾损失数据的残差图. 从残差图上看出,残差围绕 $e=0$ 随机波动,从而模型的基本假定是满足的.

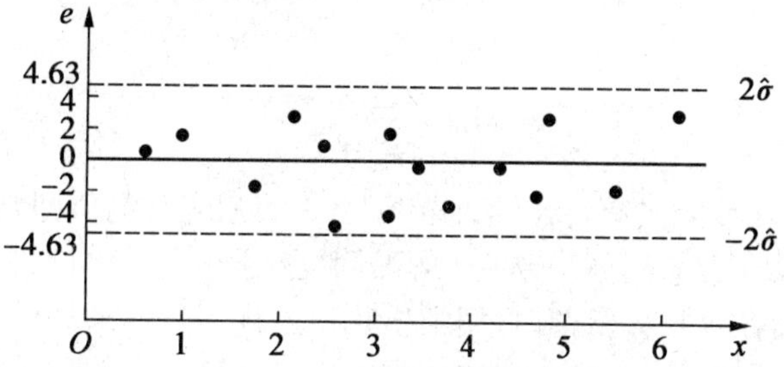

图4.6

4.5.2 有关残差的性质

性质1 $E(e_i)=0$.

证明 $E(e_i)=E(y_i)-E(\hat{y}_i)=(\beta_0+\beta_1 x_i)-(\beta_0+\beta_1 x_i)=0$.

性质2

$$D(e_i)=\left[1-\frac{1}{n}-\frac{(x_i-\bar{x})^2}{L_{xx}}\right]\sigma^2=(1-h_{ii})\sigma^2 \tag{4.63}$$

其中,$h_{ii}=\frac{1}{n}+\frac{(x_i-\bar{x})^2}{L_{xx}}$ 称为杠杆值, $0<h_{ii}<1$. 当 x_i 靠近 $\bar{x}$ 时,h_{ii} 的值接近0,相应的残差方差就大. 当 x_i 远离 $\bar{x}$ 时,h_{ii} 的值接近1,相应的残差方差就小. 也就是说靠近 $\bar{x}$ 附近的点相应的残差方差较大,远离 $\bar{x}$ 附近的点相应的残差方差较小,这条性质可能令读者感到意外. 实际上,远离 $\bar{x}$ 的点数必然较少,回归线容易"照顾"到这样的少数点,使得回归线接近这些点,因而远离 $\bar{x}$ 附近的 x_i 相应的残差方差较小.

性质3 残差满足约束条件:$\sum_{i=1}^{n} e_i=0$, $\sum_{i=1}^{n} x_i e_i=0$,此关系式已在式(4.27)中给出. 这表明残差 $e_1,e_2,\cdots,e_n$ 是相关的,不是独立的.

4.5.3 改进的残差

在残差分析中,一般认为超过 $\pm 2\hat{\sigma}$ 或 $\pm 3\hat{\sigma}$ 的残差为异常值. 考虑到普通 e_1, $e_2,\cdots,e_n$ 的方差不等,用 e_i 作判断和比较会带来一定的麻烦,人们引入标准化残差和学生化残差的概念,以改进普通残差的性质. 分别定义如下:

标准化残差

$$\mathrm{ZRE}_i = \frac{e_i}{\hat{\sigma}} \tag{4.64}$$

学生化残差

$$\mathrm{SRE}_i = \frac{e_i}{\hat{\sigma}\sqrt{1 - h_{ii}}} \tag{4.65}$$

标准化残差使残差具有可比性，$|\mathrm{ZRE}_i| > 3$ 的相应观测值即判定为异常值，这简化了判定工作，但是没有解决方差不等的问题．学生化残差则进一步解决了方差不等的问题，因而在寻找异常值时，用学生化残差优于用普通残差，认为 $|\mathrm{SRE}_i| > 3$ 的相应观测值为异常值．学生化残差的构造公式类似于 t 检验公式，而 t 分布则是 Student 分布的简称，因而把式(4.65)称为学生化残差．

4.6　回归系数的区间估计

当我们用最小二乘法得到 β_0, β_1 的点估计后，在实际应用中往往还希望给出回归系数的估计精度，即给出其置信水平为 $1-\alpha$ 的置信区间．换句话说，就是分别给出以 $\hat{\beta}_0$ 和 $\hat{\beta}_1$ 为中心的一个区间，这个区间以 $1-\alpha$ 的概率包含参数 β_0, β_1．置信区间的长度越短，说明估计值 $\hat{\beta}_0, \hat{\beta}_1$ 与 β_0, β_1 接近的程度越好，估计值就越精确；置信区间的长度越长，说明估计值 $\hat{\beta}_0, \hat{\beta}_1$ 与 β_0, β_1 接近的程度越差，估计值就越不精确．

在实际应用中，我们主要关心回归系数 $\hat{\beta}_1$ 的精度，因而这里只推导 $\hat{\beta}_1$ 的置信区间．根据式(4.44)可得

$$t = \frac{\hat{\beta}_1 - \beta_1}{\sqrt{\dfrac{\hat{\sigma}^2}{L_{xx}}}} = \frac{(\hat{\beta}_1 - \beta_1)\sqrt{L_{xx}}}{\hat{\sigma}} \tag{4.66}$$

服从自由度为 $n-2$ 的 t 分布．因而

$$P\left(\left| \frac{(\hat{\beta}_1 - \beta_1)\sqrt{L_{xx}}}{\hat{\sigma}} \right| < t_{\frac{\alpha}{2}}(n-2) \right) = 1 - \alpha \tag{4.67}$$

上式等价于

$$P\left(\hat{\beta}_1 - t_{\frac{\alpha}{2}} \frac{\hat{\sigma}}{\sqrt{L_{xx}}} < \beta_1 < \hat{\beta}_1 + t_{\frac{\alpha}{2}} \frac{\hat{\sigma}}{\sqrt{L_{xx}}} \right) = 1 - \alpha \tag{4.68}$$

即得 β_1 的置信度为 $1-\alpha$ 的置信区间为

$$\left(\hat{\beta}_1 - t_{\frac{\alpha}{2}}\frac{\hat{\sigma}}{\sqrt{L_{xx}}}, \hat{\beta}_1 + t_{\frac{\alpha}{2}}\frac{\hat{\sigma}}{\sqrt{L_{xx}}}\right) \tag{4.69}$$

在 SPSS 软件中,回归系数的区间估计不是默认的输出结果. 在线性回归对话框中,点选下面的统计量 Statistics 框条进入统计量对话框,再点选 Confidence interval,这样在输出的回归系数表中就增加了回归系数的区间估计. 用 SPSS 软件计算出的 β_0 和 β_1 的置信度为95%的置信区间分别为(7.210,13.346)和(4.071,5.768).

4.7 预测和控制

建立回归模型的目的是为了应用,而预测和控制是回归模型最重要的应用. 下面我们专门讨论回归模型在预测和控制方面的应用.

4.7.1 单值预测

单值预测就是用单个值作为变量新值的预测值. 比如我们研究某地区小麦亩产量 y 与施肥量 x 的关系时,在 n 块面积为一亩的地块上各施肥 x_i(kg),最后测得相应的产量 y_i,建立回归方程 $\hat{y}_i=\hat{\beta}_0+\hat{\beta}_1x_i$. 某农户在一亩地块上施肥 $x=x_0$ 时,该地块预期的小麦产量为

$$\hat{y}_0=\hat{\beta}_0+\hat{\beta}_1x_0$$

此即因变量新值 $y_0=\beta_0+\beta_1x_0+\varepsilon_0$ 的单值预测. 这里预测目标 y_0 是一个随机变量,因而这个预测不能用普通的无偏性来衡量. 式(4.40)说明预测值 $\hat{y}_0$ 与目标值 y_0 有相同的均值.

4.7.2 区间预测

以上的单值预测 $\hat{y}_0$ 只是这个地块小麦产量的大概值. 仅知道这一点意义并不大,对于预测问题,除了知道预测值外,还希望知道预测的精度,这就需要作区间预测,也就是给出小麦产量的一个预测值范围. 给一个预测值范围比只给出单个值 $\hat{y}_0$ 更可信,这个问题也就是对于给定的显著性水平 α,找一个区间 (T_1,T_2),使对应于某特定的 x_0 的实际值 y_0 以 $1-\alpha$ 的概率被区间 (T_1,T_2) 所包含,用式子表示,就是

$$P(T_1<y_0<T_2)=1-\alpha \tag{4.70}$$

对因变量的区间预测又分为两种情况:一种是对因变量新值的区间预测;另一

种是对因变量新值的平均值的区间预测.

1. 因变量新值的区间预测

为了给出新值 y_0 的置信区间,需要首先求出其估计值$\hat{y}_0=\hat{\beta}_0+\hat{\beta}_1x_0$ 的分布. 由于$\hat{\beta}_0$ 与$\hat{\beta}_1$ 都是 $y_1,y_2,\cdots,y_n$ 的线性组合,因而$\hat{y}_0=\hat{\beta}_0+\hat{\beta}_1x_0$ 也是 $y_1,y_2,\cdots,y_n$ 的线性组合. 在正态假定下$\hat{y}_0=\hat{\beta}_0+\hat{\beta}_1x_0$ 服从正态分布,其期望值为 $E(\hat{y}_0)=\beta_0+\beta_1x_0$,以下计算其方差,首先

$$\hat{y}_0=\hat{\beta}_0+\hat{\beta}_1x_0=\bar{y}-\hat{\beta}_1\bar{x}+\hat{\beta}_1x_0=\sum_{i=1}^{n}\left[\frac{1}{n}+\frac{(x_i-\bar{x})(x_0-\bar{x})}{L_{xx}}\right]y_i \tag{4.71}$$

因而有

$$D(\hat{y}_0)=\sum_{i=1}^{n}\left[\frac{1}{n}+\frac{(x_i-\bar{x})(x_0-\bar{x})}{L_{xx}}\right]^2D(y_i)=\left[\frac{1}{n}+\frac{(x_0-\bar{x})^2}{L_{xx}}\right]\sigma^2 \tag{4.72}$$

从而得

$$\hat{y}_0\sim N\left\{\beta_0+\beta_1x_0,\left[\frac{1}{n}+\frac{(x_0-\bar{x})^2}{L_{xx}}\right]\sigma^2\right\} \tag{4.73}$$

记

$$h_{00}=\frac{1}{n}+\frac{(x_0-\bar{x})^2}{L_{xx}} \tag{4.74}$$

为新值 x_0 的杠杆值,则上式简写为

$$\hat{y}_0\sim N(\beta_0+\beta_1x_0,h_{00}\sigma^2) \tag{4.75}$$

$\hat{y}_0$ 是先前独立观测到的随机变量 $y_1,y_2,\cdots,y_n$ 的线性组合,现在小麦产量的新值 y_0 与先前的观测值是独立的,所以 y_0 与$\hat{y}_0$ 是独立的. 因而

$$D(y_0-\hat{y}_0)=D(y_0)+D(\hat{y}_0)=\sigma^2+h_{00}\sigma^2 \tag{4.76}$$

再由式(4.40)知,$E(y_0-\hat{y}_0)=0$,于是有

$$y_0-\hat{y}_0\sim N(0,(1+h_{00})\sigma^2) \tag{4.77}$$

进而可知统计量

$$t=\frac{y_0-\hat{y}_0}{\sqrt{1+h_{00}}\,\hat{\sigma}}\sim t(n-2) \tag{4.78}$$

可得

$$P\left(\left|\frac{y_0-\hat{y}_0}{\sqrt{1+h_{00}}\,\hat{\sigma}}\right|\leqslant t_{\frac{\alpha}{2}}(n-2)\right)=1-\alpha \tag{4.79}$$

由此我们可以求得 y_0 的置信度为 $1-\alpha$ 的置信区间为

$$\hat{y}_0 \pm t_{\frac{\alpha}{2}}(n-2)\sqrt{1+h_{00}}\,\hat{\sigma} \tag{4.80}$$

当样本容量 n 较大，$|x_0-\bar{x}|$ 较小时，h_{00} 接近零，y_0 的置信度为 95% 的置信区间近似为

$$\hat{y}_0 \pm 2\hat{\sigma} \tag{4.81}$$

由式(4.80)可看到，对给定的显著性水平 α，样本容量 n 越大，$L_{xx}=\sum_{i=1}^{n}(x_i-\bar{x})^2$ 越大，x_0 越靠近 $\bar{x}$，则置信区间长度越短，此时的预测精度就高. 所以，为了提高预测精度，样本量 n 应越大越好，采集的数据 $x_1,x_2,\cdots,x_n$ 不能太集中. 在进行预测时，所给定的 x_0 不能偏离 $\bar{x}$ 太大，太大时，预测结果肯定不好；如果给定值 $x_0=\bar{x}$ 时，置信区间长度最短，这时的预测结果最好. 因此，如果在自变量观测值之外的范围作预测，精度就较差. 这种情况进一步说明，当 x 的取值发生较大变化时，即 $|x_0-\bar{x}|$ 很大时，预测就不准. 所以在作预测时一定要看 x_0 与 $\bar{x}$ 相差多大，相差太大时，效果肯定不好. 尤其是在经济问题的研究中作长期预测时，x 的取值 x_0 肯定距当时建模时采集样本的 $\bar{x}$ 相差太大. 比如，我们用人均国民收入 1 000 元左右的数据建立的消费基金模型，只适合近期人均收入 1 000 元左右的消费基金预测，而对于若干年后人均国民收入增长幅度变化较大时，以及人的消费观念发生较大变化时，用原模型去作预测肯定不准.

2. 因变量新值的平均值的区间估计

式(4.80)给出的是因变量单个新值的置信区间，我们关心的另外一种情况是因变量新值的平均值的区间估计. 对于前面提出的小麦产量问题，如果该地区的一大片麦地每亩施肥量同为 x_0，那么这一大片地小麦的平均亩产如何估计呢？这个问题就是要估计平均值 $E(y_0)$. 根据式(4.40)，$E(y_0)$ 的点估计仍为 $\hat{y}_0=\hat{\beta}_0+\hat{\beta}_1x_0$，但是其区间估计却与因变量单个新值 y_0 的置信区间(4.80)有所不同，由于 $E(y_0)=\beta_0+\beta_1x_0$ 是常数，由式(4.73)知

$$\hat{y}_0-E(y_0)\sim N\left(0,\left(\frac{1}{n}+\frac{(x_0-\bar{x})^2}{L_{xx}}\right)\sigma^2\right) \tag{4.82}$$

进而可得置信度为 $1-\alpha$ 的置信区间为

$$\hat{y}_0 \pm t_{\frac{\alpha}{2}}(n-2)\sqrt{h_{00}}\,\hat{\sigma} \tag{4.83}$$

用 SPSS 软件可以直接计算出因变量单个新值 y_0 与平均值 $E(y_0)$ 的置信区间，方法是在计算回归之前，把自变量新值 x_0 输入样本数据中，而因变量的相应值空

缺，然后在 Save 对话框中点选 Mean 计算因变量平均值 $E(y_0)$ 的置信区间，或点选 Individul 计算因变量单个新值 y_0 的置信区间，也可以二者同时点选，同时还可以选择置信水平．另外，点选 Predicted values 下面的 Unstandardized 对话框可以计算出点估计值$\hat{y}_0$，计算结果列在原始数据表中．对例 4.1.1 的火灾损失数据，假设保险公司希望预测一个距离最近的消防队 $x_0=3.5$(公里)的居民住宅如果失火的损失额，用 SPSS 软件计算出点估计值$\hat{y}_0$ 以及置信度为 95% 的置信区间为：

点估计值$\hat{y}_0$：27.50(千元)

单个新值：(22.32，32.67)

平均值 $E(y_0)$：(26.19，28.80)

用式(4.81)的近似公式计算置信度为 95% 的近似置信区间为

$$\begin{aligned}(\hat{y}_0-2\hat{\sigma},\hat{y}_0+2\hat{\sigma}) &= (27.50-2\times 2.316,27.50+2\times 2.316)\\ &= (22.87,32.13)\end{aligned}$$

这个近似的置信区间与精确的置信区间(22.32，32.67)很接近．如果用手工计算，多数场合可以用近似区间．

4.7.3 控制问题

控制问题相当于预测的反问题．预测和控制有着密切的关系．在许多实际问题中，我们要求 y 在一定的范围内取值．比如在研究近年的经济增长率时，我们希望经济增长能保持在 8% ~12%；在控制通货膨胀问题中，我们希望全国零售物价指数增长在 10% 以内等等．这些问题用数学表达式描述，即要求

$$T_1<y<T_2$$

问题是我们如何控制 x 呢？对于前面谈到的实际问题，即如何控制影响经济增长和通货膨胀的最主要因素呢？在统计学中进一步要讨论如何控制自变量 x 的值才能以 $1-\alpha$ 的概率保证把目标值 y 控制在 $T_1<y<T_2$ 中，即

$$P(T_1<y<T_2)=1-\alpha \tag{4.84}$$

其中 α 是事先给定的小的正数，$0<\alpha<1$.

我们通常用近似的预测区间来确定 x．如果 $\alpha=0.05$，根据式(4.81)可由下述不等式组

$$\begin{cases}\hat{y}(x)-2\hat{\sigma}>T_1\\ \hat{y}(x)+2\hat{\sigma}<T_2\end{cases} \tag{4.85}$$

求出 x 的取值区间，将$\hat{y}(x)=\hat{\beta}_0+\hat{\beta}_1x$ 代入求得：

当$\hat{\beta}_1>0$时,得

$$\frac{T_1+2\hat{\sigma}-\hat{\beta}_0}{\hat{\beta}_1}<x<\frac{T_2-2\hat{\sigma}-\hat{\beta}_0}{\hat{\beta}_1} \tag{4.86}$$

当$\hat{\beta}_1<0$时,得

$$\frac{T_2-2\hat{\sigma}-\hat{\beta}_0}{\hat{\beta}_1}<x<\frac{T_1+2\hat{\sigma}-\hat{\beta}_0}{\hat{\beta}_1} \tag{4.87}$$

控制问题的应用要求因变量y与自变量x之间有因果关系.它经常用在工业生产的质量控制中.在经济问题中,经济变量之间有强的相关性,形成一个综合整体,如果仅控制回归方程中的一个或几个自变量,而忽视了回归方程之外的其他变量,往往达不到预期的效果.

习 题 4

1. 一元线性回归模型有哪些基本假定?

2. 考虑过原点的线性回归模型

$$y_i=\beta_1x_i+\varepsilon_i,\quad (i=1,2,\cdots,n)$$

误差$\varepsilon_1,\varepsilon_2,\cdots,\varepsilon_n$仍满足基本假定.求$\beta_1$的最小二乘估计.

3. 证明式(4.27):$\sum\limits_{i=1}^{n}e_i=0$, $\sum\limits_{i=1}^{n}x_ie_i=0$.

4. 回归方程$E(y)=\beta_0+\beta_1x$的参数β_0,β_1的最小二乘估计与最大似然估计在什么条件下等价?给出证明.

5. 证明$\hat{\beta}_0$是β_0的无偏估计.

6. 证明式(4.42):$D(\hat{\beta}_0)=\left[\frac{1}{n}+\frac{(\bar{x})^2}{\sum\limits_{i=0}^{n}(x_i-\bar{x})^2}\right]\sigma^2$成立.

7. 证明平方和分解式$S_T=S_R+S_e$.

8. 验证三种检验的关系,即验证:

(1)$t=\frac{\hat{\beta}_1\sqrt{L_{xx}}}{\hat{\sigma}}=\frac{\sqrt{n-2}r}{\sqrt{1-r^2}}$;

$$(2)F=\frac{\frac{S_T}{1}}{\frac{S_e}{n-2}}=\frac{\hat{\beta}_1^2\cdot L_{xx}}{\hat{\sigma}^2}=t^2.$$

9. 验证式(4.63):$D(e_i)=\left[1-\frac{1}{n}-\frac{(x_i-\bar{x})^2}{L_{xx}}\right]\sigma^2.$

10. 用第9题证明$\hat{\sigma}^2=\frac{1}{n-2}\sum_{i=1}^{n}(y_i-\hat{y}_i)^2$是$\sigma^2$的无偏估计.

11. 如果回归方程$\hat{y}=\hat{\beta}_0+\hat{\beta}_1x$相应的相关系数$r$很大,则用它预测时,预测值与真值的偏差一定较小. 这一结论能成立吗? 对你的回答说明理由.

12. 为了调查某广告对销售收入的影响,某商店记录了5个月的销售收入y(万元)和广告费用x(万元),数据见表4.5,要求用手工计算:

表4.5

单位:万元

月份	1	2	3	4	5
x	1	2	3	4	5
y	10	10	20	20	40

(1)画散点图;

(2)x与y之间是否大致呈线性关系?

(3)用最小二乘估计求出回归方程;

(4)求回归标准误差$\hat{\sigma}$;

(5)给$\hat{\beta}_0$与$\hat{\beta}_1$的置信度为95%的区间估计;

(6)计算x与y的决定系数;

(7)对回归方程作方差分析;

(8)对回归系数β_1作显著性检验;

(9)对相关系数作显著性检验;

(10)对回归方程作残差图并作相应的分析;

(11)求当广告费用为4.2万元时,销售收入将达到多少,并给出置信度95%的置信区间.

13. 在钢线中碳的质量分数x(%)对于电阻y(20℃时,微欧)的效应的研究中,得到的数据如表4.6所示. 设对于给定的x,y为正态变量,且方差与x无关.

表 4.6

x	0.10	0.30	0.40	0.55	0.70	0.80	0.95
y	15	18	19	21	22.6	23.8	26

(1)求线性回归方程$\hat{y}=\hat{a}+\hat{b}x$；

(2)检验回归方程的显著性；

(3)求 b 的置信区间(置信度为 0.95)；

(4)求 y 在 $x=0.50$ 处的置信度为 0.95 的预测区间.

14. 在硝酸钠($NaNO_3$)的溶解度试验中，对不同温度 t ℃测得溶解于 100 ml 的水中的硝酸钠质量 Y 的观测值如表 4.7 所示. 从理论知 Y 与 t 满足线性回归模型式.

表 4.7

t_i	0	4	10	15	21	29	36	51	68
y_i	66.7	71.0	76.3	80.6	85.7	92.9	99.9	113.6	125.1

(1)求 Y 对 t 的回归方程；

(2)检验回归方程的显著性($\alpha=0.01$)；

(3)求 Y 在 $t=25$ ℃时的预测区间(置信度为 0.95).

15. 某种合金的抗拉强度 Y 与钢中碳的质量分数满足线性回归模型式，今实测了 92 组数据 $(x_i,y_i)(i=1,2,\cdots,92)$，并算得$\bar{x}=0.125\ 5$，$\bar{y}=45.798\ 9$，$l_{xx}=0.301\ 8$，$l_{yy}=2\ 941.033\ 9$，$l_{xy}=26.509\ 7$.

(1)求 Y 对 x 的回归方程；

(2)对回归方程作显著性检验($\alpha=0.01$)；

(3)当碳的质量分数 $x=0.09$ 时，求 Y 置信度为 0.95 的预测区间；

(4)若要控制抗拉强度以 0.95 的概率落在(38,52)之中，那么碳的质量分数 x 应控制在什么范围内?

16. 电容器充电后，电压达到 100 V，然后开始放电. 设在 t_i 时刻电压 U 的观测值为 u_i，具体数据如表 4.8 所示.

表 4.8

t_i	0	1	2	3	4	5	6	7	8	9	10
u_i	100	75	55	40	30	20	15	10	10	5	5

(1)画出散点图；

(2)用指数曲线模型 $U=ae^{bt}$来拟合 U 与 t 的关系，求 a,b 的估计值.

17. 一家保险公司十分关心其总公司营业部加班的程度,决定认真调查一下现状. 经过10周时间,收集了每周加班工作时间的数据和签发的新保单数目,x为每周签发的新保单数目,y为每周加班工作时间(小时). 具体数据如表4.9所示.

表4.9

周序号	1	2	3	4	5	6	7	8	9	10
x	825	215	1 070	550	480	920	1 350	325	670	1 215
y	3.5	1.0	4.0	2.0	1.0	3.0	4.5	1.5	3.0	5.0

(1)画散点图;

(2)x与y之间是否大致呈线性关系?

(3)用最小二乘估计求回归方程;

(4)求回归标准误差$\hat{\sigma}$;

(5)给出$\hat{\beta}_0$与$\hat{\beta}_1$的置信度为95%的区间估计;

(6)计算x与y的决定系数;

(7)对回归方程作方差分析;

(8)对回归系数β_1作显著性检验;

(9)对相关系数作显著性检验;

(10)对回归方程作残差图并作相应的分析;

(11)该公司预计下一周签发新保单张$x_0=1\ 000$(张),需要的加班时间是多少?

(12)给出置信度为95%的近似预测区间.

第 5 章　方差分析与正交试验

本章将介绍方差分析与正交试验设计. 在实际中常常要通过试验来了解各种因素对产品的性能、产量等的影响,这些性能、产量等统称为试验指标,而称影响试验指标的条件、原因等为因素或因子,称因素所处的不同状态为水平. 各因素对试验指标的影响一般是不同的,就是同一个因素的不同的水平对试验指标的影响往往也是不同的. 方差分析就是通过对试验数据进行分析,检验方差相同各正态总体的均值是否相等,以判断各因素对试验指标的影响是否显著. 方差分析按影响试验指标的因素的个数分为单因素方差分析、双因素方差分析和多因素方差分析,我们这里只介绍单因素方差分析和双因素方差分析.

正交试验设计是研究如何合理、有效地安排多因素的试验,以确定各因素对试验指标影响的大小,找出最佳的配方或最佳的工艺条件.

5.1　单因素方差分析

单因素方差分析是固定其他因素只考虑某一因素 A 对试验指标的影响. 为此将因素 A 以外的条件保持不变,取因素 A 的 r 个水平 $A_1,A_2,\cdots,A_r$,对水平 A_i 重复做 n_i 次试验,可得试验指标的 n_i 个数据 $y_{i1},y_{i2},\cdots,y_{in_i}(i=1,2,\cdots,r)$. 如果我们用 η_i 表示在水平 A_i 的情况下试验指标的数值,用 $\eta_{i1},\eta_{i2},\cdots,\eta_{in_i}$ 表示以 η_i 为总体的样本,则 $y_{i1},y_{i2},\cdots,y_{in_i}$ 就是样本 $\eta_{i1},\eta_{i2},\cdots,\eta_{in_i}(i=1,2,\cdots,r)$ 的观察值,于是我们得单因素多水平重复试验的结果如表 5.1 所示. 其中 y_{ij} 是 η_{ij} 的观察值,表示在水平 A_i 情况下第 j 次试验的试验指标值,$j=1,2,\cdots,n_i;i=1,2,\cdots,r$.

表 5.1

水平号	试验指标观察值
1	y_{11}　y_{12}　$\cdots$　y_{1n_1}
2	y_{21}　y_{22}　$\cdots$　y_{2n_2}
$\vdots$	$\vdots$　$\vdots$　　$\vdots$
r	y_{r1}　y_{r2}　$\cdots$　y_{rn_r}

5.1.1 数学模型

假定上述的 r 个总体 $\eta_1,\cdots,\eta_r$ 是相互独立的随机变量，$\eta_i \sim N(a_i,\sigma^2)$，$i=1,2,\cdots,r$，其中 σ^2 未知，a_i 也未知，并假定在各水平下每次试验是独立进行的，所以 η_{ij} 是相互独立的. 又因 $\eta_{i1},\eta_{i2},\cdots,\eta_{in_i}$ 是 η_i 的样本，所以 $\eta_{i1},\eta_{i2},\cdots,\eta_{in_i}$ 还是同分布的.

由假设知，$\eta_{ij} \sim N(a_i,\sigma^2)$，$j=1,2,\cdots,n_i$；$i=1,2,\cdots,r$. 记

$$e_{ij}=\eta_{ij}-a_i,\ n=\sum_{i=1}^{r} n_i$$

$$a=\frac{1}{n}\sum_{i=1}^{r} n_i a_i,\ \mu_i=a_i-a \tag{5.1}$$

则

$$\eta_{ij}=a_i+e_{ij}=a+\mu_i+e_{ij} \quad (j=1,2,\cdots,n_i;i=1,2,\cdots,r) \tag{5.2}$$

其中 e_{ij} 独立同分布，且 $e_{ij}\sim N(0,\sigma^2)$. 称 μ_i 为第 i 个水平 A_i 对试验指标的效应值. 它反映水平 A_i 对试验指标作用的大小. 易见

$$\sum_{i=1}^{r} n_i\mu_i=0 \tag{5.3}$$

我们称

$$\begin{cases} \eta_{ij}=a+\mu_i+e_{ij}, j=1,2,\cdots,n_i;i=1,\cdots,r \\ e_{ij}\sim N(0,\sigma^2)\text{，且 } e_{ij} \text{ 相互独立} \\ \sum\limits_{i=1}^{r} n_i\mu_i=0 \end{cases} \tag{5.4}$$

为单因素方差分析的数学模型. 它是一种线性模型.

5.1.2 方差分析

对模型(5.4)，方差分析的任务是解决如下问题：

(1)检验假设 $H_0:a_1=a_2=\cdots=a_r$（或 $\mu_1=\mu_2=\cdots=\mu_r=0$）；

(2)求出 μ_i,a_i,σ^2 的点估计与 a_i,σ^2 的区间估计.

1. 平方和的分解与检验

为解决上述两个问题，记

$$\bar{\eta}_i=\frac{1}{n_i}\sum_{j=1}^{n_i}\eta_{ij},\ S_i^2=\frac{1}{n_i}\sum_{j=1}^{n_i}(\eta_{ij}-\bar{\eta}_i)^2 \quad (i=1,2,\cdots,r)$$

$$\bar{\eta}=\frac{1}{n}\sum_{i=1}^{r}\sum_{j=1}^{n_i}\eta_{ij},S_T=\sum_{i=1}^{r}\sum_{j=1}^{n_i}(\eta_{ij}-\bar{\eta})^2$$

$$S_A=\sum_{i=1}^{r}n_i(\bar{\eta}_i-\bar{\eta})^2,S_e=\sum_{i=1}^{r}\sum_{j=1}^{n_i}(\eta_{ij}-\bar{\eta}_i)^2 \tag{5.5}$$

称 S_T,S_A,S_e 分别为总偏差平方和、组间偏差平方和与组内偏差平方和. 因为

$$S_T=\sum_{i=1}^{r}\sum_{j=1}^{n_i}\eta_{ij}^2-n\bar{\eta}^2,S_A=\sum_{i=1}^{r}n_i\bar{\eta}_i^2-n\bar{\eta}^2,S_e=\sum_{i=1}^{r}n_iS_i^2$$

且

$$E(\bar{\eta}^2)=E\Big[\frac{1}{n}\sum_{i=1}^{r}\sum_{j=1}^{n_i}\eta_{ij}\Big]^2=\frac{1}{n^2}\sum_{i=1}^{r}\sum_{k=1}^{r}\sum_{j=1}^{n_i}\sum_{t=1}^{n_k}E(\eta_{ij}\eta_{kt})$$

$$=\frac{\sigma^2}{n}+\frac{1}{n^2}\sum_{i=1}^{r}\sum_{k=1}^{r}n_ia_in_ka_k=\frac{\sigma^2}{n}+a^2 \tag{5.6}$$

所以

$$E(S_T)=\sum_{i=1}^{r}\sum_{j=1}^{n_i}E(\eta_{ij}^2)-nE(\bar{\eta}^2)=\sum_{i=1}^{r}\sum_{j=1}^{n_i}(\sigma^2+a_i^2)-n\left(\frac{\sigma^2}{n}+a^2\right)$$

$$=(n-1)\sigma^2+\sum_{i=1}^{r}n_i(a_i-a)^2 \tag{5.7}$$

$$E(S_A)=\sum_{i=1}^{r}n_iE(\bar{\eta}_i^2)-n\left(\frac{\sigma^2}{n}+a^2\right)=\sum_{i=1}^{r}n_i\left(\frac{\sigma^2}{n_i}+a_i^2\right)-\sigma^2-na^2$$

$$=(r-1)\sigma^2+\sum_{i=1}^{r}n_i(a_i-a)^2 \tag{5.8}$$

$$E(S_e)=\sum_{i=1}^{r}E(n_iS_i^2)=\sum_{i=1}^{r}E\left(\frac{n_iS_i^2}{\sigma^2}\right)\sigma^2=\sum_{i=1}^{r}(n_i-1)\sigma^2=(n-r)\sigma^2 \tag{5.9}$$

可知

$$\frac{S_e}{\sigma^2}=\sum_{i=1}^{r}\frac{n_iS_i^2}{\sigma^2}\sim\chi^2\Big[\sum_{i=1}^{r}(n_i-1)\Big]\sim\chi^2(n-r) \tag{5.10}$$

又因

$$S_T=\sum_{i=1}^{r}\sum_{j=1}^{n_i}(\eta_{ij}-\bar{\eta})^2=\sum_{i=1}^{r}\sum_{j=1}^{n_i}[\eta_{ij}-\bar{\eta}_i+\bar{\eta}_i-\bar{\eta}]^2$$

$$=\sum_{i=1}^{r}\sum_{j=1}^{n_i}(\eta_{ij}-\bar{\eta}_i)^2+\sum_{i=1}^{r}\sum_{j=1}^{n_i}(\bar{\eta}_i-\bar{\eta})^2+2\sum_{i=1}^{r}\sum_{j=1}^{n_i}(\eta_{ij}-\bar{\eta}_i)(\eta_i-\bar{\eta}) \tag{5.11}$$

而

$$\sum_{i=1}^{r}\sum_{j=1}^{n_i}(\eta_{ij}-\bar{\eta}_i)(\bar{\eta}_i-\bar{\eta})=\sum_{i=1}^{r}(\bar{\eta}_i-\bar{\eta})\sum_{j=1}^{n_i}(\eta_{ij}-\bar{\eta}_i)$$
$$=\sum_{i=1}^{r}(\bar{\eta}_i-\bar{\eta})[\sum_{j=1}^{n_i}\eta_{ij}-n_i\bar{\eta}_i]=0$$

所以

$$S_T=S_e+S_A \tag{5.12}$$

称上式为总偏差平方和分解式. 也称 S_e 为误差平方和,称 S_A 为因子平方和. 当 $a_1=a_2=\cdots=a_r$ 时,η_{ij}独立同分布且 $\eta_{ij}\sim N(a_1,\sigma^2)$,所以

$$\frac{S_T}{\sigma^2}\sim\chi^2(n-1),\frac{S_A}{\sigma^2}\sim\chi^2(r-1) \tag{5.13}$$

$$F\equiv\frac{\dfrac{S_A}{\sigma^2(r-1)}}{\dfrac{S_e}{\sigma^2(n-r)}}=\frac{(n-r)S_A}{(r-1)S_e}\sim F(r-1,n-r) \tag{5.14}$$

由于总偏差平方和是由各水平之间的差异(可用$\frac{1}{r-1}S_A$ 来衡量)和随机误差(可用$\frac{1}{n-r}S_e$ 来衡量)引起的,如果$\frac{(n-r)S_A}{(r-1)S_e}$较大,说明水平之间差异的影响胜过随机误差的影响,这时,我们应拒绝 H_0,否则,我们不应拒绝 H_0,所以 H_0 的拒绝域为

$$W_0=\left\{\frac{(n-r)S_A}{(r-1)S_e}>C\right\}$$

其中 C 由显著性水平 α 确定,当 α 给定后,由 $\alpha=P\{F>C|H_0$ 成立$\}$,查表得 $C=F_\alpha(r-1,n-r)$. 故 H_0 的拒绝域为

$$W_0=\left\{\frac{(n-r)S_A}{(r-1)S_e}>F_\alpha(r-1,n-r)\right\} \tag{5.15}$$

如

$$\frac{(n-r)S_A}{(r-1)S_e}>F_\alpha(r-1,n-r)$$

则拒绝 H_0,认为因素 A 对试验指标的影响是显著的,并找出最佳水平;否则,则接受 H_0,即认为 $a_1=a_2=\cdots=a_r$,说明因素 A 的状态改变对试验指标影响不大,即因素 A 对试验指标影响不显著. 由上述步骤可得如表 5.2 所示的单因素方差分析表.

表 5.2 单因素方差分析表

方差来源	平方和	自由度	样本方差	F 值
组间(因素 A)	S_A	$r-1$	$\frac{S_A}{r-1}$	$\dfrac{\frac{S_A}{r-1}}{\frac{S_e}{n-r}}$
组内(误差)	S_e	$n-r$	$\frac{S_e}{n-r}$	
总和	S_T	$n-1$		

例 5.1.1 灯丝配料方案的优选. 某灯泡厂用 4 种不同配料方案制成的灯丝生产了 4 批灯泡. 在每批灯泡中随机抽取若干灯泡测得其使用寿命(单位:小时)数据如表 5.3 所示. 试问这 4 种灯丝所生产的灯泡的使用寿命有无显著差异($\alpha=0.05$)?

表 5.3 单因素方差分析表

单位:小时

灯光别 / 使用寿命 / 灯丝别	1	2	3	4	5	6	7	8
甲	1 600	1 610	1 650	1 680	1 700	1 720	1 800	
乙	1 580	1 640	1 640	1 700	1 750			
丙	1 460	1 550	1 600	1 640	1 660	1 740	1 820	1 620
丁	1 510	1 520	1 530	1 570	1 600	1 680		

解 记 $\eta_1,\eta_2,\eta_3,\eta_4$ 分别为这 4 种灯泡的使用寿命,即 4 个总体. $\eta_{i1},\cdots,\eta_{in_i}$ 为 η_i 的样本,视 $\eta_i \sim N(a_i,\sigma^2)$,$i=1,2,3,4$. 我们的问题就归结为判断原假设 $H_0:a_1=a_2=a_3=a_4$是否成立. 因为

$$S_T=\sum_{i=1}^{r}\sum_{j=1}^{n_i}\eta_{ij}^2-\frac{1}{n}\Big(\sum_{i=1}^{r}\sum_{j=1}^{n_i}\eta_{ij}\Big)^2$$

$$S_A=\sum_{i=1}^{r}\frac{1}{n_i}\Big(\sum_{j=1}^{n_i}\eta_{ij}\Big)^2-\frac{1}{n}\Big(\sum_{i=1}^{r}\sum_{j=1}^{n_i}\eta_{ij}\Big)^2$$

$$S_e=S_T-S_A=\sum_{i=1}^{r}\sum_{j=1}^{n_i}\eta_{ij}^2-\sum_{i=1}^{r}\frac{1}{n_i}\Big(\sum_{j=1}^{n_i}\eta_{ij}\Big)^2$$

记

$$R=\sum_{i=1}^{r}\sum_{j=1}^{n_i}\eta_{ij}^2,G=\sum_{i=1}^{r}\sum_{j=1}^{n_i}\eta_{ij},\eta_{i\cdot}=\sum_{j=1}^{n_i}\eta_{ij} \tag{5.16}$$

$$P=\sum_{i=1}^{r}\frac{1}{n_i}(\eta_{i\cdot})^2 \tag{5.17}$$

则

$$S_T=R-\frac{G^2}{n},S_A=P-\frac{G^2}{n} \tag{5.18}$$

$$Se=R-P \tag{5.19}$$

通过计算可得表5.4(计算时所有数据都减1 600).

表5.4　方差分析计算表

水平	n_i	$\eta_{i\cdot}$	$\eta_{i\cdot}^2/n_i$	G	P
甲(A_1)	7	560	44 800	970	80 549.17
乙(A_2)	5	310	19 220		
丙(A_3)	8	290	10 512.5		
丁(A_4)	6	-190	6 016.67		

由上表得 $G^2/n=36\ 188.46$,又因 $R=231\ 900$,从而由单因素方差分析表可得表5.5($n=26,r=4,n_1=7,n_2=5,n_3=8,n_4=6$).

表5.5

方差来源	平方和	自由度	样本方差	F值
因素	44 560.7	3	14 786.9	2.15
误差	151 351.3	22	6 879.6	
总和	195 712	25		

对给定的 $\alpha=0.05$,查表得 $F_{0.05}(3,22)=3.05$,因为 $F=2.15<F_{0.05}(3,22)$,所以在置信水平0.95下接受 H_0,即这4种配料方案生产的灯丝所生产的灯泡的寿命之间没有显著差异,也即配料方案对灯泡的寿命没有显著的影响.

2. 未知参数的估计

显然 $\hat{a}_i=\bar{\eta}_i$ 是 a_i 的无偏估计量,$i=1,2,\cdots,r$. 由式(5.10)知

$$\hat{\sigma}^2 \triangleq \frac{S_e}{n-r} = \frac{1}{n-r}\sum_{i=1}^{r}\sum_{j=1}^{n_i}(\eta_{ij}-\bar{\eta}_i)^2$$

是 σ^2 的无偏估计量. 又因

$$E(\bar{\eta}) = E\left(\frac{1}{n}\sum_{i=1}^{r}\sum_{j=1}^{n_i}\eta_{ij}\right) = \frac{1}{n}\sum_{i=1}^{r}n_i a_i = a$$

所以 $\hat{a} = \bar{\eta}$ 是 a 的无偏估计量. 从而 $\hat{\mu}_i = \bar{\eta}_i - \bar{\eta}$ 是 μ_i 的无偏估计量, $i=1,2,\cdots,r$. 因为

$$\frac{\bar{\eta}_i - a_i}{\frac{\sigma}{\sqrt{n_i}}} \sim N(0,1), \frac{S_e}{\sigma^2} \sim \chi^2(n-r)$$

且 $\bar{\eta}_i$ 与 S_i^2 独立,所以 $\dfrac{\bar{\eta}_i - a_i}{\frac{\sigma}{\sqrt{n_i}}}$ 与 $\dfrac{S_e}{\sigma^2} = \sum\limits_{i=1}^{r}\dfrac{n_i S_i^2}{\sigma^2}$ 独立,从而

$$T \triangleq \frac{\frac{\bar{\eta}_i - a_i}{\frac{\sigma}{\sqrt{n}}}}{\sqrt{\frac{\frac{S_e}{\sigma^2}}{n-r}}} \sim t(n-r)$$

即

$$T = \frac{\sqrt{n_i(n-r)}(\bar{\eta}_i - a_i)}{\sqrt{S_e}} \sim t(n-r)$$

因此, a_i 的置信水平为 $1-\alpha$ 的置信区间为

$$\left(\bar{\eta}_i \pm t_{\frac{\alpha}{2}}(n-r)\sqrt{\frac{S_e}{n_i(n-r)}}\right) \quad (i=1,2,\cdots,r) \tag{5.20}$$

因为 $\dfrac{S_e}{\sigma^2} \sim \chi^2(n-r)$,所以 σ^2 的置信度为 $1-\alpha$ 的置信区间为

$$\left(\frac{S_e}{\chi^2_{\frac{\alpha}{2}}(n-r)}, \frac{S_e}{\chi^2_{1-\frac{\alpha}{2}}(n-r)}\right) \tag{5.21}$$

5.2　双因素方差分析

5.2.1　数学模型

设有两个因素 A,B 影响试验指标. 为了考察两因素 A,B 对试验指标的影响是否显著,选定 A 因素的 r 个水平 $A_1,A_2,\cdots,A_r$,B 因素的 s 个水平 $B_1,B_2,\cdots,B_s$,将 $r\times s$个不同水平组合的每个水平组合 $A_i\times B_j$ 重复进行 l 次试验(当考虑交互作用时,$l\geqslant 2$,否则 $l\geqslant 1$),每次试验结果的数据用 η_{ijk}表示,$k=1,2,\cdots,l$. 设 $\eta_{ij1},\eta_{ij2},\cdots,\eta_{ijl}$是总体 η_{ij}的样本,且这 $r\times s$ 个总体相互独立,进一步假设

$$\eta_{ij}\sim N(a_{ij},\sigma^2)\quad(i=1,\cdots,r;j=1,\cdots,s)$$

则

$$\eta_{ijk}=a_{ij}+e_{ijk}\quad(i=1,\cdots,r;j=1,\cdots,s;k=1,\cdots,l)\tag{5.22}$$

其中 $a_{ij}=E(\eta_{ij})$,e_{ijk}独立同分布,且 $e_{ijk}\sim N(0,\sigma^2)$.

对于式(5.22),记

$$\begin{cases}\bar{a}=\dfrac{1}{rs}\sum\limits_{i=1}^{r}\sum\limits_{j=1}^{s}a_{ij}\\ \bar{a}_{i\cdot}=\dfrac{1}{s}\sum\limits_{j=1}^{r}a_{ij},\alpha_i=\bar{a}_{i\cdot}-\bar{a},i=1,\cdots,r\\ \bar{a}_{\cdot j}=\dfrac{1}{r}\sum\limits_{j=1}^{r}a_{ij},\beta_j=\bar{a}_{\cdot j}-\bar{a},\quad j=1,\cdots,s\end{cases}\tag{5.23}$$

称 $\bar{a}$ 为总平均值,称 α_i 为因素 A 取水平 A_i 对试验指标的效应,称 β_j 为因素 B 取水平 B_j 对试验指标的效应. 易见

$$\sum_{i=1}^{r}\alpha_i=\sum_{j=1}^{s}\beta_j=0\tag{5.24}$$

$$\begin{aligned}a_{ij}&=\bar{a}+(\bar{a}_{i\cdot}-\bar{a})+(\bar{a}_{\cdot j}-\bar{a})+(a_{ij}-\bar{a}_{i\cdot}-\bar{a}_{\cdot j}+\bar{a})\\&=\bar{a}+\alpha_i+\beta_j+\gamma_{ij}\end{aligned}\tag{5.25}$$

其中

$$\begin{aligned}\gamma_{ij}&=a_{ij}-\bar{a}_{i\cdot}-\bar{a}_{\cdot j}+\bar{a}=(a_{ij}-\bar{a})-(\bar{a}_{i\cdot}-\bar{a})-(\bar{a}_{\cdot j}-\bar{a})\\&=(a_{ij}-\bar{a})-\alpha_i-\beta_j\end{aligned}\tag{5.26}$$

其中$(a_{ij}-\bar{a})$表示水平组合 $A_i\times B_j$ 对试验指标的总效应,$(a_{ij}-\bar{a})$减去 A_i 的效应 α_i 与 B_j 的效应 β_j 所得的 γ_{ij}称为 A_i 与 B_j 对试验指标的交互效应. 易见

$$\sum_{i=1}^{r}\gamma_{ij}=\sum_{j=1}^{s}\gamma_{ij}=0 \tag{5.27}$$

于是式(5.22)可改写为

$$\eta_{ijk}=\bar{a}+\alpha_i+\beta_j+\gamma_{ij}+e_{ijk}\quad(i=1,\cdots,r;j=1,\cdots,s;k=1,\cdots,l) \tag{5.28}$$

从而得

$$\begin{cases}\eta_{ijk}=\bar{a}+\alpha_i+\beta_j+\gamma_{ij}+e_{ijk},i=1,\cdots,r;j=1,\cdots,s;k=1,\cdots,l\\ \sum\limits_{i=1}^{r}\alpha_i=\sum\limits_{j=1}^{s}\beta_i=\sum\limits_{i=1}^{r}\gamma_{ij}=\sum\limits_{j=1}^{s}\gamma_{ij}=0\end{cases} \tag{5.29}$$

其中 e_{ijk}独立同分布,且 $e_{ijk}\sim N(0,\sigma^2)$. 我们称式(5.29)为有交互效应的双因素方差分析数学模型.

5.2.2 方差分析

对数学模型(5.29)可类似于单因素情形提出方差分析的估计问题和检验问题两项任务. 关于估计问题与单因素情形类似,这里不再讨论,这里只讨论后一问题,即讨论如下的假设检验问题

$$H_{01}:\alpha_1=\alpha_2=\cdots=\alpha_r=0$$

$$H_{10}:\beta_1=\beta_2=\cdots=\beta_s=0$$

$$H_{00}:\gamma_{ij}=0\quad(i=1,\cdots,r;j=1,\cdots,s)$$

对数学模型(5.29),记

$$\begin{cases}\bar{\eta}=\dfrac{1}{rsl}\sum\limits_{i=1}^{r}\sum\limits_{j=1}^{s}\sum\limits_{k=1}^{l}\eta_{ijk}\\ \bar{\eta}_{ij\cdot}=\dfrac{1}{l}\sum\limits_{k=1}^{l}\eta_{ijk},i=1,\cdots,r;j=1,\cdots,s\\ \bar{\eta}_{i\cdot\cdot}=\dfrac{1}{sl}\sum\limits_{j=1}^{s}\sum\limits_{k=1}^{l}\eta_{ijk},i=1,\cdots,r\\ \bar{\eta}_{\cdot j\cdot}=\dfrac{1}{rl}\sum\limits_{i=1}^{r}\sum\limits_{k=1}^{l}\eta_{ijk},j=1,\cdots,s\end{cases} \tag{5.30}$$

则有

$$S_T=\sum_{i=1}^{r}\sum_{j=1}^{s}\sum_{k=1}^{l}(\eta_{ijk}-\bar{\eta})^2$$

$$=\sum_{i=1}^{r}\sum_{j=1}^{s}\sum_{k=1}^{l}[(\eta_{ijk}-\bar{\eta}_{ij\cdot})+(\bar{\eta}_{i\cdot\cdot}-\bar{\eta})+(\bar{\eta}_{\cdot j\cdot}-\bar{\eta})+(\bar{\eta}_{ij\cdot}-\bar{\eta}_{i\cdot\cdot}-\bar{\eta}_{\cdot j\cdot}+\bar{\eta})]^2$$

$$= \sum_{i=1}^{r}\sum_{j=1}^{s}\sum_{k=1}^{l}(\eta_{ijk}-\bar{\eta}_{ij\cdot})^2+\sum_{i=1}^{r}\sum_{j=1}^{s}\sum_{k=1}^{l}(\bar{\eta}_{i\cdot\cdot}-\bar{\eta})^2+\sum_{i=1}^{r}\sum_{j=1}^{s}\sum_{k=1}^{l}(\bar{\eta}_{\cdot j\cdot}-\bar{\eta})^2+$$

$$\sum_{i=1}^{r}\sum_{j=1}^{s}\sum_{k=1}^{l}(\bar{\eta}_{ij\cdot}-\bar{\eta}_{i\cdot\cdot}-\bar{\eta}_{\cdot j\cdot}+\bar{\eta})^2$$

因为其中任意两个圆括号乘积的和都是零. 记

$$\begin{cases} S_e=\sum_{i=1}^{r}\sum_{j=1}^{s}\sum_{k=1}^{l}(\eta_{ijk}-\bar{\eta}_{ij\cdot})^2 \\ S_A=\sum_{i=1}^{r}\sum_{j=1}^{s}\sum_{k=1}^{l}(\bar{\eta}_{i\cdot\cdot}-\bar{\eta})^2=sl\sum_{i=1}^{r}(\bar{\eta}_{i\cdot\cdot}-\bar{\eta})^2 \\ S_B=\sum_{i=1}^{r}\sum_{j=1}^{s}\sum_{k=1}^{l}(\bar{\eta}_{\cdot j\cdot}-\bar{\eta})^2=rl\sum_{j=1}^{s}(\bar{\eta}_{\cdot j\cdot}-\bar{\eta})^2 \\ S_{A\times B}=\sum_{i=1}^{r}\sum_{j=1}^{s}\sum_{k=1}^{l}(\bar{\eta}_{ij\cdot}-\bar{\eta}_{i\cdot\cdot}-\bar{\eta}_{\cdot j\cdot}+\bar{\eta})^2 \\ \qquad =l\sum_{i=1}^{r}\sum_{j=1}^{s}(\bar{\eta}_{ij\cdot}-\bar{\eta}_{i\cdot\cdot}-\bar{\eta}_{\cdot j\cdot}+\bar{\eta})^2 \end{cases} \tag{5.31}$$

于是得

$$S_T=S_A+S_B+S_{A\times B}+S_e \tag{5.32}$$

称上式为总偏差平方和分解式. 称 S_e 为误差平方和,称 S_A,S_B 分别为因素 A,B 的效应平方和,称 $S_{A\times B}$为 A,B 交互效应平方和.

因为 $\eta_{ijk}\sim N(a_{ij},\sigma^2)$, $\bar{\eta}_{ij}\sim N\left(a_{ij},\frac{\sigma^2}{l}\right)$,所以 $\eta_{ijk}-\bar{\eta}_{ij\cdot}\sim N(0,\frac{l-1}{l}\sigma^2)$,从而

$$E(S_e)=\sum_{i=1}^{r}\sum_{j=1}^{s}\sum_{k=1}^{l}E(\eta_{ijk}-\bar{\eta}_{ij\cdot})^2=rsl\cdot\frac{l-1}{l}\sigma^2 \tag{5.33}$$

记

$$\begin{cases} \bar{e}=\frac{1}{rsl}\sum_{i=1}^{r}\sum_{j=1}^{s}\sum_{k=1}^{l}e_{ijk} \\ \bar{e}_{ij\cdot}=\frac{1}{l}\sum_{k=1}^{l}e_{ijk} \\ \bar{e}_{i\cdot\cdot}=\frac{1}{sl}\sum_{j=1}^{s}\sum_{k=1}^{l}e_{ijk} \\ \bar{e}_{\cdot j\cdot}=\frac{1}{rl}\sum_{i=1}^{r}\sum_{k=1}^{l}e_{ijk} \end{cases}$$

则

$$\begin{cases}\bar{e} \sim N\left(0, \dfrac{\sigma^2}{rsl}\right) \\ \bar{e}_{ij\cdot} \sim N\left(0, \dfrac{\sigma^2}{l}\right) \\ \bar{e}_{i\cdot\cdot} \sim N\left(0, \dfrac{\sigma^2}{sl}\right) \\ \bar{e}_{\cdot j\cdot} \sim N\left(0, \dfrac{\sigma^2}{rl}\right)\end{cases}$$

且

$$\bar{\eta}_{i\cdot\cdot} - \bar{\eta} = (\bar{a} + \alpha_i + \bar{e}_{i\cdot\cdot}) - (\bar{a} + \bar{e}) = \alpha_i + (\bar{e}_{i\cdot\cdot} - \bar{e}) \sim N\left(\alpha_i, \frac{(r-1)\sigma^2}{rsl}\right)$$

$$\bar{\eta}_{\cdot j\cdot} - \bar{\eta} = (\bar{a} + \beta_i + \bar{e}_{\cdot j\cdot}) - (\bar{a} + \bar{e}) = \beta_i + (\bar{e}_{\cdot j\cdot} - \bar{e}) \sim N\left(\beta_j, \frac{(s-1)\sigma^2}{rsl}\right)$$

$$\begin{aligned}\bar{\eta}_{ij\cdot} - \bar{\eta}_{i\cdot\cdot} - \bar{\eta}_{\cdot j\cdot} + \bar{\eta} &= (a_{ij} + \bar{e}_{ij\cdot}) - (\bar{a} + \alpha_i + \bar{e}_{i\cdot\cdot}) - (\bar{a} + \beta_j + \bar{e}_{\cdot j\cdot}) + (\bar{a} + \bar{e}) \\ &= \gamma_{ij} + (\bar{e}_{ij\cdot} - \bar{e}_{i\cdot\cdot}) - (\bar{e}_{\cdot j\cdot} - \bar{e})\end{aligned}$$

而

$$\bar{e}_{ij\cdot} - \bar{e}_{i\cdot\cdot} \sim N\left(0, \frac{s-1}{s} \cdot \frac{\sigma^2}{l}\right)$$

$$\bar{e}_{\cdot j\cdot} - \bar{e} \sim N\left(0, \frac{(s-1)\sigma^2}{rsl}\right)$$

故

$$\bar{\eta}_{ij\cdot} - \bar{\eta}_{i\cdot\cdot} - \bar{\eta}_{\cdot j\cdot} + \bar{\eta} \sim N\left(\gamma_{ij}, \frac{(r-1)(s-1)\sigma^2}{rsl}\right)$$

从而

$$\begin{aligned}E(S_A) &= E\left[sl\sum_{i=1}^{r}(\bar{\eta}_{i\cdot\cdot} - \bar{\eta})^2\right] = sl\sum_{i=1}^{r}\left[\alpha_i^2 + \frac{(r-1)\sigma^2}{rsl}\right] \\ &= sl\sum_{i=1}^{r}\alpha_i^2 + (r-1)\sigma^2 \end{aligned} \tag{5.34}$$

$$\begin{aligned}E(S_B) &= E\left[sl\sum_{j=1}^{s}(\bar{\eta}_{\cdot j\cdot} - \bar{\eta})^2\right] = rl\sum_{j=1}^{s}\left[\beta_i^2 + \frac{(s-1)\sigma^2}{rsl}\right] \\ &= rl\sum_{j=1}^{s}\beta_i^2 + (s-1)\sigma^2 \end{aligned} \tag{5.35}$$

$$E(S_{A\times B}) = E\left[l\sum_{i=1}^{r}\sum_{j=1}^{s}(\bar{\eta}_{ij\cdot} - \bar{\eta}_{i\cdot\cdot} - \bar{\eta}_{\cdot j\cdot} + \bar{\eta})^2\right]$$

$$=l\sum_{i=1}^{r}\sum_{j=1}^{s}\left[\gamma_{ij}^{2}+\frac{(r-1)(s-1)\sigma^{2}}{rsl}\right]$$

$$=l\sum_{i=1}^{r}\sum_{j=1}^{s}\gamma_{ij}^{2}+(r-1)(s-1)\sigma^{2} \tag{5.36}$$

因为 η_{ijk} 相互独立,且

$$\frac{1}{\sigma^{2}}\sum_{k=1}^{l}(\eta_{ijk}-\bar{\eta}_{ij\cdot})^{2}\sim\chi^{2}(l-1)$$

所以

$$\frac{1}{\sigma^{2}}S_{e}\sim\chi^{2}\left[\sum_{i=1}^{r}\sum_{j=1}^{s}(l-1)\right]=\chi^{2}[rs(l-1)] \tag{5.37}$$

可以证明,当 H_{01} 成立时

$$\frac{\dfrac{S_A}{(r-1)\sigma^2}}{\dfrac{S_e}{\sigma^2 rs(l-1)}}=\frac{\dfrac{S_A}{(r-1)}}{\dfrac{S_e}{rs(l-1)}}\sim F(r-1,rs(l-1)) \tag{5.38}$$

当 H_{10} 成立时

$$\frac{\dfrac{S_B}{(s-1)\sigma^2}}{\dfrac{S_e}{\sigma^2 rs(l-1)}}=\frac{\dfrac{S_B}{(s-1)}}{\dfrac{S_e}{rs(l-1)}}\sim F(s-1,rs(l-1)) \tag{5.39}$$

当 H_{00} 成立时

$$\frac{\dfrac{S_{A\times B}}{\sigma^2(s-1)(r-1)}}{\dfrac{S_e}{\sigma^2 sr(l-1)}}=\frac{\dfrac{S_{A\times B}}{(r-1)(s-1)}}{\dfrac{S_e}{rs(l-1)}}\sim F((r-1)(s-1),rs(l-1)) \tag{5.40}$$

由以上三式,可得 H_{01},H_{10},H_{00} 的类似于式(5.15)的拒绝域.

通过计算,可得表5.6.

表5.6 双因素方差分析表

方差来源	平方和	自由度	样本方差	F 值
因素 A	S_A	$r-1$	$\dfrac{S_A}{(r-1)}$	$\dfrac{\frac{S_A}{(r-1)}}{\frac{S_e}{rs(l-1)}}$

续表

方差来源	平方和	自由度	样本方差	F值
因素 B	S_B	$s-1$	$\frac{S_B}{s-1}$	$\frac{\frac{S_B}{(s-1)}}{\frac{S_e}{rs(l-1)}}$
$A\times B$	$S_{A\times B}$	$(r-1)(s-1)$	$\frac{S_{A\times B}}{(r-1)(s-1)}$	$\frac{\frac{S_{A\times B}}{(r-1)(s-1)}}{\frac{S_e}{rs(l-1)}}$
误差	S_e	$rs(l-1)$	$\frac{S_e}{rs(l-1)}$	
总和	S_T	$rsl-1$		

例 5.2.1 在某橡胶配方中,考虑了 3 种不同的促进剂(A),4 种不同分量的氧化锌(B),同样的配方各重复一次,测得 300 % 定伸强力如表 5.7 所示. 问:氧化锌、促进剂以及它们的交互作用对定伸强力有无显著影响?

表 5.7

B 定强 A	B_1	B_2	B_3	B_4
A_1	31,33	34,36	35,36	39,38
A_2	33,34	36,37	37,39	38,41
A_3	35,37	37,38	39,40	42,44

解 因为

$$\begin{cases} S_T = R - \frac{G^2}{n}, \text{其中 } R = \sum_{i=1}^{r}\sum_{j=1}^{s}\sum_{k=1}^{l}\eta_{ijk}^2,\ G = \sum_{i=1}^{r}\sum_{j=1}^{s}\sum_{k=1}^{l}\eta_{ijk} \\ S_A = sl\sum_{i=1}^{r}\bar{\eta}_{i\cdot\cdot}^2 - \frac{G^2}{n} = \sum_{i=1}^{r}\frac{1}{sl}\left(\sum_{j=1}^{s}\sum_{k=1}^{l}\eta_{ijk}\right)^2 - \frac{G^2}{n} \\ S_B = \sum_{j=1}^{s}\frac{1}{rl}\left(\sum_{i=1}^{r}\sum_{k=1}^{l}\eta_{ijk}\right)^2 - \frac{G^2}{n} \\ S_{A\times B} = l\sum_{i=1}^{r}\sum_{j=1}^{s}(\bar{\eta}_{ij\cdot} - \bar{\eta})^2 - S_A - S_B \\ S_e = S_T - l\sum_{i=1}^{r}\sum_{j=1}^{s}(\bar{\eta}_{ij\cdot} - \bar{\eta})^2 \end{cases} \tag{5.41}$$

在利用式(5.41)计算各平方和之前,为了计算方便,将所有数据同减37,这不影响各平方和的值. 由式(5.41)和表5.6可得双因素方差分析表(见表5.8).

表5.8

A \ 定强 \ B	B_1	B_2	B_3	B_4
A_1	-6, -4	-3, -1	-2, -1	2,1
A_2	-4, -3	-1,0	0,2	1,4
A_3	-2,0	0,1	2,3	5,7

由表5.6得如下双因素方差分析表. 对 $\alpha=0.01$ 查表得

$$F_{0.99}(2,12)=6.9, F_{0.99}(3,12)=5.95$$

对 $\alpha=0.05$ 查表得 $F_{0.95}(6,12)=3.0$,"*"表示显著,"* *"表示特别显著.

由表5.8知,促进剂(A)与氧化锌(B)对定伸强力的影响都很显著(即否定 H_{01} 与 H_{10}),而它们的交互作用($A\times B$)对定伸强力影响不显著(即不否定 H_{00}),可以认为 A, B 两因素没有交互作用. 所以可将该项与误差项合并,相应的自由度也合并,以提高精度. 于是表5.9变为表5.10.

表5.9

方差来源	平方和	自由度	样本方差	F 值	显著性
A	56.6	$r-1=2$	28.3	19.4	* *
B	132.2	$s-1=3$	44.1	30.2	* *
$A\times B$	4.7	$(r-1)(s-1)=6$	0.8	0.55	
误差	17.5	$rs(l-1)=12$	1.46		
总和	211.0	$rsl-1=23$			

表5.10

方差来源	平方和	自由度	样本方差	F 值	显著性
A	56.6	2	28.3	22.8	* *
B	132.1	3	44.0	35.4	* *
误差	22.3	18	1.24		
总和	211	23			

5.3 正交试验设计

5.3.1 正交表

1. 试验为什么要设计

在生产和科学研究中，经常要做许多试验，试验是要花费人力、物力与时间的. 如果试验之前不对试验进行合理地设计，不仅会造成浪费，而且即使试验次数进行得较多，结果却不一定会令人满意. 因此，如何合理地安排一定数量的试验，就可获得足够的信息，这是个值得研究的问题. 试验设计是数理统计的一个重要的分支，它的主要内容是讨论如何合理地安排试验以及对试验后的数据如何进行分析等.

正交试验设计就是用正交表安排试验方案和进行结果分析. 它适用于多因素、多指标、具有随机误差的试验. 通过对正交试验结果的分析，可以确定各因素及其交互作用对试验指标影响的主次关系，找出对试验指标的最优化工艺条件或最佳搭配方案.

2. 正交表

正交表是正交拉丁方的推广. 它是根据组合理论，按照一定的规律构造成的矩形表格. 正交表实际上是满足一些条件的矩阵，一般记成 $L_n(r_1 \times r_2 \times \cdots \times r_m)$，其中 L 表示正交表，n 表示正交表的行数，即试验次数，m 表示正交表的列数，即试验至多可以安排的因子数，r_j 表示第 j 个因子的水平数. 如果 $r_1 = r_2 = \cdots = r_m = r$，则简记 $L_n(r_1 \times r_2 \times \cdots \times r_m)$ 为 $L_n(r^m)$. 例如 $L_9(3^4)$ 表示 4 个因子，每个因子 3 个水平共需做 9 个试验的正交表. $L_8(4 \times 2^4)$ 表示 5 个因子有一个因子为 4 个水平，其余 4 个因子均 2 个水平共需做 8 个试验的正交表(见表 5.11 与表 5.12).

表 5.11 $L_9(3^4)$

试验号 \ 列号	1	2	3	4
1	1	1	1	1
2	1	2	2	2
3	1	3	3	3
4	2	1	2	3
5	2	2	3	1
6	2	3	1	2

续表

试验号 \ 列号	1	2	3	4
7	3	1	3	2
8	3	2	1	3
9	3	3	2	1

表 5.12　$L_8(4\times 2^4)$

试验号 \ 列号	1	2	3	4	5
1	1	1	1	1	1
2	1	2	2	2	2
3	2	1	1	2	2
4	2	2	2	1	1
5	3	1	2	1	2
6	3	2	1	2	1
7	4	1	2	2	1
8	4	2	1	1	2

定义 5.3.1　称矩阵 $\boldsymbol{H}=[h_{ij}]_{n\times m}$ 是一个 $L_n(r_1\times r_2\times\cdots\times r_m)$ 型正交表，如果它满足下列 3 个条件：

(1) 对任意 $j\in\{1,2,\cdots,m\}$，$h_{ij}\in\{1,2,\cdots,r_j\}$，$i=1,2,\cdots,n$；

(2) 在任一列中，每个水平的重复次数相等，即对任意 $j\in\{1,2,\cdots,m\}$，h_{ij} 出现的次数都等于 $\dfrac{n}{r_j}$，$i=1,2,\cdots,n$.

(3) 任意两列中，同行数字(水平)构成的数对包含着所有可能的数对，且每个数对重复次数相等，即对任意 $j_1,j_2\in\{1,2,\cdots,m\}$，且 $j_1\neq j_2$，则 (h_{ij_1},h_{ij_2}) 出现的次数都等于 $\dfrac{n}{r_{j_1}r_{j_2}}$，$i=1,2,\cdots,n$.

例如，在正交表 $L_9(3^4)$ 中，$r_1=r_2=r_3=r_4=3$，$h_{12}=1\in\{1,2,3\}$，h_{12} 在第二列中出现的次数均为 $3=\dfrac{9}{3}$，且每个 h_{i2} 在第二列中出现的次数均为 3.（h_{82},h_{84}）=(2,3) 在由第二列与第四列组成的 9×2 阶矩阵中出现的次数为

$$\frac{n}{r_2\cdot r_4}=\frac{9}{3\times 3}=1$$

称(2)与(3)为正交表的正交性.

由以上定义知,对正交表进行行置换或列置换后,正交表的正交性不变. 用正交表安排试验的原则为:

(1)每个因子占用一个列号,一个列号上只能放置一个因子. 正交表的列数不能少于因子的个数;

(2)因子的水平个数要同因子所在列号的水平数相一致,即 r 个水平的因子应放在有 r 个水平的列号上. 列号水平数 r 对应于因子水平个数;

(3)如果要考虑两个因子之间的交互作用,则在正交表上要选用列号反映这个交互作用. 将交互作用像因子那样,要用列号(至少一个列号)来安置. 如何安置交互作用要查所选用的正交表的交互作用表.

在多因素(因子)试验中,如果因素 A 对试验指标的影响与因素 B 所取水平有关系,就称这两个因素 A 和 B 有交互作用,并用 $A\times B$ 表示.

例 5.3.1　某农科所对4块大豆试验田用不同方式施肥,获得大豆的平均亩产量如表5.13所示(单位:kg).

表5.13

磷肥P / 亩产量 / 氮肥N	$P_1=0$	$P_2=2$
$N_1=0$	200	225
$N_2=3$	215	280

从表中看出只施2 kg磷肥的效果使亩产量增加25 kg,只施3 kg氮肥的效果使亩产量增加15 kg,而施3 kg氮肥的同时又施2 kg磷肥的效果使亩产量增加80 kg. 因此2 kg磷肥P与3 kg氮肥N的交互作用效果是80 − 25 − 15 = 40(kg).

例如,正交表 $L_8(2^7)$ 两列之间的交互作用如表5.14所示.

表5.14

列号 / 列号	1	2	3	4	5	6	7
	(1)	3	2	5	4	7	7
		(2)	1	6	7	4	5
			(3)	7	6	5	4
				(4)	1	2	3
					(5)	3	2
						(6)	1
							(7)

所以 $L_8(2^7)$ 的表头设计如表 5.15 所示. 即如果考察 3 个因子 A,B,C 以及它们之间的交互作用 $A\times B,A\times C,B\times C,A\times B\times C$ 且每个因子选两个水平的试验,可选用正交表 $L_8(2^7)$,且表头设计可如表 5.15. 一般高阶交互作用(如 $A\times B\times C$)很少考虑.

表 5.15

列号	1	2	3	4	5	6	7
因子	A	B	$A\times B$	C	$A\times C$	$B\times C$	$A\times B\times C$

5.3.2 正交表的分析

对实际问题,首先确定试验中影响试验指标的因子(因素)的个数,以及各因子的水平数,再根据专业知识或试验,初步分析各因子间的交互作用,确定哪些交互作用必须考虑,哪些交互作用可以忽略. 然后再根据人力、物力、时间等确定试验的次数,最后选用合适的正交表安排试验. 如果没有低阶正交表可用,应选较高阶的.

试验后的数据如何分析呢? 一般有两种分析方法:一是直观分析;另一是方差分析. 直观分析简单直观,在正交表上就可以进行分析. 方差分析比较精细,但是有一定的计算量.

1. 正交表的直观分析

我们通过例子来说明.

例 5.3.2 在试验用不发芽的大麦制造啤酒的过程中,选了 4 个因子,每个因子取 3 个水平. 考察试验指标为:粉状粒,粉状粒越高越好. 因子水平表如表 5.16 所示. 这项试验的 4 个因子全取 3 个水平,应选 L_9,L_{18},L_{27} 等正交表. 由于试验工作量所限,L_{18} 以上做不了,又考虑这 4 个因子间交互作用不显著,暂不考虑. 所以选用正交表 $L_9(3^4)$ 来安排试验. 对因子 A 的 3 个水平进行了随机化,见表 5.16. 用表 $L_9(3^4)$ 安排 9 次试验,测得粉状粒数据如表 5.17 所示.

表 5.16

因子 / 水平	底水 A	浸氨时间 B	920 浓度 C	氨水浓度 D
1	140	180	2.5	0.25
2	136	215	3.0	0.26
3	138	250	3.5	0.27

表 5.17 无芽酶试验计算表

试验号 \ 列号	A 1	B 2	C 3	D 4	粉状粒/% y_i
1	1	1	1	1	45.5
2	1	2	2	2	33.0
3	1	3	3	3	32.5
4	2	1	2	3	36.5
5	2	2	3	1	32.0
6	2	3	1	2	14.5
7	3	1	3	2	40.5
8	3	2	1	3	33.0
9	3	3	2	1	28.0
k_{1j}	111.0	122.5	93.0	105.5	
k_{2j}	83.0	98.0	97.5	88.0	$\sum y_i = 295.5$
k_{3j}	101.5	75.0	105.0	102.0	
$\bar{k}_{1j}$	37.0	40.8	31.0	35.2	
$\bar{k}_{2j}$	27.7	32.7	32.5	29.3	
$\bar{k}_{3j}$	33.8	25.0	35.0	34.0	
R_j	9.3	15.8	4	5.9	

在表 5.17 中,k_{ij}表示第 j 列中对应水平 i 的试验指标数据之和,$i=1,2,3$. 例如,A 列:$k_{11}=45.5+33.0+32.5=111.0$;$D$ 列:$k_{14}=45.5+32.0+28.0=105.5$. $\bar{k}_{ij}=\dfrac{k_{ij}}{3}$, $i=1,2,3$, $R_j=\max(\bar{k}_{1j},\bar{k}_{2j},\bar{k}_{3j})-\min(\bar{k}_{1j},\bar{k}_{2j},\bar{k}_{3j})$, R_j 越大表明该因子对试验指标作用越大,也越重要. 当试验指标越大越好时,在每个因子中,$\max(\bar{k}_{1j},\bar{k}_{2j},\bar{k}_{3j})$相应的水平为最佳水平. 当试验指标越小越好时,在每个因子中,$\min(\bar{k}_{1j},\bar{k}_{2j},\bar{k}_{3j})$相应的水平为最佳水平. 由表 5.17 得如下结论:

(1)由极差 R_j 的大小知,各因子重要性顺序为:$B\to A\to D\to C$.

(2)因为本例为试验指标越高越好,由 $\max(\bar{k}_{1j},\bar{k}_{2j},\bar{k}_{3j})$相应的各因子的水平得最优工艺条件、最优搭配方案为 $A_1B_1C_3D_1$.

因为最佳水平都在试验范围的边界点上,所以应扩大试验范围,寻找更好的工艺条件.

2. 正交表的方差分析

上面我们介绍了正交表的直观分析,其优点是简单直观,计算量小. 但是直观分析法不能给出误差大小的估计,因此就不知道分析的精度,即不知道要到怎样的程度,一个因素才可以称为次要因素. 对正交试验结果进行方差分析的基本方法与5.1与5.2两节中方差分析类似,也是要求出各因素、各交互作用以及误差的平方和与 F 值以确定各因素、各交互作用对试验指标的影响是否显著.

我们仍通过例子来说明正交表的方差分析方法.

例5.3.3 某橡胶配方考虑因子水平表如表5.18所示. 试验指标:弯曲次数(越多越好).

表5.18

因子 / 水平	促进剂总量(A)	炭墨品种(B)	硫黄分量(C)
1	1.5	天津耐高磨	2.5
2	2.5	天津耐高磨与长春硬炭黑并用	2.0

考虑到三个因子间的交互效应,选用正交表 $L_8(2^7)$,查相应的交互作用表得表头设计如表5.19所示.

表5.19

列号	1	2	3	4	5	6	7
因子	A	B	$A\times B$	C	$A\times C$	$B\times C$	

如表5.20所示,因子 A 与交互作用 $B\times C$ 是重要的;$B,C,A\times B,A\times C$ 是次要的. A 取水平 A_2,因为 $B\times C$ 是重要的,如何取 B,C 的最优水平呢? 可把 B,C 的不同水平组合的试验结果进行比较,看哪一组合结果好.

表5.20 橡胶配方试验计算表

列号 / 试验号	A 1	B 2	$A\times B$ 3	C 4	$A\times C$ 5	$B\times C$ 6	7	弯曲/万次 y_i
1	1	1	1	1	1	1		1.5
2	1	1	1	2	2	2		2.0
3	1	2	2	1	1	2		2.0
4	1	2	2	2	2	1		1.5
5	2	1	2	1	2	1		2.0

续表

试验号 \ 列号	A 1	B 2	$A\times B$ 3	C 4	$A\times C$ 5	$B\times C$ 6	7	弯曲/万次 y_i
6	2	1	2	2	1	2		3.0
7	2	2	1	1	2	2		2.5
8	2	2	1	2	1	1		2.0
k_{1j}	7	8.5	8	8	8.5	7		$\sum y_i = 16.5$
k_{2j}	9.5	8	8.5	8.5	8	9.5		
$k_{1j}-k_{2j}$	-2.5	0.5	-0.5	-0.5	0.5	-2.5		

如表5.21所示，比较4个数值，2.5最大，故B取B_1，C取C_2，于是得最优工艺条件为$A_2B_1C_2$.

表5.21

	B_1	B_2
C_1	$\dfrac{1.5+2.0}{2}=1.75$	$\dfrac{2.0+2.5}{2}=2.25$
C_2	$\dfrac{2.0+3.0}{2}=2.5$	$\dfrac{1.5+2.0}{2}=1.75$

现用方差分析对此例进行分析(这时要求表头设计至少有一个空列). 总的偏差平方和为

$$S_T = S_A + S_B + S_C + S_{A\times B} + S_{A\times C} + S_{B\times C} + S_e$$

S_T 按下式计算

$$S_T = \sum_{i=1}^{n} y_i^2 - \frac{1}{n}\left(\sum_{i=1}^{n} y_i\right)^2$$

S_A, S_B, S_C 按下式计算(因 $n_i = \dfrac{n}{r_j}, \bar{y} = \dfrac{1}{n}\sum_{i=1}^{r_j} k_{ij}$)

$$S_j = \sum_{i=1}^{r_j} n_i \bar{y}_1^2 - n\bar{y}^2 = \frac{r_j}{n}\sum_{i=1}^{r_j} k_{ij}^2 - \frac{1}{n}\left(\sum_{i=1}^{r_j} k_{ij}\right)^2$$

当 $r_j = 2$ 时

$$S_j = \frac{2}{n}(k_{1j}^2 + k_{2j}^2) - \frac{1}{n}(k_{1j} + k_{2j})^2 = \frac{1}{n}(k_{1j} - k_{2j})^2$$

$S_{A\times B}, S_{A\times C}, S_{B\times C}$亦按上式计算,这是因 $A\times B, A\times C, B\times C$ 也像 A, B, C 一样只占一列. 如果它们占两列,则它们分别为相应两列的平方和之和.

记 G 为所有数据和,则

$$S_T=\sum_{i=1}^{8}y_i^2-\frac{G^2}{8}=35.75-34.031\ 25=1.718\ 75$$

$$S_A=\frac{(k_{11}-k_{21})^2}{n}=\frac{(-2.5)^2}{8}=0.781\ 25=S_{B\times C}$$

$$S_B=\frac{(k_{12}-k_{22})^2}{n}=\frac{0.5^2}{8}=0.031\ 25=S_C=S_{A\times B}=S_{A\times C}$$

$$S_e=S_T-S_A-S_B-S_C-S_{A\times B}-S_{A\times C}-S_{B\times C}=0.031\ 25$$

S_T 的自由度为总试验次数减 1,即 $8-1=7$. S_A, S_B, S_C 的自由度均为水平数减 1,即都为 1. $S_{A\times B}, S_{A\times C}, S_{B\times C}$的自由度亦为所在列水平数减 1,也都为 1. S_e 的自由度为 S_T 的自由度减去其余自由度,也为 1.

对给定显著性水平 $\alpha=0.25$,查表得 $F_{0.75}(1,1)=5.83$. 像前两节方差分析那样,将上述结果列成方差分析表(见表 5.22),其中对应于因素 A 的 F 值为

$$F=\frac{\dfrac{S_A}{r_A-1}}{\dfrac{S_e}{1}}=25$$

其余类推.

表 5.22　方差分析表

方差来源	平方和	自由度	样本方差	F 值	显著性
A	$S_A=0.781\ 25$	1	$S_A/1=0.781\ 25$	25	*
B	$S_B=0.031\ 25$	1	$S_B/1=0.031\ 25$	1	
C	$S_C=0.031\ 25$	1	$S_C/1=0.031\ 25$	1	
$A\times B$	$S_{A\times B}=0.031\ 25$	1	$S_{A\times B}/1=0.031\ 25$	1	
$A\times C$	$S_{A\times C}=0.031\ 25$	1	$S_{A\times C}/1=0.031\ 25$	1	
$B\times C$	$S_{B\times C}=0.781\ 25$	1	$S_{B\times C}/1=0.781\ 25$	25	*
误差	$S_e=0.031\ 25$	1	$S_e/1=0.031\ 25$		
总和	$S_T=1.718\ 75$	7			

由上表知,除 $A,B\times C$ 显著影响试验指标外,其他影响都不显著. 为了提高精度,可把 $S_{A\times B},S_{A\times C}$合并到 S_e 中去,并对 $\alpha=0.05$ 查表得 $F_{0.95}(1,3)=10.13$. 于是上面方差分析表变为表 5.23.

表 5.23

方差来源	平方和	自由度	样本方差	F 值	显著性
A	0.781 25	1	0.781 25	25	*
C	0.031 25	1	0.031 25	1	
B	0.031 25	1	0.031 25	1	
$B\times C$	0.781 25	1	0.781 25	25	*
误差	0.093 75	3	0.031 25		
总和	1.718 75	7			

习 题 5

1. 一个年级有 3 个小班进行了一次数学考试,现从 3 个小班中分别随机地抽取 12,15,13 个学生记录其成绩如下

Ⅰ:73,66,89,60,82,45,43,93,83,36,73,77

Ⅱ:88,77,78,31,48,78,91,62,51,76,85,96,74,80,56

Ⅲ:68,41,79,59,56,68,91,53,71,79,71,15,87

设各班成绩服从正态分布且方差相等. 试在显著性水平 $\alpha=0.05$ 下,检验各班的平均分数有无显著差异.

2. 现有某种型号的电池 3 批,它们分别是甲、乙、丙 3 个工厂生产的,为评论其质量,各随机抽取 5 只电池为样品,经试验得其寿命(小时)如表 5.24 所示. 试在显著性水平 $\alpha=0.05$ 下,检验电池的平均寿命有无显著性差异? 若差异是显著的,检验哪些工厂之间有显著差异? 并求 $\mu_1-\mu_2,\mu_1-\mu_3$ 及 $\mu_2-\mu_3$ 的 95% 的置信区间.

表 5.24

单位:小时

工厂	寿命				
甲	40	48	38	42	45
乙	26	34	30	28	32
丙	39	40	43	50	50

3. 为了寻求适应某地区的高产水稻品种，今选5个不同品种的种子进行试验，每一品种在4块试验田上试种. 假定这20块土地面积与其他条件基本相同，观测到各块土地上的产量(kg)如表5.25所示. 试检验：

(1)种子品种对水稻高产有无显著影响($\alpha=0.01$)；

(2)第2,5号种子对水稻高产的影响有无显著差异($\alpha=0.05$).

表5.25

种子品种 A	田号			
	1	2	3	4
A_1	67	67	55	42
A_2	98	96	90	66
A_3	60	69	50	55
A_4	79	64	81	70
A_5	90	70	79	88

4. 对用5种不同操作法生产某种产品作节约原料的试验，在其他条件尽可能相同的情况下，各就4批试样测得原料节约额数据如表5.26所示. 试问：操作法对原料节约额的影响有无显著差异.

表5.26

操作法	A_1	A_2	A_3	A_4	A_5
节约额	4.3	6.1	6.5	9.3	9.5
	7.8	7.3	8.3	8.7	8.8
	3.2	4.2	8.6	7.2	11.4
	6.5	4.1	8.2	10.1	7.8

5. 如表5.27所示记录了3位操作工分别在4台不同的机器上操作3天的日产量. 设每个工人在每台机器上的日产量都服从正态分布且方差相同. 试检验($\alpha=0.05$)：

(1)操作工之间的差异是否显著；

(2)机器之间的差异是否显著；

(3)交互影响是否显著.

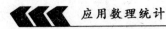

表 5.27

机器	操作工		
	甲(B_1)	乙(B_2)	丙(B_3)
M_1	15,15,17	19,19,16	16,18,21
M_2	17,17,17	15,15,15	19,22,22
M_3	15,17,16	18,17,16	18,18,18
M_4	18,20,22	15,16,17	17,17,17

6. 考查合成纤维弹性的影响因素为:收缩率 A 和总的拉伸倍数 B. 试验结果如表 5.28 所示. 试检验因素 A、因素 B 及它们的交互作用对试验结果是否有显著性影响差异($\alpha=0.01$).

表 5.28

B \ A	$A_1=0$	$A_2=4$	$A_3=8$	$A_4=12$
$B_1=460$	71,73	73,75	76,73	75,73
$B_2=520$	72,73	76,74	79,77	73,72
$B_3=580$	75,73	78,77	74,75	70,71
$B_4=640$	77,75	74,74	74,73	69,69

7. 在某化工产品的生产过程中,对 3 种浓度(A)、4 种温度(B)的每一种搭配重复试验两次,测得产量如表 5.29 所示(单位:kg). 试检验不同的浓度、不同的温度以及它们的交互作用对产量是否有显著性影响($\alpha=0.05$).

表 5.29

B \ A	A_1	A_2	A_3
B_1	21,23	23,25	26,23
B_2	22,23	26,24	29,27
B_3	25,23	28,27	24,25
B_4	27,25	26,24	24,23

8. 如表 5.30 所示,试就如下正交试验结果进行直观分析与方差分析.

表 5.30 $L_{16}(4^3 \times 2^6)$（粉状粒 x_i 越大越好）

试验号	A 1	B 2	C 3	D 4	粉状粒 x_i $x_i' = x_i - 38$
1	1	1	1	1	21
2	1	2	2	2	10
3	1	3	3	2	-4
4	1	4	4	1	-18
5	2	1	2	2	1
6	2	2	1	1	10
7	2	3	4	1	-15
8	2	4	3	2	-9
9	3	1	3	1	-2
10	3	2	4	2	17
11	3	3	1	2	18
12	3	4	2	1	1
13	4	1	4	2	-20
14	4	2	3	1	-3
15	4	3	2	1	-4
16	4	4	1	2	8

9. 选矿用的油膏的配方对矿石回收率有很大影响，为了提高回收率，分别选取油膏的3种成分的2个水平，所选因素水平如表5.31所示. 选用表$L_4(2^3)$来安排试验，所得试验结果顺次为72,58,78,84，试作直观分析，指出较优工艺条件及因素影响主次.

表 5.31

因素 水平	A（机油）/%	B（蓖麻油）/%	C（石蜡）/%
1	60	10	12
2	50	8	6

10. 提高收率的试验. 某化工产品的收率受3个因素影响，分别取3水平如表5.32所示. 选用表$L_9(3^4)$作试验. A,B,C分别排在第1,2,3列上，得收率数据（%）顺序为：71.0,80.7,83.0,78.0,87.6,68.6,95.0,78.3,90.0. 试作直观分析指出因

素影响主次及最优条件.

表 5.32

水平 \ 因素	A 反应温度/℃	B 反应时间/min	C 催化剂种类
1	700	20	甲
2	750	25	乙
3	800	30	丙

11. 某农药厂生产一种农药,希望通过试验找到合适的生产条件,达到稳产高产的目的. 根据以前的经验,选如下 4 个因素 2 个水平,如表 5.33 所示. 需要考虑交互作用 $A\times B$. 如果把 A,B,C,D 分别放在 $L_8(2^7)$ 的第 1,2,4,5 列上,试验结果的收率(%)依次为:81,88,83,89,86,91,78,83. 试用直观分析法指出因素影响主次及最优条件.

表 5.33

水平 \ 因素	A 反应温度/℃	B 反应时间/min	C 配比	D 真空度/毫米汞柱
1	60	2.5	1.1:1	500
2	80	3.5	1.2:1	600

12. 某纺织厂在梳棉机上纺粘棉混纺纱,为了降低棉结粒数,希望通过试验确定相关因素的最优方案,试验要考察的因素与水平如表 5.34 所示. 根据经验考虑交互作用 $A\times B,A\times C,B\times C$. 选用表 $L_8(2^7)$,$A,B,A\times B,C,A\times C,B\times C$ 依次放在第 1,2,3,4,5,6 列上. 试验结果中棉结粒数依次为 0.30,0.35,0.20,0.30,0.15,0.50,0.15,0.40. 试对试验结果进行方差分析,并确定最优方案.

表 5.34

水平 \ 因素	A 金属针布产地	B 产量/kg	C 速率/(r · min^{-1})
1	甲	6	238
2	乙	10	320

13. 研究小麦品种与施肥的农田试验,考察的因素与水平如表 5.35 所示. 根据

经验还要考虑交互作用 $A\times B$，选用正交表 $L_8(2^7)$，$A,B,A\times B,C,D$ 依次放在第 1，2，3，4，7 列. 8 次试验结果依次为 115，160，145，155，140，155，100，125. 试进行方差分析($\alpha=0.05$)，并确定最优方案.

表 5.35

因素 水平	A 小麦品种	B 施肥量	C 浇水遍数	D 锄草遍数
1	甲	16	1	2
2	乙	12	2	3

第6章　多元统计分析

多元统计分析是概率论与数理统计的后继课程. 数理统计学指的是一元统计,主要研究客观事物中单个随机变量的统计规律性,其主要基础是一元正态分布. 多元统计分析则研究客观事物中多个随机变量(或多个指标)的统计规律性,包括变量之间的相互联系,它的主要基础是多元正态分布. 多元统计分析是一元统计的延伸和拓展.

为了研究客观事物中多个随机变量(或多个指标)的统计规律性,我们首先要将一元分布拓广到多元分布,将一元正态分布拓广到多元正态分布.

多元正态分布是最常用的一种多元概率分布. 除此之外,还有多元对数正态分布、多项分布、多元β分布、多元χ^2分布、多元指数分布等.

6.1　多元分布的基本概念

多元分布的基本概念可由二元概率分布的基本概念自然推广得到,如联合分布、边缘分布、条件分布、独立性、特征函数、数字特征等. 对此,只作扼要的综述.

定义 6.1.1(随机向量、随机矩阵)　由定义在同一概率空间(Ω,F,P)上的p个随机变量$x_1,x_2,\cdots,x_p$构成的p维向量

$$\boldsymbol{X}=(x_1,x_2,\cdots,x_p)^{\mathrm{T}}=\begin{pmatrix}x_1\\x_2\\\vdots\\x_p\end{pmatrix}$$

称为p维随机向量,它的概率分布称为p元分布. 由定义在同一概率空间(Ω,F,P)上的$p\times n$个随机变量组成的矩阵

$$\boldsymbol{X}=(x_{ij})_{p\times n}$$

称为随机矩阵,矩阵中每个元素x_{ij}都为一随机变量,常记为

$$\boldsymbol{X}=(x_{ij})_{p\times n}=\begin{pmatrix}x_{11} & x_{12} & \cdots & x_{1n}\\ x_{21} & x_{22} & \cdots & x_{2n}\\ \vdots & \vdots & & \vdots\\ x_{p1} & x_{p2} & \cdots & x_{pn}\end{pmatrix}=(\boldsymbol{X}^{(1)},\boldsymbol{X}^{(2)},\cdots,\boldsymbol{X}^{(n)})_{p\times n}=\begin{pmatrix}\boldsymbol{X}_{(1)}^{\mathrm{T}}\\ \boldsymbol{X}_{(2)}^{\mathrm{T}}\\ \vdots\\ \boldsymbol{X}_{(p)}^{\mathrm{T}}\end{pmatrix}_{p\times n} \tag{6.1}$$

在此,以 $\boldsymbol{X}^{(1)},\cdots,\boldsymbol{X}^{(n)}$ 表示 $\boldsymbol{X}$ 的列向量,$\boldsymbol{X}_{(1)},\cdots,\boldsymbol{X}_{(p)}$ 表示 $\boldsymbol{X}$ 的行向量的转置向量. $\boldsymbol{X}$ 是 $p\times n$ 阶随机矩阵,它可看成是由 n 个 p 维(列)随机向量所构成的,也可看成是由 p 个 n 维(行)向量构成的. $\boldsymbol{X}$ 的概率分布是指按列"拉直"的全体元素(随机变量)$x_{11},\cdots,x_{p1},x_{12},\cdots,x_{p2},\cdots,x_{1n},\cdots,x_{pn}$组成的 pn 元分布.

注 以后所称向量都是指列向量.

定义 6.1.2(数字特征) 依次称

$$E(\boldsymbol{X})=\begin{pmatrix}Ex_1\\ Ex_2\\ \vdots\\ Ex_p\end{pmatrix},E(\boldsymbol{Y})=\begin{pmatrix}Ey_1\\ Ey_2\\ \vdots\\ Ey_q\end{pmatrix}$$

为随机向量 $\boldsymbol{X}=(x_1,x_2,\cdots,x_p)^{\mathrm{T}}$ 及 $\boldsymbol{Y}=(y_1,y_2,\cdots,y_q)^{\mathrm{T}}$ 的均值向量,称为随机矩阵 $\boldsymbol{X}$ 的均值矩阵. 称

$$\operatorname{cov}(\boldsymbol{X},\boldsymbol{X})=E[\boldsymbol{X}-E(\boldsymbol{X})][\boldsymbol{X}-E(\boldsymbol{X})]^{\mathrm{T}}=\begin{pmatrix}\operatorname{cov}(x_1,x_1) & \cdots & \operatorname{cov}(x_1,x_p)\\ \operatorname{cov}(x_2,x_1) & \cdots & \operatorname{cov}(x_2,x_p)\\ \vdots & & \vdots\\ \operatorname{cov}(x_p,x_1) & \cdots & \operatorname{cov}(x_p,x_p)\end{pmatrix}_{p\times p} \tag{6.2}$$

为 p 维随机向量 $\boldsymbol{X}$ 的自协方差阵,简称为 $\boldsymbol{X}$ 的自协差阵. 称$|\operatorname{cov}(\boldsymbol{X},\boldsymbol{X})|$为 $\boldsymbol{X}$ 的广义方差,它是自协差阵的行列式值. 注意,有时亦记 $\operatorname{cov}(\boldsymbol{X},\boldsymbol{X})$ 为 $D(\boldsymbol{X})$. 称

$$\operatorname{cov}(\boldsymbol{X},\boldsymbol{Y})=E[\boldsymbol{X}-E(\boldsymbol{X})][\boldsymbol{Y}-E(\boldsymbol{Y})]^{\mathrm{T}}=\begin{pmatrix}\operatorname{cov}(x_1,y_1) & \cdots & \operatorname{cov}(x_1,y_q)\\ \operatorname{cov}(x_2,y_1) & \cdots & \operatorname{cov}(x_2,y_q)\\ \vdots & & \vdots\\ \operatorname{cov}(x_p,y_1) & \cdots & \operatorname{cov}(x_p,y_q)\end{pmatrix}_{p\times q} \tag{6.3}$$

为 $\boldsymbol{X}$ 与 $\boldsymbol{Y}$ 的互协方差阵,简称为 $\boldsymbol{X}$ 与 $\boldsymbol{Y}$ 的互协差阵.

显而易见

$$\operatorname{cov}(\boldsymbol{X},\boldsymbol{Y})=E[\boldsymbol{X}-E(\boldsymbol{X})][\boldsymbol{Y}-E(\boldsymbol{Y})]^{\mathrm{T}}=\{E[\boldsymbol{Y}-E(\boldsymbol{Y})][\boldsymbol{X}-E(\boldsymbol{X})]^{\mathrm{T}}\}^{\mathrm{T}}$$
$$=\{\operatorname{cov}(\boldsymbol{Y},\boldsymbol{X})\}^{\mathrm{T}}$$

对于 p 维随机变量 $\boldsymbol{X}=(x_1,\cdots,x_p)$,称

$$\rho_{ij}=\frac{\operatorname{cov}(x_i,x_j)}{\sqrt{D(x_i)}\sqrt{D(x_j)}}\quad(i,j=1,2,\cdots,p)$$

为分量 x_i 与 x_j 之间的相关系数,称 $\boldsymbol{R}=(\rho_{ij})_{p\times p}$ 为 $\boldsymbol{X}$ 的相关矩阵.

定义 6.1.3(特征函数) 随机向量 $\boldsymbol{X}$ 的特征函数定义为

$$\varphi(\boldsymbol{t})=E(\mathrm{e}^{\mathrm{i}\boldsymbol{t}^{\mathrm{T}}\boldsymbol{X}})\tag{6.4}$$

其中 $\mathrm{i}=\sqrt{-1}$,$\boldsymbol{t}$ 是实变向量,其维数与 $\boldsymbol{X}$ 的维数相同,若记 $\boldsymbol{t}=(t_1,\cdots,t_p)^{\mathrm{T}}$,则

$$\varphi(\boldsymbol{t})=E[\exp(\mathrm{i}\sum_{\alpha=1}^{p}t_\alpha x_\alpha)]$$

随机矩阵 $\boldsymbol{X}=(x_{ij})_{p\times n}$ 的特征函数是用 pn 维随机向量 $(x_{11},\cdots,x_{p1},\cdots,x_{1n},\cdots,x_{pn})^{\mathrm{T}}$ 的特征函数来定义的,即为

$$E\{\exp\{\mathrm{i}\sum_{\alpha=1}^{p}\sum_{\beta=1}^{n}t_{\alpha\beta}x_{\alpha\beta}\}\}=E\{\exp\{\mathrm{i}\operatorname{tr}(\boldsymbol{T}^{\mathrm{T}}\boldsymbol{X})\}\}\triangleq\varphi(\boldsymbol{T})\tag{6.5}$$

其中 $\boldsymbol{T}$ 是与 $\boldsymbol{X}$ 的阶数相同的实变矩阵,$\operatorname{tr}(\boldsymbol{T}^{\mathrm{T}}\boldsymbol{X})$ 是矩阵 $\boldsymbol{T}^{\mathrm{T}}\boldsymbol{X}$ 之迹,即 $\boldsymbol{T}^{\mathrm{T}}\boldsymbol{X}$ 的对角线上元素之和.

由上述定义及向量、矩阵有关运算的基本知识,可以证明下述等式成立. 设 $\boldsymbol{A}$,$\boldsymbol{B}$,$\boldsymbol{C}$ 为常数矩阵,$\boldsymbol{X}$,$\boldsymbol{Y}$ 为随机矩阵,$\boldsymbol{X}$,$\boldsymbol{Y}$,$\boldsymbol{U}$,$\boldsymbol{V}$ 为随机向量,则有

$$E(\boldsymbol{AXB}+\boldsymbol{C})=\boldsymbol{A}E(\boldsymbol{X})\boldsymbol{B}+\boldsymbol{C}\tag{6.6}$$

$$E(\boldsymbol{AX}+\boldsymbol{BY})=\boldsymbol{A}E(\boldsymbol{X})+\boldsymbol{B}E(\boldsymbol{Y})\tag{6.7}$$

$$\operatorname{cov}(\boldsymbol{X},\boldsymbol{Y})=E[\boldsymbol{X}\boldsymbol{Y}^{\mathrm{T}}]-[E(\boldsymbol{X})][E(\boldsymbol{Y})]^{\mathrm{T}}\tag{6.8}$$

$$\operatorname{cov}(\boldsymbol{AX},\boldsymbol{BY})=\boldsymbol{A}\operatorname{cov}(\boldsymbol{X},\boldsymbol{Y})\boldsymbol{B}^{\mathrm{T}}\tag{6.9}$$

$$\operatorname{cov}(a\boldsymbol{X}+b\boldsymbol{Y},d\boldsymbol{U}+e\boldsymbol{V})=ad\operatorname{cov}(\boldsymbol{X},\boldsymbol{U})+ae\operatorname{cov}(\boldsymbol{X},\boldsymbol{V})+bd\operatorname{cov}(\boldsymbol{Y},\boldsymbol{U})+be\operatorname{cov}(\boldsymbol{Y},\boldsymbol{V})\tag{6.10}$$

其中 a,b,d,e 皆为实常数,有

$$D(\boldsymbol{BX}+\boldsymbol{K})=\boldsymbol{B}D(\boldsymbol{X})\boldsymbol{B}^{\mathrm{T}}\tag{6.11}$$

其中 $\boldsymbol{K}$ 为实常数向量.

这里假定上述各式的运算总可进行(如协方差阵的存在及阶数、维数协调一致等). 详细证明请读者自证.

p 维随机向量 $\boldsymbol{X}=(x_1,\cdots,x_p)$ 的协方差阵及相关矩阵都是非负定矩阵. 事实上

$$\mathrm{cov}(\boldsymbol{X},\boldsymbol{X})=(\mathrm{cov}(x_i,x_j))_{p\times p}$$

记

$$\mathrm{cov}(x_i,x_j)=\sigma_{ij}\quad(i,j=1,\cdots,p)$$

则

$$\sigma_{ij}=\mathrm{cov}(x_i,x_j)=\mathrm{cov}(x_j,x_i)=\sigma_{ji}$$

可见自协差阵是对称的. 又对任意 p 维实向量 $\boldsymbol{C}=(c_1,\cdots,c_p)^{\mathrm{T}}$,总有

$$\begin{aligned}\boldsymbol{C}^{\mathrm{T}}\mathrm{cov}(\boldsymbol{X},\boldsymbol{X})\boldsymbol{C}&=\sum_{i=1}^{p}\sum_{j=1}^{p}c_ic_jE(x_i-Ex_i)(x_j-Ex_j)\\&=E[\sum_{i=1}^{p}c_i(x_i-Ex_i)]^2\geqslant 0\end{aligned}\tag{6.12}$$

可见,协方差阵是非负定阵(常用 $\mathrm{cov}(\boldsymbol{X},\boldsymbol{X})\geqslant\boldsymbol{O}$ 表示非负定阵,$\boldsymbol{O}$ 表示元素为零的矩阵). 由此可知,相关矩阵 $\boldsymbol{R}$ 也是非负定阵.

定义 6.1.4(条件分布、独立性) 将 p 维随机向量 $\boldsymbol{X}=(x_1,\cdots,x_p)^{\mathrm{T}}$ 分成两个子向量($1\leqslant q<p$)

$$\boldsymbol{X}=\begin{pmatrix}\boldsymbol{X}_{(1)}\\\boldsymbol{X}_{(2)}\end{pmatrix},\boldsymbol{X}_{(1)}=\begin{pmatrix}x_1\\\vdots\\x_q\end{pmatrix},\boldsymbol{X}_{(2)}=\begin{pmatrix}x_{q+1}\\\vdots\\x_p\end{pmatrix}\tag{6.13}$$

在此,$\boldsymbol{X}_{(1)}$,$\boldsymbol{X}_{(2)}$ 分别表示 $\boldsymbol{X}$ 的两个子向量,也为随机向量. 记 $F(x_1,\cdots,x_p)$ 为 $\boldsymbol{X}$ 的联合分布函数,$F_1(x_1,\cdots,x_q)$,$F_2(x_{q+1},\cdots,x_p)$ 分别为 $\boldsymbol{X}_{(1)}$,$\boldsymbol{X}_{(2)}$ 的边缘分布函数. 随机向量 $\boldsymbol{X}_{(1)}$ 与 $\boldsymbol{X}_{(2)}$ 相互独立是指

$$F(x_1,\cdots,x_p)=F_1(x_1,\cdots,x_q)\cdot F_2(x_{q+1},\cdots,x_p)\tag{6.14}$$

若记 $\varphi(\boldsymbol{t})$ 为 $\boldsymbol{X}$ 的特征函数,$\varphi_1(\boldsymbol{t}_{(1)})$ 及 $\varphi_2(\boldsymbol{t}_{(2)})$ 分别表示 $\boldsymbol{X}_{(1)}$ 与 $\boldsymbol{X}_{(2)}$ 的特征函数,其中

$$\boldsymbol{t}=\begin{pmatrix}\boldsymbol{t}_{(1)}\\\boldsymbol{t}_{(2)}\end{pmatrix},\boldsymbol{t}_{(1)}=\begin{pmatrix}t_1\\\vdots\\t_q\end{pmatrix},\boldsymbol{t}_{(2)}=\begin{pmatrix}t_{q+1}\\\vdots\\t_p\end{pmatrix}$$

则 $\boldsymbol{X}_{(1)}$ 与 $\boldsymbol{X}_{(2)}$ 相互独立等价于

$$\varphi(\boldsymbol{t})=\varphi_1(\boldsymbol{t}_{(1)})\varphi_2(\boldsymbol{t}_{(2)})\tag{6.15}$$

条件分布通常是分别就离散型、连续型给出定义. 现在就连续型情形讨论条件分布问题,对于离散型情形可类似地给出有关结论. 设 $\boldsymbol{X}$ 具有分布密度函数 $f(x_1,\cdots,x_p)$,则 $\boldsymbol{X}_{(1)}$ 及 $\boldsymbol{X}_{(2)}$ 具有各自的分布密度函数,分别记作 $f_1(x_1,\cdots,x_q)$ 及 $f_2(x_{q+1},\cdots,x_p)$. 由式(6.14)知,$\boldsymbol{X}_{(1)}$ 与 $\boldsymbol{X}_{(2)}$ 相互独立又等价于

$$f(x_1,\cdots,x_p)=f_1(x_1,\cdots,x_q)\cdot f_2(x_{q+1},\cdots,x_p) \tag{6.16}$$

若式(6.16)不成立,则 $\boldsymbol{X}_{(1)}$ 及 $\boldsymbol{X}_{(2)}$ 中一方的概率分布必与另一方有关. 当给定 $\boldsymbol{X}_{(2)}=\boldsymbol{x}_{(2)}$ 的数值向量时,若 $f_2(x_{q+1},\cdots,x_p)\neq 0$,则 $\boldsymbol{X}_{(1)}$ 具有条件分布密度函数 $f_1(x_1,\cdots,x_q|x_{q+1},\cdots,x_p)$,可以证明

$$f_1(x_1,\cdots,x_q|x_{q+1},\cdots,x_p)=\frac{f(x_1,\cdots,x_p)}{f_2(x_{q+1},\cdots,x_p)} \tag{6.17}$$

同理,在给定 $\boldsymbol{X}_{(1)}=\boldsymbol{x}_{(1)}$ 的数值向量时,若 $f_1(x_1,\cdots,x_q)\neq 0$,则 $\boldsymbol{X}_{(2)}$ 具有条件分布密度函数 $f_2(x_{q+1},\cdots,x_p|x_1,\cdots,x_q)$,可以证明

$$f_2(x_{q+1},\cdots,x_p|x_1,\cdots,x_q)=\frac{f(x_1,\cdots,x_p)}{f_1(x_1,\cdots,x_q)} \tag{6.18}$$

对照式(6.16),(6.17),(6.18)可知,$\boldsymbol{X}_{(1)}$ 与 $\boldsymbol{X}_{(2)}$ 相互独立等价于

$$f_1(x_1,\cdots,x_q|x_{q+1},\cdots,x_p)=f_1(x_1,\cdots,x_q)$$

或

$$f_2(x_{q+1},\cdots,x_p|x_1,\cdots,x_q)=f_2(x_{q+1},\cdots,x_p)$$

6.2 多元正态分布

多元正态分布是一元正态分布及二元正态分布的自然推广,当然内容更为丰富. 我们知道,若 y 服从 $N(0,1)$ 分布,记 $x=\mu+\sigma y$,其中 μ 及 $\sigma>0$ 为实数,则 x 服从 $N(\mu,\sigma^2)$ 分布. 就是说,可用标准正态分布来定义一般正态分布. 在上节中,用 x,$\boldsymbol{X}$ 和 $\boldsymbol{X}$ 分别表示随机变量、随机向量和随机矩阵. 在本节中,常用 $\boldsymbol{X}$,$\boldsymbol{Y}$ 分别表示随机向量,$\boldsymbol{x}$,$\boldsymbol{y}$ 分别表示 $\boldsymbol{X}$,$\boldsymbol{Y}$ 这些随机向量的观察值向量.

6.2.1 多元正态分布的定义

定义 6.2.1 设 $y_1,\cdots,y_q$ 是相互独立同分布 $N(0,1)$ 的随机变量,则称 $\boldsymbol{Y}=(y_1,\cdots,y_q)^{\mathrm{T}}$ 服从 q 元标准正态分布,其中

$$E(\boldsymbol{Y})=(0,\cdots,0)^{\mathrm{T}}=\boldsymbol{0}$$

$$\mathrm{cov}(\boldsymbol{Y},\boldsymbol{Y})=E(\boldsymbol{Y}\boldsymbol{Y}^{\mathrm{T}})=\begin{pmatrix} D(y_1) & 0 & \cdots & 0\\ 0 & D(y_2) & \cdots & 0\\ \vdots & \vdots & \ddots & \vdots\\ 0 & 0 & \cdots & D(y_q)\end{pmatrix}_{q\times q}=\begin{pmatrix}1 & & & \\ & 1 & & \\ & & \ddots & \\ & & & 1\end{pmatrix}_{q\times q}$$

$$=\boldsymbol{I}_q$$

简记 $\boldsymbol{Y}\sim N_q(\boldsymbol{0},\boldsymbol{I}_q)$. 其中 $\boldsymbol{0}$ 为零向量,$\boldsymbol{I}_q$ 为 q 阶单位阵. 由式(6.4)知,$\boldsymbol{Y}$ 的特征函数为

$$\varphi_{\boldsymbol{Y}}(\boldsymbol{t})=E(\mathrm{e}^{\mathrm{i}\boldsymbol{t}^{\mathrm{T}}\boldsymbol{Y}})E(\mathrm{e}^{\mathrm{i}\sum_{j=1}^{q}t_jy_j})=E(\prod_{j=1}^{q}\mathrm{e}^{\mathrm{i}t_jy_j})=\prod_{j=1}^{q}E(\mathrm{e}^{\mathrm{i}t_jy_j})$$

$$=(\prod_{j=1}^{q}\mathrm{e}^{-\frac{1}{2}t_j^2})=\mathrm{e}^{-\frac{1}{2}\boldsymbol{t}^{\mathrm{T}}\boldsymbol{t}}$$

定义 6.2.2 设 $\boldsymbol{Y}$ 服从 $N_q(\boldsymbol{0},\boldsymbol{I}_q)$. $\boldsymbol{B}$ 为 $p\times q$ 维实数矩阵,$\boldsymbol{\mu}$ 为 p 维实向量,作变换 $\boldsymbol{X}=\boldsymbol{\mu}+\boldsymbol{B}\boldsymbol{Y}$,则称 $\boldsymbol{X}$ 服从 $N_p(\boldsymbol{\mu},\Sigma)$,其中 $\Sigma=\boldsymbol{B}\boldsymbol{B}^{\mathrm{T}}$ 为 p 阶非负定阵.

定理 6.2.1 设 $\boldsymbol{X}$ 服从 $N_p(\boldsymbol{\mu},\Sigma)$,则有

$$E(\boldsymbol{X})=\boldsymbol{\mu},\mathrm{cov}(\boldsymbol{X},\boldsymbol{X})=\Sigma \tag{6.19}$$

$$\varphi_{\boldsymbol{X}}(\boldsymbol{t})=\exp(\mathrm{i}\boldsymbol{t}^{\mathrm{T}}\boldsymbol{\mu}-\frac{1}{2}\boldsymbol{t}^{\mathrm{T}}\Sigma\boldsymbol{t}) \tag{6.20}$$

证明 由定义 6.2.2 知,$\boldsymbol{X}=\boldsymbol{\mu}+\boldsymbol{B}\boldsymbol{Y}$,$\boldsymbol{Y}$ 服从 $N_q(\boldsymbol{0},\boldsymbol{I}_q)$,且 $\Sigma=\boldsymbol{B}\boldsymbol{B}^{\mathrm{T}}$. 于是

$$E(\boldsymbol{X})=\boldsymbol{\mu}+\boldsymbol{B}E(\boldsymbol{Y})=\boldsymbol{\mu}$$

$$\mathrm{cov}(\boldsymbol{X},\boldsymbol{X})=\boldsymbol{B}\mathrm{cov}(\boldsymbol{Y},\boldsymbol{Y})\boldsymbol{B}^{\mathrm{T}}=\boldsymbol{B}\boldsymbol{I}_q\boldsymbol{B}^{\mathrm{T}}=\Sigma$$

$$\varphi_{\boldsymbol{X}}(\boldsymbol{t})=E(\mathrm{e}^{\mathrm{i}\boldsymbol{t}^{\mathrm{T}}\boldsymbol{X}})=E(\mathrm{e}^{\mathrm{i}\boldsymbol{t}^{\mathrm{T}}(\boldsymbol{\mu}+\boldsymbol{B}\boldsymbol{Y})})=E(\mathrm{e}^{\mathrm{i}\boldsymbol{t}^{\mathrm{T}}\boldsymbol{\mu}}\mathrm{e}^{\mathrm{i}(\boldsymbol{B}^{\mathrm{T}}\boldsymbol{t})^{\mathrm{T}}\boldsymbol{Y}})$$

$$=\exp\{\mathrm{i}\boldsymbol{t}^{\mathrm{T}}\boldsymbol{\mu}\}\exp\{-\frac{1}{2}(\boldsymbol{B}^{\mathrm{T}}\boldsymbol{t})^{\mathrm{T}}(\boldsymbol{B}^{\mathrm{T}}\boldsymbol{t})\}=\exp\{\mathrm{i}\boldsymbol{t}^{\mathrm{T}}\boldsymbol{\mu}-\frac{1}{2}\boldsymbol{t}^{\mathrm{T}}\Sigma\boldsymbol{t}\}$$

类似于一元概率分布由其特征函数唯一确定的情形,对于随机向量而言,多元概率分布亦可由其特征函数唯一地确定. 由定理 6.2.1 可见,若 X 服从 $N_p(\boldsymbol{\mu},\Sigma)$,则 $\boldsymbol{X}$ 的特征函数 $\varphi_{\boldsymbol{X}}(\boldsymbol{t})$ 由式(6.20)所确定,反之也可用特征函数来定义多元正态分布. 就是说,若随机向量 $\boldsymbol{X}$ 的特征函数由式(6.20)所确定,则称 $\boldsymbol{X}$ 服从 $N_p(\boldsymbol{\mu},\Sigma)$.

多元正态分布的随机向量的线性变换是否仍为正态分布?

定理 6.2.2 (1)设 $\boldsymbol{X}$ 服从 $N_p(\boldsymbol{\mu},\Sigma)$,$\boldsymbol{A}$ 为 $r\times p$ 阶实数矩阵,$\boldsymbol{b}$ 为 r 维实向量,作变换 $\boldsymbol{Z}=\boldsymbol{A}\boldsymbol{X}+\boldsymbol{b}$,则 $\boldsymbol{Z}$ 服从 $N_r(\boldsymbol{A}\boldsymbol{\mu}+\boldsymbol{b},\boldsymbol{A}\Sigma\boldsymbol{A})$. 这个性质称为正态分布在线性变换下具有不变性.

(2)设 $\boldsymbol{X}$ 服从 $N_p(\boldsymbol{\mu},\Sigma)$,$c$ 为一实数,则 $c\boldsymbol{X}$ 服从 $N_p(c\boldsymbol{\mu},c^2\Sigma)$.

(3)设 $\boldsymbol{X}$ 服从 $N_p(\boldsymbol{\mu},\Sigma)$,$\boldsymbol{L}$ 为 p 维实向量,则 $\boldsymbol{L}^{\mathrm{T}}\boldsymbol{X}$ 服从 $N(\boldsymbol{L}^{\mathrm{T}}\boldsymbol{\mu},\boldsymbol{L}^{\mathrm{T}}\Sigma\boldsymbol{L})$.

证明　(1)令 $\boldsymbol{X}=\boldsymbol{\mu}+\boldsymbol{B}\boldsymbol{Y}$,其中 $\boldsymbol{Y}$ 服从 $N_p(\boldsymbol{0},\boldsymbol{I}_p)$,$\sum=\boldsymbol{B}\boldsymbol{B}^{\mathrm{T}}$,于是

$$\boldsymbol{Z}=\boldsymbol{A}\boldsymbol{X}+\boldsymbol{b}=(\boldsymbol{A}\boldsymbol{\mu}+\boldsymbol{b})+(\boldsymbol{A}\boldsymbol{B})\boldsymbol{Y}$$

并有

$$E(\boldsymbol{Z})=\boldsymbol{A}\boldsymbol{\mu}+\boldsymbol{b}$$

$$\operatorname{cov}(\boldsymbol{Z},\boldsymbol{Z})=(\boldsymbol{A}\boldsymbol{B})\operatorname{cov}(\boldsymbol{Y},\boldsymbol{Y})(\boldsymbol{A}\boldsymbol{B})^{\mathrm{T}}=\boldsymbol{A}\boldsymbol{B}\boldsymbol{I}_q\boldsymbol{B}^{\mathrm{T}}\boldsymbol{A}^{\mathrm{T}}=\boldsymbol{A}\sum\boldsymbol{A}^{\mathrm{T}}$$

则由定义6.2.2知,$\boldsymbol{Z}$ 服从 $N_r(\boldsymbol{A}\boldsymbol{\mu}+\boldsymbol{b},\boldsymbol{A}\sum\boldsymbol{A}^{\mathrm{T}})$.

(2)在(1)中取 $\boldsymbol{b}=\boldsymbol{0},\boldsymbol{A}=c\boldsymbol{I}_p$,则 $c\boldsymbol{X}$ 服从 $N_p(c\boldsymbol{\mu},c^2\sum)$,其中

$$c\boldsymbol{I}_p\sum(c\boldsymbol{I}_p)^{\mathrm{T}}=c^2\sum$$

(3)在(1)中取 $\boldsymbol{b}=\boldsymbol{0},\boldsymbol{A}=\boldsymbol{L}^{\mathrm{T}}$,即有

$$\boldsymbol{A}\boldsymbol{X}+\boldsymbol{b}=\boldsymbol{L}^{\mathrm{T}}\boldsymbol{X}\sim N(\boldsymbol{L}^{\mathrm{T}}\boldsymbol{\mu},\boldsymbol{L}^{\mathrm{T}}\sum\boldsymbol{L})$$

推论1　多元正态分布的边缘分布仍为正态分布.(留作读者自证)

推论2　对 $\forall\boldsymbol{\mu}\in\mathbf{R}^p$ 及 $\sum_{p\times p}\geqslant\boldsymbol{O}$,必存在 p 维随机向量 $\boldsymbol{X}$,使 $\boldsymbol{X}\sim N_p(\boldsymbol{\mu},\sum)$.

证明　这里的关键在于能否找出一个矩阵 $\boldsymbol{B}$,使 $\boldsymbol{B}\boldsymbol{B}^{\mathrm{T}}=\sum$,这实质上是求非负定阵方程的问题. 对于 $\forall\sum\geqslant\boldsymbol{O}$,必存在 $\boldsymbol{B}$,使 $\boldsymbol{B}\boldsymbol{B}^{\mathrm{T}}=\sum$. 特别的,必存在 $\boldsymbol{C}\geqslant\boldsymbol{O}$,使 $\boldsymbol{C}\boldsymbol{C}^{\mathrm{T}}=\sum$,特记 $\boldsymbol{C}^{\mathrm{T}}$ 为 $\sum^{\frac{1}{2}}$.

今令 $\boldsymbol{X}=\boldsymbol{\mu}+\sum^{\frac{1}{2}}\boldsymbol{Y}$,其中 $\boldsymbol{Y}$ 服从 $N_p(\boldsymbol{0},\boldsymbol{I}_p)$. 则 $\boldsymbol{X}$ 为随机向量,且由定理6.2.2可知,$\boldsymbol{X}\sim N_p(\boldsymbol{\mu},\sum)$.

多元正态分布与一元正态分布有下述密切联系.

定理6.2.3　设 $\boldsymbol{X}$ 为 p 维随机向量,则 $\boldsymbol{X}$ 服从多元正态分布的充分必要条件为对于任一 p 维实数向量 $\boldsymbol{L}$,$\boldsymbol{y}=\boldsymbol{L}^{\mathrm{T}}\boldsymbol{X}$ 为一元正态分布随机变量.

证明　必要性:由定理6.2.2之(3)即知结论成立.

充分性:用特征函数来证. 设 $E(\boldsymbol{X})=\boldsymbol{\mu}$,$\operatorname{cov}(\boldsymbol{X},\boldsymbol{X})=\sum$,则

$$E(\boldsymbol{y})=\boldsymbol{L}^{\mathrm{T}}\boldsymbol{\mu},\operatorname{cov}(\boldsymbol{y},\boldsymbol{y})=\boldsymbol{L}^{\mathrm{T}}\sum\boldsymbol{L}$$

且 $\boldsymbol{y}$ 服从 $N_1(\boldsymbol{L}^{\mathrm{T}}\boldsymbol{\mu},\boldsymbol{L}^{\mathrm{T}}\sum\boldsymbol{L})$,于是 $\boldsymbol{y}$ 的特征函数为

$$\varphi_y(\boldsymbol{t})=E(\mathrm{e}^{\mathrm{i}ty})=E(\mathrm{e}^{\mathrm{i}tL^{\mathrm{T}}X})=\exp\{\mathrm{i}\boldsymbol{t}(\boldsymbol{L}^{\mathrm{T}}\boldsymbol{\mu})-\frac{1}{2}t^2\boldsymbol{L}^{\mathrm{T}}\sum\boldsymbol{L}\}$$

今取 $\boldsymbol{t}=(1)$,便得

$$E(e^{iL^{T}X})=\exp\{iL^{T}\mu-\frac{1}{2}L^{T}\Sigma L\}$$

其中 L 为任一 p 维实数向量. 将上式与式(6.20)相比可知,X 服从 $N_p(\mu,\Sigma)$.

定理 6.2.4　设 $X\sim N_p(\mu,\Sigma)$,且Σ为正定阵,则随机向量 X 具有分布密度函数

$$f(x;\mu,\Sigma)=\frac{1}{(2\pi)^{\frac{p}{2}}|\Sigma|^{\frac{1}{2}}}\exp\{-\frac{1}{2}(x-\mu)^{T}\Sigma^{-1}(x-\mu)\} \tag{6.21}$$

证明　作变换 $Y=\Sigma^{-\frac{1}{2}}(X-\mu)$,则 Y 服从 $N_p(0,I_p)$. 由定义 6.2.1 知,Y 的各个分量,即 $y_1,\cdots,y_p$ 相互独立且服从一元标准正态分布,所以 Y 的分布密度函数为

$$f_Y(y)=\prod_{j=1}^{p}\left[\frac{1}{\sqrt{2\pi}}e^{-\frac{y_j^2}{2}}\right]=\frac{1}{(2\pi)^{\frac{p}{2}}}\exp\{-\frac{1}{2}y^{T}y\}$$

逆变换为 $X=\Sigma^{\frac{1}{2}}Y+\mu$,其中$\Sigma^{\frac{1}{2}}(\Sigma^{\frac{1}{2}})=\Sigma$. 通过 Y 的分布密度函数 $f_Y(y)$ 可导出 X 的分布密度函数.

这里,X 到 Y 的变换为 1－1 变换,此变换的雅可比行列式的绝对值为

$$\left|\frac{\partial(Y)}{\partial(X)}\right|=\left|\frac{\partial(y_1,\cdots,y_p)}{\partial(x_1,\cdots,x_p)}\right|=|\Sigma^{-\frac{1}{2}}|=|\Sigma|^{-\frac{1}{2}}$$

因此,有

$$\begin{aligned}f_X(x;\mu,\Sigma)&=f_Y[\Sigma^{-\frac{1}{2}}(X-\mu)]|\Sigma|^{-\frac{1}{2}}\\&=\frac{1}{(2\pi)^{\frac{p}{2}}|\Sigma|^{\frac{1}{2}}}\exp\{-\frac{1}{2}(X-\mu)^{T}\Sigma^{-1}(X-\mu)\}\end{aligned}$$

反之,不难证明其逆定理亦成立.

定理 6.2.4 是在Σ为正定阵的情况下导出 X 的分布密度函数(6.21),称 X 具有非退化的 p 元正态分布. 当Σ不是正定阵时,则称 X 为退化的 p 元正态分布随机向量,此时 X 没有分布密度函数. 如定理 6.2.2 中 $p<r$ 的情形,则线性变换后得到的 Z 具有退化的 r 元正态分布.

至此,关于随机向量 X 具有多元正态分布的定义提出了三种等价的方式:定义 6.2.2 用特征函数(6.20)定义,用分布函数(6.21)定义,定理 6.2.3.

定理 6.2.5　设 X 服从 $N_p(0,\Sigma)$,Σ为正定阵,则 $\eta=X^{T}\Sigma^{-1}X$ 服从 χ_p^2 分布,即服从自由度为 p 的卡方分布.

证明 作变换 $Y=\Sigma^{-\frac{1}{2}}X$,则 Y 服从 $N_p(\mathbf{0},I_p)$,因为

$$\mathrm{cov}(Y,Y)=\Sigma^{-\frac{1}{2}}\mathrm{cov}(X,X)(\Sigma^{-\frac{1}{2}})^{\mathrm{T}}=\Sigma^{-\frac{1}{2}}\Sigma(\Sigma^{-\frac{1}{2}})=I_p$$

其中$\Sigma=\Sigma^{\frac{1}{2}}\Sigma^{\frac{1}{2}}$,$(\Sigma^{-\frac{1}{2}})^{\mathrm{T}}=\Sigma^{-\frac{1}{2}}$. 若记 $Y=(y_1,\cdots,y_p)^{\mathrm{T}}$,则 $y_1,\cdots,y_p$ 是 p 个独立的标准正态分布变量,根据卡方分布的定义知,$Y^{\mathrm{T}}Y=\sum_{j=1}^{p}y_j^2$ 服从 χ_p^2 分布. 另一方面,$Y^{\mathrm{T}}Y=X^{\mathrm{T}}\Sigma^{-\frac{1}{2}}\Sigma^{-\frac{1}{2}}X=X^{\mathrm{T}}\Sigma^{-1}X=\eta$,所以 η 服从 χ_p^2 分布.

6.2.2 边缘分布与条件分布

由定理6.2.2之(1)可知,多元正态分布的边缘分布仍为正态分布. 下面将证明多元正态分布的条件分布仍为正态分布.

定理6.2.6 设 X 服从 $N_p(\boldsymbol{\mu},\Sigma)$,$\Sigma$为正定阵,作相应的剖分

$$X=\begin{pmatrix}X_{(1)}\\X_{(2)}\end{pmatrix}_{(p-q)\times 1}^{q\times 1},\boldsymbol{\mu}=\begin{pmatrix}\boldsymbol{\mu}_{(1)}\\\boldsymbol{\mu}_{(2)}\end{pmatrix}_{(p-q)\times 1}^{q\times 1},\Sigma=\begin{pmatrix}\Sigma_{11}&\Sigma_{12}\\\Sigma_{21}&\Sigma_{22}\end{pmatrix}\quad(1\leqslant q<p)$$

其中Σ_{11}为 q 阶正定阵,Σ_{22}为 $p-q$ 阶正定阵,$\Sigma_{21}^{\mathrm{T}}=\Sigma_{12}$. 记

$$\begin{aligned}\Sigma_{11\cdot 2}&=\Sigma_{11}-\Sigma_{12}\Sigma_{22}^{-1}\Sigma_{21}\\\Sigma_{22\cdot 1}&=\Sigma_{22}-\Sigma_{21}\Sigma_{11}^{-1}\Sigma_{12}\end{aligned}\tag{6.22}$$

则有:

(1)$X_{(1)}$服从 $N_q(\boldsymbol{\mu}_{(1)},\Sigma_{11})$,$X_{(2)}$服从 $N_{p-q}(\boldsymbol{\mu}_{(2)},\Sigma_{22})$;

(2)$X_{(1)}$与 $X_{(2)}$相互独立的充要条件为$\Sigma_{12}=O$;

(3)$X_{(2)}$与 $X_{(1)}-\Sigma_{12}\Sigma_{22}^{-1}X_{(2)}$相互独立,且 $X_{(1)}-\Sigma_{12}\Sigma_{22}^{-1}X_{(2)}$服从

$$N_q(\boldsymbol{\mu}_{(1)}-\Sigma_{12}\Sigma_{22}^{-1}\boldsymbol{\mu}_{(2)},\Sigma_{11\cdot 2})$$

(4)给定 $X_{(2)}=x_{(2)}$时,$X_{(1)}$有条件分布

$$N_q(\boldsymbol{\mu}_{(1)}+\Sigma_{12}\Sigma_{22}^{-1}(x_{(2)}-\boldsymbol{\mu}_{(2)}),\Sigma_{11\cdot 2})$$

(5)同理,$X_{(1)}$与 $X_{(2)}-\Sigma_{21}\Sigma_{11}^{-1}X_{(1)}$相互独立,且 $X_{(2)}-\Sigma_{21}\Sigma_{11}^{-1}X_{(1)}$服从 $N_{p-q}(\boldsymbol{\mu}_{(2)}-\Sigma_{21}\Sigma_{11}^{-1}\boldsymbol{\mu}_{(1)},\Sigma_{22\cdot 1})$;给定 $X_{(1)}=x_{(1)}$时,$X_{(2)}$有条件分布

$$N_{p-q}(\boldsymbol{\mu}_{(2)}+\Sigma_{21}\Sigma_{11}^{-1}(x_{(1)}-\boldsymbol{\mu}_{(1)}),\Sigma_{22\cdot 1})$$

证明 (1)由定理6.2.2之(1)即知,亦可由下面(2)的证明中利用特征函数一并证明.

(2)利用特征函数. 记$\boldsymbol{t}=\begin{pmatrix}\boldsymbol{t}_{(1)}\\ \boldsymbol{t}_{(2)}\end{pmatrix}$,其中$\boldsymbol{t}_{(1)}=(t_1,\cdots,t_q)^{\mathrm{T}}$,$\boldsymbol{t}_{(2)}=(t_{q+1},\cdots,t_p)^{\mathrm{T}}$.

既然$\boldsymbol{X}\sim N_p(\boldsymbol{\mu},\sum)$,则$\boldsymbol{X}$的特征函数

$$
\begin{aligned}
\varphi_{\boldsymbol{X}}(\boldsymbol{t}) &= E\{\mathrm{e}^{\mathrm{i}\boldsymbol{t}^{\mathrm{T}}\boldsymbol{X}}\} = E\left\{\exp\left\{\mathrm{i}\begin{pmatrix}\boldsymbol{t}_{(1)}\\ \boldsymbol{t}_{(2)}\end{pmatrix}\begin{pmatrix}\boldsymbol{X}_{(1)}\\ \boldsymbol{X}_{(2)}\end{pmatrix}\right\}\right\} \\
&= \exp\left\{\mathrm{i}\begin{pmatrix}\boldsymbol{t}_{(1)}\\ \boldsymbol{t}_{(2)}\end{pmatrix}^{\mathrm{T}}\begin{pmatrix}\boldsymbol{\mu}_{(1)}\\ \boldsymbol{\mu}_{(2)}\end{pmatrix}-\frac{1}{2}\begin{pmatrix}\boldsymbol{t}_{(1)}\\ \boldsymbol{t}_{(2)}\end{pmatrix}^{\mathrm{T}}\begin{pmatrix}\sum_{11} & \sum_{12}\\ \sum_{21} & \sum_{22}\end{pmatrix}\begin{pmatrix}\boldsymbol{t}_{(1)}\\ \boldsymbol{t}_{(2)}\end{pmatrix}\right\} \\
&= \exp\{\mathrm{i}[\boldsymbol{t}_{(1)}^{\mathrm{T}}\boldsymbol{\mu}_{(1)}+\boldsymbol{t}_{(2)}^{\mathrm{T}}\boldsymbol{\mu}_{(2)}]-\frac{1}{2}[\boldsymbol{t}_{(1)}^{\mathrm{T}}\sum_{11}\boldsymbol{t}_{(1)}+ \\
&\quad \boldsymbol{t}_{(1)}^{\mathrm{T}}\sum_{12}\boldsymbol{t}_{(2)}+\boldsymbol{t}_{(2)}^{\mathrm{T}}\sum_{21}\boldsymbol{t}_{(1)}+\boldsymbol{t}_{(2)}^{\mathrm{T}}\sum_{22}\boldsymbol{t}_{(2)}]\} \\
&= \exp\{\mathrm{i}\boldsymbol{t}_{(1)}^{\mathrm{T}}\boldsymbol{\mu}_{(1)}-\frac{1}{2}\boldsymbol{t}_{(1)}^{\mathrm{T}}\sum_{11}\boldsymbol{t}_{(1)}\}\cdot\exp\{\mathrm{i}\boldsymbol{t}_{(2)}^{\mathrm{T}}\boldsymbol{\mu}_{(2)}-\frac{1}{2}\boldsymbol{t}_{(2)}^{\mathrm{T}}\sum_{22}\boldsymbol{t}_{(2)}\}\cdot \\
&\quad \exp\{-\frac{1}{2}[\boldsymbol{t}_{(1)}^{\mathrm{T}}\sum_{12}\boldsymbol{t}_{(2)}+\boldsymbol{t}_{(2)}^{\mathrm{T}}\sum_{21}\boldsymbol{t}_{(1)}]\} \qquad (6.23)
\end{aligned}
$$

由(1)知(亦可由上式分别令$\boldsymbol{t}_{(1)}=\boldsymbol{0}$及$\boldsymbol{t}_{(2)}=\boldsymbol{0}$直接推出)

$$\varphi_{\boldsymbol{X}_{(1)}}(\boldsymbol{t}_{(1)})=\exp\{\mathrm{i}\boldsymbol{t}_{(1)}^{\mathrm{T}}\boldsymbol{\mu}_{(1)}-\frac{1}{2}\boldsymbol{t}_{(1)}^{\mathrm{T}}\sum_{11}\boldsymbol{t}_{(1)}\}$$

$$\varphi_{\boldsymbol{X}_{(2)}}(\boldsymbol{t}_{(2)})=\exp\{\mathrm{i}\boldsymbol{t}_{(2)}^{\mathrm{T}}\boldsymbol{\mu}_{(2)}-\frac{1}{2}\boldsymbol{t}_{(2)}^{\mathrm{T}}\sum_{22}\boldsymbol{t}_{(2)}\}$$

又根据式(6.15)知,$\boldsymbol{X}_{(1)}$与$\boldsymbol{X}_{(2)}$相互独立的充要条件为

$$\varphi_{\boldsymbol{X}}(\boldsymbol{t})=\varphi_{\boldsymbol{X}_{(1)}}(\boldsymbol{t}_{(1)})\cdot\varphi_{\boldsymbol{X}_{(2)}}(\boldsymbol{t}_{(2)})$$

即等价于

$$\exp\{-\frac{1}{2}[\boldsymbol{t}_{(1)}^{\mathrm{T}}\sum_{12}\boldsymbol{t}_{(2)}+\boldsymbol{t}_{(2)}^{\mathrm{T}}\sum_{21}\boldsymbol{t}_{(1)}]\}=1$$

即

$$\boldsymbol{t}_{(1)}^{\mathrm{T}}\sum_{12}\boldsymbol{t}_{(2)}+\boldsymbol{t}_{(2)}^{\mathrm{T}}\sum_{21}\boldsymbol{t}_{(1)}=0$$

由于$\sum_{21}^{\mathrm{T}}=\sum_{12}$,且$\boldsymbol{t}_{(1)}^{\mathrm{T}}\sum_{12}\boldsymbol{t}_{(2)}$与$\boldsymbol{t}_{(2)}^{\mathrm{T}}\sum_{21}\boldsymbol{t}_{(1)}$是实数,因此有

$$(\boldsymbol{t}_{(1)}^{\mathrm{T}}\sum_{12}\boldsymbol{t}_{(2)})^{\mathrm{T}}=(\boldsymbol{t}_{(2)}^{\mathrm{T}}\sum_{21}\boldsymbol{t}_{(1)})=\boldsymbol{t}_{(1)}^{\mathrm{T}}\sum_{12}\boldsymbol{t}_{(2)}$$

所以$\boldsymbol{t}_{(1)}^{\mathrm{T}}\sum_{12}\boldsymbol{t}_{(2)}+\boldsymbol{t}_{(2)}^{\mathrm{T}}\sum_{21}\boldsymbol{t}_{(1)}=2\boldsymbol{t}_{(1)}^{\mathrm{T}}\sum_{12}\boldsymbol{t}_{(2)}=0$,故$\sum_{12}=\boldsymbol{O}$.

(3)与(4)的证明如下:记

$$Y = X_{(1)} - \Sigma_{12} \Sigma_{22}^{-1} X_{(2)}$$

$$Z = \begin{pmatrix} Y \\ X_{(2)} \end{pmatrix} = \begin{pmatrix} I_q & -\Sigma_{12} \Sigma_{22}^{-1} \\ 0 & I_{p-q} \end{pmatrix} \begin{pmatrix} X_{(1)} \\ X_{(2)} \end{pmatrix} \triangleq AX$$

由定理6.2.2之(1)知,Z 服从 $N_p(A\mu, A\Sigma A^{\mathrm{T}})$,其中

$$A\mu = \begin{pmatrix} \mu_{(1)} - \Sigma_{12} \Sigma_{22}^{-1} \mu_{(2)} \\ \mu_{(2)} \end{pmatrix}_{(p-q)\times 1}^{q\times 1}$$

$$A\Sigma A^{\mathrm{T}} = A \begin{pmatrix} \Sigma_{11} & \Sigma_{12} \\ \Sigma_{21} & \Sigma_{22} \end{pmatrix} A^{\mathrm{T}} = \begin{pmatrix} \Sigma_{11\cdot 2} & O \\ O & \Sigma_{22} \end{pmatrix}$$

由(2)知,Y 与 $X_{(2)}$ 独立,而且 Y 服从 $N_q(\mu_{(1)} - \Sigma_{12} \Sigma_{22}^{-1} \mu_{(2)}, \Sigma_{11\cdot 2})$. 这个结论不论 $X_{(2)}$ 取怎么样的观察值,向量都是成立的,也就是说,给定 $X_{(2)} = x_{(2)}$ 时,Y 的条件分布与 Y 相应的边缘分布是相同的. 现进一步考虑 $X_{(1)} = Y + \Sigma_{12} \Sigma_{22}^{-1} X_{(2)}$.

当给定 $X_{(2)} = x_{(2)}$ 时,则 $X_{(1)}$ 的条件分布由 Y 及常数项 $\Sigma_{12} \Sigma_{22}^{-1} x_{(2)}$ 所确定,因而其协方差阵为 Y 的协方差阵,条件均值向量为

$$(\mu_{(1)} - \Sigma_{12} \Sigma_{22}^{-1} \mu_{(2)}) + \Sigma_{12} \Sigma_{22}^{-1} x_{(2)}$$

从而其均值可化简为 $\mu_{(1)} + \Sigma_{12} \Sigma_{22}^{-1} (x_{(2)} - \mu_{(2)})$,并记作

$$X_{(1)} | x_{(2)} \sim N_q(\mu_{(1)} + \Sigma_{12} \Sigma_{22}^{-1} (x_{(2)} - \mu_{(2)}), \Sigma_{11\cdot 2})$$

其中有

$$E(X_{(1)} | x_{(2)}) = \mu_{(1)} + \Sigma_{12} \Sigma_{22}^{-1} (x_{(2)} - \mu_{(2)}) \tag{6.24}$$

$$D(X_{(1)} | x_{(2)}) = \Sigma_{11\cdot 2} \tag{6.25}$$

(5)类似于(4)的证明,给定 $X_{(1)} = x_{(1)}$ 时,则有

$$X_{(2)} | x_{(1)} \sim N_{p-q}(\mu_{(2)} + \Sigma_{21} \Sigma_{11}^{-1} (x_{(1)} - \mu_{(1)}), \Sigma_{22\cdot 1})$$

其中

$$E(X_{(2)} | x_{(1)}) = \mu_{(2)} + \Sigma_{21} \Sigma_{11}^{-1} (x_{(1)} - \mu_{(1)}) \tag{6.26}$$

$$D(X_{(2)} | x_{(1)}) = \Sigma_{22\cdot 1} \tag{6.27}$$

注 由证明不难看出,结论(1),(2)并不需要 $\Sigma > O$ 这一条件亦成立.

推论1 设 $\boldsymbol{y}_1 \sim N_p(\boldsymbol{\mu}_1, \sum_1)$，$\boldsymbol{y}_2 \sim N_q(\boldsymbol{\mu}_2, \sum_2)$，且 $\boldsymbol{y}_1$ 与 $\boldsymbol{y}_2$ 独立，则

$$\begin{pmatrix} \boldsymbol{y}_1 \\ \boldsymbol{y}_2 \end{pmatrix} \sim N_{p+q}\left(\begin{pmatrix} \boldsymbol{\mu}_1 \\ \boldsymbol{\mu}_2 \end{pmatrix}, \begin{pmatrix} \sum_1 & \boldsymbol{O} \\ \boldsymbol{O} & \sum_2 \end{pmatrix}\right)$$

(此推论相当于定理6.2.6的(1)与(2)之逆命题).

证明 由 $\boldsymbol{y}_1 \sim N_p(\boldsymbol{\mu}_1, \sum_1)$，$\boldsymbol{y}_2 \sim N_q(\boldsymbol{\mu}_2, \sum_2)$ 可知，$\boldsymbol{y}_1, \boldsymbol{y}_2$ 的特征函数分别为

$$\varphi_1(\boldsymbol{t}_1) = \exp\{\mathrm{i}\boldsymbol{t}_1^{\mathrm{T}}\boldsymbol{\mu}_1 - \frac{1}{2}\boldsymbol{t}_1^{\mathrm{T}} \sum\nolimits_1 \boldsymbol{t}_1\}$$

$$\varphi_2(\boldsymbol{t}_2) = \exp\{\mathrm{i}\boldsymbol{t}_2^{\mathrm{T}}\boldsymbol{\mu}_2 - \frac{1}{2}\boldsymbol{t}_2^{\mathrm{T}} \sum\nolimits_2 \boldsymbol{t}_2\}$$

若记

$$\boldsymbol{t} = \begin{pmatrix} \boldsymbol{t}_1 \\ \boldsymbol{t}_2 \end{pmatrix}\begin{matrix} p \\ q \end{matrix}, \boldsymbol{\mu} = \begin{pmatrix} \boldsymbol{\mu}_1 \\ \boldsymbol{\mu}_2 \end{pmatrix}, \sum = \begin{pmatrix} \sum_1 & \boldsymbol{O} \\ \boldsymbol{O} & \sum_2 \end{pmatrix}, \boldsymbol{y} = \begin{pmatrix} \boldsymbol{y}_1 \\ \boldsymbol{y}_2 \end{pmatrix}$$

则由 $\boldsymbol{y}_1$ 与 $\boldsymbol{y}_2$ 独立，可推知 $\boldsymbol{y}$ 的特征函数为

$$\begin{aligned} \varphi_{\boldsymbol{y}}(\boldsymbol{t}) &= E[\mathrm{e}^{\mathrm{i}\boldsymbol{t}^{\mathrm{T}}\boldsymbol{y}}] = E[\mathrm{e}^{\mathrm{i}(\boldsymbol{t}_1^{\mathrm{T}}\boldsymbol{t}_2^{\mathrm{T}})\begin{pmatrix} \boldsymbol{y}_1 \\ \boldsymbol{y}_2 \end{pmatrix}}] = E[\mathrm{e}^{\mathrm{i}\boldsymbol{t}_1^{\mathrm{T}}\boldsymbol{y}_1 + \mathrm{i}\boldsymbol{t}_2^{\mathrm{T}}\boldsymbol{y}_2}] = E(\mathrm{e}^{\mathrm{i}\boldsymbol{t}_1^{\mathrm{T}}\boldsymbol{y}_1}) \cdot E(\mathrm{e}^{\mathrm{i}\boldsymbol{t}_2^{\mathrm{T}}\boldsymbol{y}_2}) \\ &= \exp\{\mathrm{i}\boldsymbol{t}_1^{\mathrm{T}}\boldsymbol{\mu}_1 - \frac{1}{2}\boldsymbol{t}_1^{\mathrm{T}} \sum\nolimits_1 \boldsymbol{t}_1 + \mathrm{i}\boldsymbol{t}_2^{\mathrm{T}}\boldsymbol{\mu}_2 - \frac{1}{2}\boldsymbol{t}_1^{\mathrm{T}} \sum\nolimits_2 \boldsymbol{t}_2\} \\ &= \exp\{\mathrm{i}(\boldsymbol{t}_1^{\mathrm{T}}\boldsymbol{t}_2^{\mathrm{T}})\begin{pmatrix} \boldsymbol{\mu}_1 \\ \boldsymbol{\mu}_2 \end{pmatrix} - \frac{1}{2}(\boldsymbol{t}_1^{\mathrm{T}} \sum\nolimits_1 \boldsymbol{t}_1 + \boldsymbol{t}_2^{\mathrm{T}} \sum\nolimits_2 \boldsymbol{t}_2)\} \\ &= \exp\{\mathrm{i}\boldsymbol{t}^{\mathrm{T}}\boldsymbol{\mu} - \frac{1}{2}\boldsymbol{t}^{\mathrm{T}} \sum \boldsymbol{t}\} \end{aligned}$$

由定理6.2.1之逆即知 $\boldsymbol{y} \sim N_{p+q}(\boldsymbol{\mu}, \sum)$.

推论2 设 $\boldsymbol{y}_1 \sim N_p(\boldsymbol{\mu}_1, \sum_1)$，$\boldsymbol{y}_2 \sim N_p(\boldsymbol{\mu}_2, \sum_2)$，且 $\boldsymbol{y}_1$ 与 $\boldsymbol{y}_2$ 独立. 则

$$\boldsymbol{y}_1 + \boldsymbol{y}_2 \sim N_p(\boldsymbol{\mu}_1 + \boldsymbol{\mu}_2, \sum\nolimits_1 + \sum\nolimits_2)$$

(多元正态分布的可加性).

证明 由上述推论1即知

$$\begin{pmatrix} \boldsymbol{y}_1 \\ \boldsymbol{y}_2 \end{pmatrix} \sim N_{2p}\left(\begin{pmatrix} \boldsymbol{\mu}_1 \\ \boldsymbol{\mu}_2 \end{pmatrix}, \begin{pmatrix} \sum_1 & \boldsymbol{O} \\ \boldsymbol{O} & \sum_2 \end{pmatrix}\right)$$

而

$$\boldsymbol{y}_1+\boldsymbol{y}_2=(\boldsymbol{I}_p \;\vdots\; \boldsymbol{I}_p)\begin{pmatrix}\boldsymbol{y}_1\\ \boldsymbol{y}_2\end{pmatrix}$$

故由定理6.2.2可知

$$\boldsymbol{y}_1+\boldsymbol{y}_2\sim N_p(\boldsymbol{\mu}^*,\Sigma^*)$$

其中

$$\boldsymbol{\mu}^*=(\boldsymbol{I}_p \;\vdots\; \boldsymbol{I}_p)\begin{pmatrix}\boldsymbol{\mu}_1\\ \boldsymbol{\mu}_2\end{pmatrix}=\boldsymbol{\mu}_1+\boldsymbol{\mu}_2,\Sigma^*=(\boldsymbol{I}_p \;\vdots\; \boldsymbol{I}_p)\begin{pmatrix}\Sigma_1 & \boldsymbol{O}\\ \boldsymbol{O} & \Sigma_2\end{pmatrix}\begin{pmatrix}\boldsymbol{I}_p\\ \boldsymbol{I}_p\end{pmatrix}$$

$$=\Sigma_1+\Sigma_2$$

更一般的,对于任意$c_1,c_2\in\mathbf{R}$,均有$\mathbf{c}_1\boldsymbol{y}_1+c_2\boldsymbol{y}_2\sim N_p(\boldsymbol{\mu},\Sigma)$,其中

$$\boldsymbol{\mu}=c_1\boldsymbol{\mu}_1+c_2\boldsymbol{\mu}_2,\Sigma=c_1^2\Sigma_1+c_2^2\Sigma_2$$

推论3 多元正态分布的随机向量的维数相同的子向量的任意线性组合仍为正态分布.

证明 设$\boldsymbol{X}$服从$N_p(\boldsymbol{\mu},\Sigma)$,不失一般性,选取

$$p_1=p_2,p_1+p_2\leqslant p,\boldsymbol{X}_{(1)}=(x_1,\cdots,x_{p_1})^{\mathrm{T}},\boldsymbol{X}_{(2)}=(x_{p_1+1},\cdots,x_{p_1+p_2})^{\mathrm{T}}$$

即有

$$\boldsymbol{X}=\begin{pmatrix}\boldsymbol{X}_{(1)}\\ \boldsymbol{X}_{(2)}\\ \boldsymbol{X}_{(3)}\end{pmatrix},\boldsymbol{\mu}=\begin{pmatrix}\boldsymbol{\mu}_{(1)}\\ \boldsymbol{\mu}_{(2)}\\ \boldsymbol{\mu}_{(3)}\end{pmatrix}$$

$$\Sigma=\begin{pmatrix}\Sigma_{11} & \Sigma_{12} & \Sigma_{13}\\ \Sigma_{21} & \Sigma_{22} & \Sigma_{23}\\ \Sigma_{31} & \Sigma_{32} & \Sigma_{33}\end{pmatrix}$$

由定理6.2.6之(1)即知

$$\begin{pmatrix}\boldsymbol{X}_{(1)}\\ \boldsymbol{X}_{(2)}\end{pmatrix}\sim N_{2p_1}\left(\begin{pmatrix}\boldsymbol{\mu}_{(1)}\\ \boldsymbol{\mu}_{(2)}\end{pmatrix},\begin{pmatrix}\Sigma_{11} & \Sigma_{12}\\ \Sigma_{21} & \Sigma_{22}\end{pmatrix}\right)$$

对于任意两个实数c_1及c_2,建立$\boldsymbol{Z}=c_1\boldsymbol{X}_{(1)}+c_2\boldsymbol{X}_{(2)}$,则由定理6.2.2即知

$$\boldsymbol{Z}=(c_1\boldsymbol{I}_{p_1} \;\vdots\; c_2\boldsymbol{I}_{p_1})\begin{pmatrix}\boldsymbol{X}_{(1)}\\ \boldsymbol{X}_{(2)}\end{pmatrix}\sim N_{2p_1}(\boldsymbol{\mu}^*,\Sigma^*)$$

其中

$$\boldsymbol{\mu}^* = (c_1\boldsymbol{I}_{p_1} \vdots c_2\boldsymbol{I}_{p_1})\begin{pmatrix}\boldsymbol{\mu}_{(1)}\\ \boldsymbol{\mu}_{(2)}\end{pmatrix} = c_1\boldsymbol{\mu}_{(1)} + c_2\boldsymbol{\mu}_{(2)}$$

$$\begin{aligned}\sum{}^* &= (c_1\boldsymbol{I}_{p_1} \vdots c_2\boldsymbol{I}_{p_1})\begin{pmatrix}\sum_{11} & \sum_{12}\\ \sum_{21} & \sum_{22}\end{pmatrix}\begin{pmatrix}c_1\boldsymbol{I}_{p_1}\\ c_2\boldsymbol{I}_{p_1}\end{pmatrix}\\ &= c_1^2\sum_{11} + c_1c_2\sum_{12} + c_2c_1\sum_{21} + c_2^2\sum_{22}\end{aligned}$$

定义 6.2.3(条件均值向量与条件协方差矩阵) 分别称 $E(\boldsymbol{X}_{(2)} \mid \boldsymbol{x}_{(1)})$ 及 $D(\boldsymbol{X}_{(2)} \mid \boldsymbol{x}_{(1)})$ 为给定条件 $\boldsymbol{X}_{(1)} = \boldsymbol{x}_{(1)}$ 时,$\boldsymbol{X}_{(2)}$ 的条件均值向量及条件协方差矩阵. 记

$$\sum_{22\cdot 1} = (\sigma_{q+1,q+j:1,\cdots,q})_{(p-q)\times(p-q)} \tag{6.28}$$

$i,j=1,\cdots,p-q$,称 $\sigma_{q+1,q+j:1,\cdots,q}$ 为给定 $\boldsymbol{X}_{(1)} = \boldsymbol{x}_{(1)}$ 时,$\boldsymbol{X}_{(2)}$ 中的分量 $\boldsymbol{X}_{q+i}$ 与 $\boldsymbol{X}_{q+j}$ 之间的条件协方差,它跟分量 $\boldsymbol{x}_{q+i}$ 与 $\boldsymbol{x}_{q+j}$ 之间的"无条件"协方差 $\sigma_{q+i,q+j}$ 是不同的. 条件协方差也反映了两个随机变量之间的相关程度.

定理 6.2.7 设 $\boldsymbol{X}$ 服从 $N_p(\boldsymbol{\mu},\sigma^2\boldsymbol{I}_p)$,$\sigma>0$,$\boldsymbol{A}$ 及 $\boldsymbol{B}$ 分别为 $q\times p$ 及 $r\times p$ 阶实数矩阵,$\boldsymbol{C}$ 为 p 阶非负定阵,则有:

(1)$\boldsymbol{AX}$ 与 $\boldsymbol{BX}$ 相互独立的充要条件为 $\boldsymbol{AB}^{\mathrm{T}} = \boldsymbol{O}$;

(2)若 $\boldsymbol{AC} = \boldsymbol{O}$,则 $\boldsymbol{AX}$ 与 $\boldsymbol{X}^{\mathrm{T}}\boldsymbol{CX}$ 相互独立.

证明 (1)记 $\begin{pmatrix}\boldsymbol{AX}\\ \boldsymbol{BX}\end{pmatrix} = \begin{pmatrix}\boldsymbol{A}\\ \boldsymbol{B}\end{pmatrix}\boldsymbol{X} \triangleq \boldsymbol{Z}$,则 $\boldsymbol{Z}$ 服从 $N_{q+r}\left(\begin{pmatrix}\boldsymbol{A}\\ \boldsymbol{B}\end{pmatrix}\boldsymbol{\mu},\sigma^2\begin{pmatrix}\boldsymbol{AA}^{\mathrm{T}} & \boldsymbol{AB}^{\mathrm{T}}\\ \boldsymbol{BA}^{\mathrm{T}} & \boldsymbol{BB}^{\mathrm{T}}\end{pmatrix}\right)$. 由定理 6.2.6 之(2)即知,$\boldsymbol{AX}$ 与 $\boldsymbol{BX}$ 相互独立的充要条件为 $\boldsymbol{AB}^{\mathrm{T}} = \boldsymbol{O}$.

(2)因为 $\boldsymbol{C}$ 为非负定阵,所以存在一个矩阵 $\boldsymbol{H}$,使 $\boldsymbol{C} = \boldsymbol{HH}^{\mathrm{T}}$,且满足 $\mathrm{rank}(\boldsymbol{C}) = \mathrm{rank}(\boldsymbol{H})$,$\boldsymbol{H}^{\mathrm{T}}\boldsymbol{H}$ 是非奇异的,即为满秩矩阵. 由条件 $\boldsymbol{AC} = \boldsymbol{O}$ 知,$\boldsymbol{AHH}^{\mathrm{T}} = \boldsymbol{O}$,所以有 $\boldsymbol{AHH}^{\mathrm{T}}\boldsymbol{H} = \boldsymbol{O}$. 因为 $\boldsymbol{H}^{\mathrm{T}}\boldsymbol{H}$ 是满秩矩阵,故可得 $\boldsymbol{AH} = \boldsymbol{O}$. 由(1)推知 $\boldsymbol{AX}$ 与 $\boldsymbol{H}^{\mathrm{T}}\boldsymbol{X}$ 相互独立,又因为有

$$\boldsymbol{X}^{\mathrm{T}}\boldsymbol{CX} = \boldsymbol{X}^{\mathrm{T}}\boldsymbol{HH}^{\mathrm{T}}\boldsymbol{X} = (\boldsymbol{H}^{\mathrm{T}}\boldsymbol{X})^{\mathrm{T}}(\boldsymbol{H}^{\mathrm{T}}\boldsymbol{X})$$

所以 $\boldsymbol{AX}$ 与 $\boldsymbol{X}^{\mathrm{T}}\boldsymbol{CX}$ 也相互独立.

6.3 偏相关与全相关

下面将讨论多元正态分布的随机向量的相关性. 一般的,可以定义各种各样的相关性,这里仅介绍全相关与偏相关.

6.3.1 回归预测

在社会和经济领域中，常常需要研究某个(组)随机变量 $\boldsymbol{Y}$ 与另一组随机变量 $\boldsymbol{X}=(X_1,\cdots,X_k)^{\mathrm{T}}$ 之间的相互关系，并通过 $X_1,\cdots,X_k$ 的观察值 $x_1,\cdots,x_k$ 来推算、估计、预测 $\boldsymbol{Y}$ 的相应值 $\boldsymbol{y}$，称此类问题为回归问题.

例如：(1)刑事侦查中希望根据罪犯的脚印尺寸 $\boldsymbol{X}$ 推测出其年龄、身高、体重等形体特征；

(2)由生产要素的投入量 $\boldsymbol{L},\boldsymbol{K}$ 等推测产出 $\boldsymbol{Y}$.

为此，需要寻找随机向量 $\boldsymbol{X}=(X_1,\cdots,X_k)^{\mathrm{T}}$ 的一个(可测)函数 $M(\boldsymbol{X})$，当 $\boldsymbol{X}$ 的观察值为 $\boldsymbol{x}=(x_1,\cdots,x_k)^{\mathrm{T}}$ 时，用 $M(\boldsymbol{x})$ 作为 $\boldsymbol{Y}$ 的估计预测值，而且通常要求其(均方)误差尽可能小，即

$$E[\boldsymbol{Y}-M(\boldsymbol{X})]^2=\min E[\boldsymbol{Y}-L(\boldsymbol{X})]^2$$

(满足最小均方误差准则的 $M(\boldsymbol{x})$ 为 $\boldsymbol{Y}$ 的最小均方误差估计，其中 L 为 $\boldsymbol{X}$ 的可测函数集).

满足上式的 $M(\boldsymbol{X})$ 称为 $\boldsymbol{Y}$ 对 $\boldsymbol{X}$ 的回归预测，$M(\boldsymbol{X})$ 为线性函数时称为线性回归.

从条件数学期望的性质可以推知下面的定理.

定理 6.3.1　记 $\boldsymbol{Y}$ 对 $\boldsymbol{X}$ 的条件数学期望为 $E(\boldsymbol{Y}|\boldsymbol{X})$，则

$$E[\boldsymbol{Y}-E(\boldsymbol{Y}|\boldsymbol{X})]^2=\min E[\boldsymbol{Y}-L(\boldsymbol{X})]^2$$

且对于线性回归，有

$$\rho(\boldsymbol{Y},E(\boldsymbol{Y}|\boldsymbol{X}))=\max \rho(\boldsymbol{Y},L(\boldsymbol{X}))$$

也就是说，$E(\boldsymbol{Y}|\boldsymbol{X})$ 与 $\boldsymbol{Y}$ 具有最大的相关性.

由此可知，任一随机变量 $\boldsymbol{Y}$ 对随机向量 $\boldsymbol{X}$ 的回归预测为 $E(\boldsymbol{Y}|\boldsymbol{X})$. 一般而言，$E(\boldsymbol{Y}|\boldsymbol{X})$ 为非线性函数 $f(\boldsymbol{x})$，称为回归曲面，但是由上节定理 6.2.6 可知，如果 $\begin{pmatrix}\boldsymbol{Y}\\ \boldsymbol{X}\end{pmatrix}$ 服从 $N_p(\boldsymbol{\mu},\Sigma)$，则 $E(\boldsymbol{Y}|\boldsymbol{X})$ 为 $\boldsymbol{X}$ 的线性函数.

回顾定理 6.2.6，如果 $\boldsymbol{X}$ 服从 $N_p(\boldsymbol{\mu},\Sigma)$，$\boldsymbol{X}=\begin{pmatrix}\boldsymbol{X}_{(1)}\\ \boldsymbol{X}_{(2)}\end{pmatrix}\begin{matrix}q\\ (p-q)\end{matrix}$，$\boldsymbol{\mu}=\begin{pmatrix}\boldsymbol{\mu}_{(1)}\\ \boldsymbol{\mu}_{(2)}\end{pmatrix}\begin{matrix}q\\ p-q\end{matrix}$，且 $1\leqslant q<p$，$\Sigma=\begin{pmatrix}\Sigma_{11} & \Sigma_{12}\\ \Sigma_{21} & \Sigma_{22}\end{pmatrix}>\boldsymbol{O}$，则 $\boldsymbol{X}_{(2)}|\boldsymbol{x}_{(1)}$ 服从 $N_{p-q}(\boldsymbol{\mu}_{(2)}+\Sigma_{21}\Sigma_{11}^{-1}(\boldsymbol{x}_{(1)}-\boldsymbol{\mu}_{(1)}),\Sigma_{22\cdot 1})$，且有

$$E(\boldsymbol{X}_{(2)}|\boldsymbol{X}_{(1)})=\boldsymbol{\mu}_{(2)}+\sum_{21}\sum_{11}^{-1}(\boldsymbol{X}_{(1)}-\boldsymbol{\mu}_{(1)})\triangleq \boldsymbol{V}(\boldsymbol{X}_{(1)})$$

可见,$\boldsymbol{X}_{(2)}$中的分量$x_{q+i},i=1,\cdots,p-q$关于$\boldsymbol{X}_{(1)}$的回归预测值为$\boldsymbol{V}$的第i个分量$\nu_{q+i},i=1,\cdots,p-q$.

定义 6.3.1 记 $\boldsymbol{B}\triangleq\sum_{21}\sum_{11}^{-1}\triangleq\begin{pmatrix}\boldsymbol{\sigma}_{(q+1)}^{\mathrm{T}}\\ \vdots\\ \boldsymbol{\sigma}_{(p)}^{\mathrm{T}}\end{pmatrix}\sum_{11}^{-1}\triangleq\begin{pmatrix}\boldsymbol{\beta}_{(q+1)}^{\mathrm{T}}\\ \vdots\\ \boldsymbol{\beta}_{(p)}^{\mathrm{T}}\end{pmatrix}_{(p-q)\times q}$

$$\hat{\boldsymbol{X}}_{(2)}\triangleq\begin{pmatrix}\hat{x}_{(q+1)}\\ \vdots\\ \hat{x}_{p}\end{pmatrix}=\boldsymbol{V}(\boldsymbol{X}_{(1)})=\boldsymbol{\mu}_{(2)}+\boldsymbol{B}(\boldsymbol{X}_{(1)}-\boldsymbol{\mu}_{(1)})$$

称$\hat{\boldsymbol{X}}_{(2)}$为$\boldsymbol{X}_{(2)}$关于$\boldsymbol{X}_{(1)}$的回归预测向量,即为 MSE,其中$\boldsymbol{B}$为回归系数矩阵,$\boldsymbol{V}(\boldsymbol{X}_{(1)})$为回归曲面. $\boldsymbol{X}_{(2)}-\hat{\boldsymbol{X}}_{(2)}$为回归预测剩余(误差)向量,记为$\boldsymbol{X}_{2\cdot 1}$.

记$\boldsymbol{X}_{(2)}-\boldsymbol{\mu}_{(2)}=\boldsymbol{X}_{(2)}^{*},\boldsymbol{X}_{(1)}-\boldsymbol{\mu}_{(1)}=\boldsymbol{X}_{(1)}^{*}$,则根据定理 6.2.6 可知

$$E[\boldsymbol{X}_{(2)}-\hat{\boldsymbol{X}}_{(2)}]=\boldsymbol{\mu}_{(2)}-\boldsymbol{B}(\boldsymbol{\mu}_{(1)}-\boldsymbol{\mu}_{(1)})-\boldsymbol{\mu}_{(2)}=\boldsymbol{0}$$

$$D[\boldsymbol{X}_{(2)}-\hat{\boldsymbol{X}}_{(2)}]=\mathrm{cov}(\boldsymbol{X}_{(2)}^{*}-\boldsymbol{B}\boldsymbol{X}_{(1)}^{*},\boldsymbol{X}_{(2)}^{*}-\boldsymbol{B}\boldsymbol{X}_{(1)}^{*})$$

由于$\boldsymbol{X}_{(1)}^{*}$与$\boldsymbol{X}_{(2)}^{*}-\boldsymbol{B}\boldsymbol{X}_{(1)}^{*}$相互独立,所以有

$$\begin{aligned}D[\boldsymbol{X}_{(2)}-\hat{\boldsymbol{X}}_{(2)}]&=\mathrm{cov}(\boldsymbol{X}_{(2)}^{*}-\boldsymbol{B}\boldsymbol{X}_{(1)}^{*},\boldsymbol{X}_{(2)}^{*}-\boldsymbol{B}\boldsymbol{X}_{(1)}^{*})\\&=\mathrm{cov}(\boldsymbol{X}_{(2)}^{*}-\boldsymbol{B}\boldsymbol{X}_{(1)}^{*},\boldsymbol{X}_{(2)}^{*})\\&=\mathrm{cov}(\boldsymbol{X}_{(2)}^{*},\boldsymbol{X}_{(2)}^{*})-\boldsymbol{B}\mathrm{cov}(\boldsymbol{X}_{(1)}^{*},\boldsymbol{X}_{(2)}^{*})\\&=\sum_{22}-\sum_{21}\sum_{11}^{-1}\sum_{12}=\sum_{22\cdot 1}\end{aligned}$$

6.3.2 全相关(又称多重相关)

定义 6.3.2 设随机变量$\boldsymbol{Y}$关于随机向量$\boldsymbol{X}$的线性回归预测为$M(\boldsymbol{X})$,则称$\boldsymbol{Y}$与$M(\boldsymbol{X})$的相关系数$\rho(\boldsymbol{Y},M(\boldsymbol{X}))$为随机变量$\boldsymbol{Y}$与随机向量$\boldsymbol{X}$之间的全相关系数. 定义$R_{q+i\cdot 1,\cdots,q}$如下

$$R_{q+i\cdot 1,\cdots,q}\triangleq\rho(x_{q+i},\boldsymbol{\beta}_{(q+i)}^{\mathrm{T}}\boldsymbol{X}_{(1)})$$

称$R_{q+i\cdot 1,\cdots,q}$为x_{q+i}与$\boldsymbol{X}_{(1)}$的多重相关系数.

下面的讨论不妨令$\boldsymbol{\mu}=\boldsymbol{0}$,否则可设$\boldsymbol{X}^{*}=\boldsymbol{X}-\boldsymbol{\mu}$就可以了. 从定理 6.2.6 可以推出下面的定理.

定理 6.3.2 在定理 6.2.6 的记号及上述有关记号下,$\boldsymbol{X}_{(2)}$中的分量x_{q+i}与

$\boldsymbol{X}_{(1)}$之间的全相关系数为

$$R_{q+i\cdot 1,\cdots,q}=\left[\frac{\boldsymbol{\sigma}_{(q+i)}^{\mathrm{T}}\sum_{11}^{-1}\boldsymbol{\sigma}_{(q+i)}}{\sigma_{q+i,q+i}}\right]^{\frac{1}{2}}\quad(i=1,2,\cdots,p-q)$$

证明 由定义知

$$R_{q+i\cdot 1,\cdots,q}=\rho(x_{q+i},\boldsymbol{\beta}_{(q+i)}^{\mathrm{T}}\boldsymbol{X}_{(1)})=\frac{\operatorname{cov}(x_{q+i},\boldsymbol{\beta}_{(q+i)}^{\mathrm{T}}\boldsymbol{X}_{(1)})}{\sqrt{D(x_{q+i})\cdot D(\boldsymbol{\beta}_{(q+i)}^{\mathrm{T}}\boldsymbol{X}_{(1)})}}$$

而且

$$\begin{aligned}\operatorname{cov}(x_{q+i},\boldsymbol{\beta}_{(q+i)}^{\mathrm{T}}\boldsymbol{X}_{(1)})&=\operatorname{cov}(\boldsymbol{\beta}_{(q+i)}^{\mathrm{T}}\boldsymbol{X}_{(1)},x_{q+i})=\boldsymbol{\beta}_{(q+i)}^{\mathrm{T}}\operatorname{cov}(\boldsymbol{X}_{(1)},x_{q+i})\\&=\boldsymbol{\beta}_{(q+i)}^{\mathrm{T}}[\operatorname{cov}(x_{q+i},\boldsymbol{X}_{(1)}]\\&=\boldsymbol{\beta}_{(q+i)}^{\mathrm{T}}[\boldsymbol{\sigma}_{(q+i)}]=\boldsymbol{\beta}_{(q+i)}^{\mathrm{T}}\boldsymbol{\sigma}_{(q+i)}\\&=\boldsymbol{\sigma}_{(q+i)}^{\mathrm{T}}\sum_{11}^{-1}\boldsymbol{\sigma}_{(q+i)}\end{aligned}$$

$$\begin{aligned}D(\boldsymbol{\beta}_{(q+i)}^{\mathrm{T}}\boldsymbol{X}_{(1)})&=D(\boldsymbol{\sigma}_{(q+i)}^{\mathrm{T}}\sum_{11}^{-1}\boldsymbol{X}_{(1)})=\boldsymbol{\sigma}_{(q+i)}^{\mathrm{T}}\sum_{11}^{-1}\sum_{11}\sum_{11}^{-1}\\&=\boldsymbol{\sigma}_{(q+i)}^{\mathrm{T}}\sum_{11}^{-1}\boldsymbol{\sigma}_{(q+i)}\end{aligned}$$

所以有

$$R_{q+i\cdot 1,\cdots,q}=\left[\frac{\boldsymbol{\sigma}_{(q+i)}^{\mathrm{T}}\sum_{11}^{-1}\boldsymbol{\sigma}_{(q+i)}}{\sigma_{q+i,q+i}}\right]^{\frac{1}{2}}$$

注 称$R_{q+i\cdot 1,\cdots,q}^2$为决定系数,而全相关系数则为其正方根,且有$0\leqslant R_{q+i\cdot 1,\cdots,q}\leqslant 1$,显然这是与其他相关系数的不同之处.

对于决定系数,因为

$$\begin{aligned}1-R_{q+i\cdot 1,\cdots,q}^2&=\frac{\sigma_{q+i,q+i}-\boldsymbol{\sigma}_{(q+i)}^{\mathrm{T}}\sum_{11}^{-1}\boldsymbol{\sigma}_{(q+i)}}{\sigma_{q+i,q+i}}=\frac{\sigma_{q+i,q+i\cdot 1,\cdots,q}}{\sigma_{q+i,q+i}}\\&=\frac{D(x_{q+i}-\boldsymbol{\beta}_{(q+i)}^{\mathrm{T}}\boldsymbol{X}_{(1)})}{D(x_{q+i})}\leqslant 1\end{aligned}$$

可见,x_{q+i}的条件(回归剩余)方差不超过其本身方差,而且如果$|R_{q+i\cdot 1,\cdots,q}|$越大,越接近1,则剩余方差$D(x_{q+i}-\boldsymbol{\beta}_{(q+i)}^{\mathrm{T}}\boldsymbol{X}_{(1)})$就越小,越接近于0,故用回归$\boldsymbol{\beta}_{(q+i)}^{\mathrm{T}}\boldsymbol{X}_{(1)}$来预测$x_{q+i}$就越准确,就越好.

从定理6.3.1可知

$$R_{q+i\cdot 1,\cdots,q}=\max_{L\in\mathbf{R}^q}\{\rho(x_{q+i},\boldsymbol{L}^{\mathrm{T}}\boldsymbol{X}_{(1)})\}$$

例6.3.1 设$\boldsymbol{X}$服从$N_3(\boldsymbol{\mu},\sum)$,其中

$$X=\begin{pmatrix}x_1\\x_2\\x_3\end{pmatrix},\boldsymbol{\mu}=\begin{pmatrix}5\\2\\0\end{pmatrix},\sum=\begin{pmatrix}10&1&-1\\1&7&3\\-1&3&2\end{pmatrix}$$

则有

$$\begin{aligned}\hat{X}_{(1)}&=\boldsymbol{\mu}_{(1)}+B(X_{(2)}-\boldsymbol{\mu}_{(2)})=\boldsymbol{\mu}_{(1)}+\sum_{12}\sum_{11}^{-1}(X_{(2)}-\boldsymbol{\mu}_{(2)})\\&=5+(1\quad -1)\begin{pmatrix}7&3\\3&2\end{pmatrix}^{-1}\begin{pmatrix}x_2&-2\\x_3&-0\end{pmatrix}\\&=3+x_2-2x_3\end{aligned}$$

而 x_1 与 $X_{(2)}=\begin{pmatrix}x_2\\x_3\end{pmatrix}$的多重相关系数为

$$R_{1\cdot 2,3}=\left(\frac{\sum_{12}\sum_{22}^{-1}\sum_{21}}{\sigma_{11}}\right)^{\frac{1}{2}}=\left[\frac{(1\quad -1)\begin{pmatrix}7&3\\3&2\end{pmatrix}^{-1}\begin{pmatrix}1\\-1\end{pmatrix}}{10}\right]^{\frac{1}{2}}=\sqrt{\frac{3}{10}}\approx 0.548$$

均方误差(即条件方差)为

$$\sum_{11\cdot 2}=\sum_{11}-\sum_{12}\sum_{22}^{-1}\sum_{21}=10-(1\quad -1)\begin{pmatrix}7&3\\3&2\end{pmatrix}^{-1}\begin{pmatrix}1\\-1\end{pmatrix}=10-3=7$$

6.3.3 偏相关

定义 6.3.3 用条件协方差阵

$$\sum_{22\cdot 1}\triangleq(\sigma_{q+i,q+j\cdot 1,\cdots,q})_{(p-q)\times(p-q)}$$

的元素建立的(条件)相关系数

$$\rho_{q+i,q+j:1,\cdots,q}\triangleq\frac{\sigma_{q+i,q+j\cdot 1,\cdots,q}}{\sqrt{\sigma_{q+i,q+i:1,\cdots,q}\cdot\sigma_{q+j,q+j:1,\cdots,q}}}$$

称为 x_{q+i}与 x_{q+j}之间的 q 阶偏相关系数,$i,j=1,\cdots,q$. 它表示剔除 $x_1,\cdots,x_q$ 的影响之后,x_{q+i}与 x_{q+j}的之间的线性相关程度.

计算偏相关系数也可用递推公式

$$\rho_{q+i,q+j:1,\cdots,q}=\frac{\rho_{q+i,q+j:1,\cdots,q-1}-\rho_{q+i,q:1,\cdots,q-1}\cdot\rho_{q+j,q:1,\cdots,q-1}}{\sqrt{1-\rho_{q+i,q:1,\cdots,q-1}^2}\sqrt{1-\rho_{q+j,q:1,\cdots,q-1}^2}}\qquad(6.29)$$

例如

$$\rho_{3,4:1,2}=\frac{\rho_{3,4:1}-\rho_{3,2:1}\rho_{4,2:1}}{\sqrt{1-\rho_{3,2:1}^2}\sqrt{1-\rho_{4,2:1}^2}}$$

$$\rho_{2,3;1}=\frac{\rho_{2,3}-\rho_{2,1}\rho_{3,1}}{\sqrt{1-\rho_{2,1}^2}\sqrt{1-\rho_{3,1}^2}}$$

值得指出的是，$\rho(x_{q+i},x_{q+j})$ 即 $\sigma_{q+i,q+j}$，描述的是 x_{q+i} 与 x_{q+j} 之间的相关程度，不管其他分量的取值如何. 而偏相关系数 $\rho_{q+i,q+j;1,\cdots,q}$ 则是在已知子向量 $\boldsymbol{X}_{(1)}$ 的取值时，描述了 x_{q+i} 与 x_{q+j} 的相关程度，q 阶是指 $\boldsymbol{X}_{(1)}$ 的维数.

下面举一有趣的例子来说明偏相关、全相关与简单相关的不同之处，以及他们的应用.

例 6.3.2 对某市学生的智力(x_1)、体重(x_2)及年龄(x_3)作抽样调查，求得 $\boldsymbol{X}=\begin{pmatrix}x_1\\x_2\\x_3\end{pmatrix}$ 的相关阵为

$$R=\begin{pmatrix}1 & 0.6162 & 0.8267\\0.6162 & 1 & 0.7321\\0.8267 & 0.7321 & 1\end{pmatrix}$$

试分析智力、体重、年龄三者之间的相关性.

解 从相关阵中的简单相关系数可以看出，智力(x_1)与年龄(x_3)的相关程度最大，智力(x_1)与体重(x_2)的相关程度最小，但其仍达到 0.616 2，这相对来说还是相当高的，这是否说明了体重越大，智力越高呢？

我们再来计算其偏相关系数，由递推公式可知，有

$$\rho_{1,2;3}=\frac{\rho_{12}-\rho_{13}\rho_{23}}{\sqrt{1-\rho_{13}^2}\sqrt{1-\rho_{23}^2}}=\frac{0.6162-0.8267\times0.7321}{\sqrt{1-0.8267^2}\sqrt{1-0.7321^2}}\approx0.0287$$

这说明如果剔除年龄(x_3)的影响之后，智力(x_1)与体重(x_2)的相关程度很小，两者几乎没多大相关性. 而智力与其他两个指标(体重及年龄)的多重(全)相关系数的平方

$$R_{1\cdot2,3}^2=\left[(0.6162\quad 0.8267)\begin{pmatrix}1 & 0.7321\\0.7321 & 1\end{pmatrix}^{-1}\begin{pmatrix}0.6162\\0.8267\end{pmatrix}\right]/1\approx0.6838$$

所以 $R_{1\cdot2,3}\approx0.8269$. 从这个多重相关系数我们也可看出它与智力($x_1$)和年龄($x_3$)的简单相关系数 0.826 7 相差无几，可见体重(x_2)对智力(x_1)确实几乎没有什么影响，智力主要是通过年龄增长而提高的，对于同年龄的学生来说，体重对智力几乎没什么影响.

注 公式(6.29)中的协方差阵Σ亦可换成相关阵 $\boldsymbol{R}$ 来计算.

6.4 主成分分析基本概念

什么是主成分分析？它是解决什么问题的？能够用于哪些方面？

主成分分析是一种常用的多元统计分析(即多指标的统计分析)方法. 是一种化繁为简,将指标数尽可能压缩的降维(即空间压缩)技术,也是一种综合评价方法.

在实际工作中,常常要对多个指标(即变量)作统计分析. 例如:

例 6.4.1 学习成绩的比较评价.

假若每人只有一科分数,很容易比较出优劣,谁的成绩最好,谁的成绩最差,排出名次. 进一步还可以看出他们的平均水平如何(计算平均值 $\bar{x}$),差别大不大(计算方差 s^2). 这些关于学习成绩的信息都包含在这一串分数里面,要借数理统计的方法,通过对这些数据加工、整理、分析,把这些有用的信息提取出来. 这只是最简单的单指标(一元)统计分析方法.

但是,实际上,每个学生都有几科甚至几十科分数. 例如高考,每个考生有 6 科分数,本科毕业生往往有 20 ~ 30 门分数.

最一般的,假定有 n 个学生,每人有 p 科分数,即成绩表如表 6.1 所示.

表 6.1

学生 \ 科分	1	2	…	p	总分	平均分
1	x_{11}	x_{12}	…	x_{1p}	Q_1	$\bar{x}_1$
2	x_{21}	x_{22}	…	x_{2p}	Q_2	$\bar{x}_2$
⋮	⋮	⋮		⋮	⋮	⋮
n	x_{n1}	x_{n2}	…	x_{np}	Q_n	$\bar{x}_n$

如何对这些数据加工、整理、分析,从中提取出有关这 n 个学生学习情况的有用信息呢？这便是多指标(多元)统计分析问题.

显而易见,多指标的统计分析、信息提取要比单指标复杂得多、困难得多. 而且指标数越多,越复杂、越困难.

因此,自然希望通过对原有指标数据的科学加工、整理,将问题的指标数尽可能地减少、压缩.

最简单、最容易想到的、最常用的加工方法是计算各人的总分(或平均分)

$$Q_i = x_{i1} + x_{i2} + \cdots + x_{ip} \qquad (或\ \bar{x}_i = Q_i/p)$$

然后按总分(新的综合指标)的高低来评价学生(考生)学习的好坏优劣,谁的总分最高,谁就排第一;谁的总分最低,谁就排最后,这样便可以大体上排出名次.

这种将原来多(P)个指标的统计分析化为单个(综合)指标的统计分析的方法,实际上就是一种特殊的主成分分析.

用平均分(总分)作为综合指标(综合分),虽然可以将问题简化,但往往也会失去许多宝贵的信息.

举例来说:

甲乙两人两科成绩如表6.2所示.

表6.2

	数学	语文	平均
甲	75	65	70
乙	90	50	70

若算平均分,两人都是70分,似乎毫无差异.

实际上,从成绩表可以看出他们的学习成绩还是有差异的,甲的两门分数相差不大,比较均衡发展,而乙两科分数悬殊,说明他有偏好,有数学特长.

不过这些信息在平均分中反映不出来,给丢失了、抹杀了!那么,究竟什么叫信息?信息的大小应如何衡量呢?

从统计分析角度来看,一个指标(看做随机变量)或一串数据所含有的信息,可以用差异的大小——方差 $s^2 = \frac{1}{n-1}\sum_{i=1}^{n}(x_i - \bar{x})^2$ 来度量. 方差越大,所包含的信息量越大;方差越小,所包含的信息量越小. 特别的,方差为0,所包含的信息量为0,看不出任何差异. 比如一份考题,大家全考100分或全考0分,那么,这些分数、这次考试对于了解学生的学习情况、优劣差异,便不能提供任何信息.

又例如:甲、乙、丙三人的三科成绩如表6.3,6.4所示.

表 6.3

	数	理	化	总分
甲	80	70	60	210
乙	70	70	60	200
丙	60	70	60	190
平均	70	70	60	200
方差	200/2	0	0	200/2

这时,用总分或仅用数学分反映的信息完全一样(信息无丢失).

表 6.4

	数	理	化	总分
甲	80	70	60	210
乙	60	80	70	210
丙	60	70	80	210
平均	70	70	70	210
方差	200/2	200/2	200/2	0

这时,用总分则把信息丢得精光,因为这时三人的区别不在于总分而是各有特长.

可见,用总分有时可以反映原分数表的情况,保留原有信息,有时则把信息丢尽,不能反映原来的情况和差异. 一般来说,我们希望能用一个或少数几个综合指标(分数)来代替原来分数表作统计分析,而且希望新的综合指标能尽可能保留原有信息.

例 6.4.2 企业经济效益的分析.

为了评价、比较工厂的经济效益,可根据各厂取得的生产成果与消耗的人力、物力和财力统计出 5 个经济指标

X_1:固定资产的产值率　　(越大效益越好)

X_2:净产值的劳动生产率　　(越大越好)

X_3:百元产值的流动资金占有率　　(越小越好)

X_4:百元产值的利润率　　(越大越好)

X_5:百元资金的利润率　　(越大越好)

某造纸公司对其属下 20 个工厂进行了调查、统计,其统计数据如表 6.8 所示.

这5个指标之间有一定的相关关系，即它们所含的信息有重复交叉，因此我们希望能用少数 π 个新的综合指标来代替原有5个指标，这些新的指标相互之间不再相关，而且尽可能保留了原指标中包含的信息.

例6.4.3　服装(鞋、帽)定型.

做服装要合身，当然最好是"量体裁衣"，各自定做，但这也是最麻烦、最费时费力的. 为此希望能大规模大批量地生产成衣供广大顾客挑选穿用. 那么，究竟应该分多少种？哪几种尺码、档次呢？千篇一律固然不行，而按所有人特征的尺寸全部一一分档搭配也行不通. 就拿上衣来说，其特征尺寸至少有：领长 X_1，袖长 X_2，衣长 X_3，胸围 X_4，袖宽 X_5 等.

每个人都有自己的这5个尺寸，要将它们一一分档搭配将不胜其烦(每件上衣得注上5个尺寸).

其实这些尺寸之间往往是互相牵连、彼此相关的，只要抓住绝大多数人的主要差异所在，构造出少数几个足以反映这些差异的综合指标，便可按此综合指标定型分类. 如上衣可按一种综合指标分为：特大XL，大L，中M，小S，特小XS(码). 鞋子可按两种综合指标分为：F_1 码(长度)，F_2 型(大小胖瘦Ⅰ,Ⅱ,Ⅲ,Ⅳ,Ⅴ型)，便可基本上满足大多数人选用.

综上所述，在社会和经济领域中，常常碰到多指标的统计分析. 然而多指标的统计分析的指标个数较多，各指标之间往往又相互影响、相互牵连，关系相当复杂，给统计分析(即信息提取)工作带来很大困难.

因此，希望能用较少的几个新的综合指标来代替原有的较多的指标(即尽可能减少指标个数)，使问题大大简化. 而且要求新指标：

(1)尽可能保留原有指标所含有的信息；

(2)各指标之间不相关，即各自含有的信息不重叠.

这样一种将原来较多的指标简化为少数几个新的综合指标的多元统计方法叫主成分分析(或主分量分析). 新的综合指标称为原指标的主成分. 并且按其所含有信息量的大小依次称为第一主成分，第二主成分，……

主成分分析是由英国生物统计学家小皮尔逊于1901年首次对非随机变量引入的(求拟合直线或超平面)，随后，又由霍特林(Hotelling)将其推广至随机变量.

这一方法在处理解决多指标的统计分析中得到广泛应用，是一种很常用的、行之有效的多元分析方法.

主成分分析的基本任务就是：根据样品的观测值(见表6.5)确定应该构造多少个综合指标(主成分)，并构造出各主成分的表达式(用 $\boldsymbol{X}_1,\boldsymbol{X}_2,\cdots,\boldsymbol{X}_p$ 来计算的式子).

表 6.5

样品 \ 指标	X_1	X_2	$\cdots$	X_p
1	x_{11}	x_{12}	$\cdots$	x_{1p}
2	x_{21}	x_{22}	$\cdots$	x_{2p}
$\vdots$	$\vdots$	$\vdots$		$\vdots$
n	x_{n1}	x_{n2}	$\cdots$	x_{np}

常将上述观测数据记为矩阵

$$\boldsymbol{X}_{n\times p}=\begin{pmatrix} x_{11} & x_{12} & \cdots & x_{1p} \\ x_{21} & x_{22} & \cdots & x_{2p} \\ \vdots & \vdots & & \vdots \\ x_{n1} & x_{n2} & \cdots & x_{np} \end{pmatrix}$$

6.5 主成分的表达式

下面我们进一步给出主成分的严格数学定义及数学表达式.

假定有 p 个随机变量(指标)$\boldsymbol{X}_1,\boldsymbol{X}_2,\cdots,\boldsymbol{X}_p$ 组成一个 p 维随机向量

$$\boldsymbol{X}=(\boldsymbol{X}_1,\boldsymbol{X}_2,\cdots,\boldsymbol{X}_p)^{\mathrm{T}}$$

不妨设 $\boldsymbol{EX}\triangleq(\boldsymbol{EX}_1,\boldsymbol{EX}_2,\cdots,\boldsymbol{EX}_p)^{\mathrm{T}}=\boldsymbol{0}$(若 $\boldsymbol{EX}=\boldsymbol{u}$,则考虑 $\boldsymbol{X}-\boldsymbol{u}=\boldsymbol{Y}$)

$$\mathrm{cov}(\boldsymbol{X},\boldsymbol{X})\triangleq(\mathrm{cov}(\boldsymbol{X}_i,\boldsymbol{X}_j))_{p\times p}\triangleq(\sigma_{ij})_{p\times p}\triangleq\sum$$

(不难证明,$\sum^{\mathrm{T}}=\sum$(对称阵)且$\sum\geqslant\boldsymbol{O}$(非负定阵)).

$\sum\limits_{i=1}^{p}\sigma_{ij}\triangleq\boldsymbol{V}$(原指标所包含的信息总量)称为系统总方差.

如何由这 p 个变量(指标)构造出满足上节中所要求的综合指标呢? 为简便计,考虑 p 个原变量的线性组合

$$\boldsymbol{l}_1\boldsymbol{X}_1+\cdots+\boldsymbol{l}_p\boldsymbol{X}_p=\boldsymbol{l}^{\mathrm{T}}\boldsymbol{X}$$

要使这个综合指标尽可能保留原有变量所具有的信息,也就是要求新变量 $\boldsymbol{l}^{\mathrm{T}}\boldsymbol{X}$ 的方差

$$D(\boldsymbol{l}^{\mathrm{T}}\boldsymbol{X})=\boldsymbol{l}^{\mathrm{T}}(D\boldsymbol{X})\boldsymbol{l}=\boldsymbol{l}^{\mathrm{T}}\mathrm{cov}(\boldsymbol{X},\boldsymbol{X})\boldsymbol{l}=\boldsymbol{l}^{\mathrm{T}}\sum\boldsymbol{l}$$

尽可能大. 而若对 $\boldsymbol{l}$ 不加任何限制,则 $\boldsymbol{l}^{\mathrm{T}}\sum\boldsymbol{l}$ 可以任意大,问题失去意义.

一般限制 $\boldsymbol{l}^{\mathrm{T}}\boldsymbol{l}=1$（即长度为 1），称这种长度为 1 的向量 $\boldsymbol{l}$ 为正则化（或标准化）向量. $\mathscr{L}\triangleq\{\boldsymbol{l}\mid\boldsymbol{l}^{\mathrm{T}}\boldsymbol{l}=1\}$ 称为正则化向量集合. 于是我们的问题可归结为：

(1) 寻求 $\boldsymbol{l}_1\in\mathscr{L}$，使 $D(\boldsymbol{l}_1^{\mathrm{T}}\boldsymbol{X})=\boldsymbol{l}_1^{\mathrm{T}}\sum\boldsymbol{l}_1$ 达到最大. 从而构造出含有最大信息量的第一个综合指标（主成分）$\boldsymbol{Z}_1=\boldsymbol{l}_1^{\mathrm{T}}\boldsymbol{X}$.

这是求条件极值问题，由拉格朗日乘数法，可取目标函数

$$Q=\boldsymbol{l}_1^{\mathrm{T}}\sum\boldsymbol{l}_1-\lambda(\boldsymbol{l}_1^{\mathrm{T}}\boldsymbol{l}_1-1)$$

其中 λ 为拉格朗日乘数因子. 然后令 $\dfrac{\partial Q}{\partial\boldsymbol{l}_1}=\boldsymbol{0}$ 得 $2\sum\boldsymbol{l}_1-2\lambda\boldsymbol{I}\boldsymbol{l}_1=\boldsymbol{O}$.

亦即 $(\sum-\lambda\boldsymbol{I})\boldsymbol{l}_1=\boldsymbol{0}$，要使 $\boldsymbol{l}_1$ 有非零解 $\Leftrightarrow|\sum-\lambda\boldsymbol{I}|=0$，从而 λ 应为 $\sum$ 的特征值，而 $\boldsymbol{l}_1$ 则为与 λ 对应的规格化特征向量. 而且

$$D(\boldsymbol{l}_1^{\mathrm{T}}\boldsymbol{X})=\boldsymbol{l}_1^{\mathrm{T}}\sum\boldsymbol{l}_1=\boldsymbol{l}_1^{\mathrm{T}}\lambda\boldsymbol{l}_1=\lambda\boldsymbol{l}_1^{\mathrm{T}}\boldsymbol{l}_1=\lambda$$

可见 λ 应取 $\sum$ 的最大特征根，记为 λ_1，而 $\boldsymbol{l}_1$ 则为 λ_1 对应的规格化特征向量.

(2) 寻求 $\boldsymbol{l}_2$，使得 $\boldsymbol{l}_2^{\mathrm{T}}\boldsymbol{X}$ 与 $\boldsymbol{l}_1^{\mathrm{T}}\boldsymbol{X}$ 不相关，且 $D(\boldsymbol{l}_2^{\mathrm{T}}\boldsymbol{X})=\boldsymbol{l}_2^{\mathrm{T}}\sum\boldsymbol{l}_2$ 达到最大. 从而构造出第二综合指标（主成分）

$$\boldsymbol{Z}_2=\boldsymbol{l}_2^{\mathrm{T}}\boldsymbol{X}$$

即寻求满足条件

$$\boldsymbol{l}_2^{\mathrm{T}}\boldsymbol{l}_2=1$$

$$\operatorname{cov}(\boldsymbol{l}_1^{\mathrm{T}}\boldsymbol{X},\boldsymbol{l}_2^{\mathrm{T}}\boldsymbol{X})=\boldsymbol{l}_1^{\mathrm{T}}\sum\boldsymbol{l}_2=\boldsymbol{l}_2^{\mathrm{T}}\sum\boldsymbol{l}_1=\boldsymbol{l}_2^{\mathrm{T}}\lambda_1\boldsymbol{l}_1=\lambda_1\boldsymbol{l}_2^{\mathrm{T}}\boldsymbol{l}_1=0$$

且使 $D(\boldsymbol{l}_2^{\mathrm{T}}\boldsymbol{X})=\boldsymbol{l}_2^{\mathrm{T}}\sum\boldsymbol{l}_2$ 达到最大的 $\boldsymbol{l}_2$.

取 $Q=\boldsymbol{l}_2^{\mathrm{T}}\sum\boldsymbol{l}_2-\lambda(\boldsymbol{l}_2^{\mathrm{T}}\boldsymbol{l}_2-1)-2\rho\boldsymbol{l}_2^{\mathrm{T}}\boldsymbol{l}_1$，其中 λ,ρ 为乘数因子. 令 $\dfrac{\partial Q}{\partial\boldsymbol{l}_2}=\boldsymbol{0}$，得

$$2\sum\boldsymbol{l}_2-2\lambda\boldsymbol{I}\boldsymbol{l}_2-2\rho\boldsymbol{l}_1=\boldsymbol{0}$$

亦即

$$\sum\boldsymbol{l}_2-\lambda\boldsymbol{l}_2-\rho\boldsymbol{l}_1=\boldsymbol{0}$$

用 $\boldsymbol{l}_1^{\mathrm{T}}$ 左乘上式得

$$\boldsymbol{l}_1^{\mathrm{T}}\sum\boldsymbol{l}_2-\lambda\boldsymbol{l}_1^{\mathrm{T}}\boldsymbol{l}_2-\rho\boldsymbol{l}_1^{\mathrm{T}}\boldsymbol{l}_1=0\Rightarrow\boldsymbol{l}_2^{\mathrm{T}}\lambda\boldsymbol{l}_1-\lambda0-\rho=0\Rightarrow\rho=0\Rightarrow(\sum-\lambda\boldsymbol{I})\boldsymbol{l}_2=\boldsymbol{0}$$

从而 λ 应取 $\sum$ 的第二大特征值（注意这时 λ 不能再取 λ_1 了），记为 λ_2，而 $\boldsymbol{l}_2$ 则为与 λ_2 对应的规格化特征向量.

(3) 如此下去，寻求 $\boldsymbol{l}_k\in\mathscr{L}$，使 $\boldsymbol{l}_k^{\mathrm{T}}\boldsymbol{X}$ 与 $\boldsymbol{l}_i^{\mathrm{T}}\boldsymbol{X}(i=1,2,\cdots,k-1)$ 不相关，且 $D(\boldsymbol{l}_k^{\mathrm{T}}\boldsymbol{X})=$

$\boldsymbol{l}_k^{\mathrm{T}} \sum \boldsymbol{l}_k$ 达到最大. 从而构造出第 k 个综合指标

$$\boldsymbol{Z}_k = \boldsymbol{l}_k^{\mathrm{T}} \boldsymbol{X}$$

(即 $\mathrm{cov}(\boldsymbol{l}_k^{\mathrm{T}}\boldsymbol{X}, \boldsymbol{l}_i^{\mathrm{T}}\boldsymbol{X}) = \boldsymbol{l}_k^{\mathrm{T}} \sum \boldsymbol{l}_i = \lambda \boldsymbol{l}_k^{\mathrm{T}} \boldsymbol{l}_i = 0$,而 $\boldsymbol{l}_k^{\mathrm{T}} \sum \boldsymbol{l}_k$ 达到最大). 类似于(2),可以证明 $\boldsymbol{l}_k$ 应取$\sum$的第 k 个特征根 λ_k 对应的规格化特征向量.

定义 6.5.1 称上述方法构造的新变量(综合指标)$\boldsymbol{Z}_1, \boldsymbol{Z}_2, \cdots, \boldsymbol{Z}_p$ 分别为第 1,第 2,……,第 p 个主成分,向量 $\boldsymbol{Z} = (\boldsymbol{Z}_1, \boldsymbol{Z}_2, \cdots, \boldsymbol{Z}_p)^{\mathrm{T}}$ 为 $\boldsymbol{X}$ 的主成分向量.

综合上述(1),(2),(3)可得

定理 6.5.1 设 $\boldsymbol{X} = (\boldsymbol{X}_1, \boldsymbol{X}_2, \cdots, \boldsymbol{X}_p)^{\mathrm{T}}$ 为 p 维随机向量

$$E(\boldsymbol{X}) = \boldsymbol{0}, D(\boldsymbol{X}) = \sum = (\sigma_{ij})_{p \times p}$$

为已知,且$\sum$的特征根由大到小排列为 $\lambda_1 \geqslant \lambda_2 \geqslant \cdots \lambda_p \geqslant 0$,对应的 p 个正则化特征向量分别为 $\boldsymbol{l}_1, \boldsymbol{l}_2, \cdots, \boldsymbol{l}_p$,则 $\boldsymbol{X}$ 的 p 个主成分为 $\boldsymbol{Z}_i = \boldsymbol{l}_i^{\mathrm{T}} \boldsymbol{X}, i = 1, 2, \cdots, p$.

注 从理论上讲,因 $\boldsymbol{S} \geqslant \boldsymbol{O}$,所以有可能出现当 $i \geqslant k$ 时,$\lambda_i = 0$ 的情形,这时,指标间存在线性相关,至多只需取 k 个主成分.

6.6 主成分的性质

记 $\boldsymbol{l}_i^{\mathrm{T}} = (l_{i1}, l_{i2}, \cdots, l_{ip}), i = 1, 2, \cdots, p; \boldsymbol{L} = (\boldsymbol{l}_1, \boldsymbol{l}_2, \cdots, \boldsymbol{l}_p)$,则

$$\boldsymbol{L}^{\mathrm{T}} = (\boldsymbol{l}_1, \boldsymbol{l}_2, \cdots, \boldsymbol{l}_p)^{\mathrm{T}} = \begin{pmatrix} l_{11} & l_{12} & \cdots & l_{1p} \\ l_{21} & l_{22} & \cdots & l_{2p} \\ \vdots & \vdots & & \vdots \\ l_{p1} & l_{p2} & \cdots & l_{pp} \end{pmatrix}, \boldsymbol{Z} \triangleq \begin{pmatrix} \boldsymbol{Z}_1 \\ \vdots \\ \boldsymbol{Z}_p \end{pmatrix}$$

$$= \begin{pmatrix} \boldsymbol{l}_1^{\mathrm{T}} \boldsymbol{X} \\ \vdots \\ \boldsymbol{l}_p^{\mathrm{T}} \boldsymbol{X} \end{pmatrix} = \boldsymbol{L}^{\mathrm{T}} \boldsymbol{X}$$

其中 $\boldsymbol{L}^{\mathrm{T}} \boldsymbol{L} = \boldsymbol{I}_p$.

性质 1 $D(\boldsymbol{Z}) = D(\boldsymbol{L}^{\mathrm{T}} \boldsymbol{X}) = \boldsymbol{L}^{\mathrm{T}} D(\boldsymbol{X}) \boldsymbol{L} = \boldsymbol{L}^{\mathrm{T}} \sum \boldsymbol{L} = \boldsymbol{\Lambda} = \begin{pmatrix} \lambda_1 & & & \\ & \lambda_2 & & \\ & & \ddots & \\ & & & \lambda_p \end{pmatrix}$,即

$$\operatorname{cov}(\boldsymbol{Z}_i,\boldsymbol{Z}_j)=\begin{cases}\lambda_i, i=j\\ 0, i\neq j\end{cases}\quad (\boldsymbol{Z}\text{ 的各分量互不相关})$$

性质 2 $\sum_{i=1}^{p}\lambda_i=\sum_{i=1}^{p}\sigma_{ii}$（系统总方差不变，见表 6.6）.

证明 因

$$\operatorname{tr}(\boldsymbol{\Lambda})=\operatorname{tr}[D(\boldsymbol{Z})]=\operatorname{tr}(\boldsymbol{L}^{\mathrm{T}}\sum\boldsymbol{L})=\operatorname{tr}(\sum\boldsymbol{L}^{\mathrm{T}}\boldsymbol{L})=\operatorname{tr}(\sum)$$

性质得证.

定义 6.6.1 称 $\boldsymbol{V}_k=\lambda_k/\sum_{j=1}^{p}\lambda_j$ 为第 k 个主成分 $\boldsymbol{Z}_k$ 的方差贡献率（信息量）

$$\boldsymbol{CV}_k=\sum_{i=1}^{k}\boldsymbol{V}_i=\frac{\sum_{i=1}^{k}\lambda_i}{\sum_{i=1}^{p}\lambda_j}$$

为前 k 个主成分 $\boldsymbol{Z}_1,\cdots,\boldsymbol{Z}_k$ 的累积方差贡献率.

性质 3 $\rho(\boldsymbol{Z}_k,\boldsymbol{X}_i)=\sqrt{\lambda_k}l_{ki}/\sqrt{\sigma_{ii}}, i=1,2,\cdots,p$.

证明 因

$$\sqrt{D(\boldsymbol{Z}_k)}=\sqrt{\lambda_k}$$

$$\sqrt{D(\boldsymbol{X}_i)}=\sqrt{\sigma_{ii}}$$

$$\operatorname{cov}(\boldsymbol{Z}_k,\boldsymbol{X}_i)=\operatorname{cov}(\boldsymbol{l}_k^{\mathrm{T}}\boldsymbol{X},\boldsymbol{X}_i)=\boldsymbol{l}_k^{\mathrm{T}}\operatorname{cov}(\boldsymbol{X},\boldsymbol{X}_i)$$

$$=(l_{k1}\ \ l_{k2}\ \cdots\ l_{kp})\begin{pmatrix}\sigma_{1i}\\ \sigma_{2i}\\ \vdots\\ \sigma_{pi}\end{pmatrix}=(\sigma_{1i}\ \ \sigma_{2i}\ \cdots\ \sigma_{pi})\begin{pmatrix}l_{k1}\\ l_{k2}\\ \vdots\\ l_{kp}\end{pmatrix}=\lambda_k l_{ki}$$

所以

$$\rho(\boldsymbol{Z}_k,\boldsymbol{X}_i)=\lambda_k l_{ki}/\sqrt{\lambda_k}\sqrt{\sigma_{ii}}=\sqrt{\lambda_k}l_{ki}/\sqrt{\sigma_{ii}}$$

定义 6.6.2 称 $\rho(\boldsymbol{Z}_k,\boldsymbol{X}_i)$ 为第 k 个主成分 $\boldsymbol{Z}_k$ 中原变量 $\boldsymbol{X}_i$ 的载荷，记为 ρ_{ki}，称 $\boldsymbol{A}\triangleq(\rho_{ki})^{\mathrm{T}}_{m\times p}\boldsymbol{A}\triangleq(a_{ki})_{p\times m}$ 为因子载荷阵，$m\leqslant p$（见表 6.7）.

性质 4 $\sum_{i=1}^{p}\rho^2(\boldsymbol{Z}_k,\boldsymbol{X}_i)=\sigma_{ii}=\lambda_k$.

证明 因 $\sum_{i=1}^{p}\rho^2(\boldsymbol{Z}_k,\boldsymbol{X}_i)\sigma_{ii}=\sum_{i=1}^{p}\lambda_k l_{ki}^2=\lambda_k\boldsymbol{l}_k^{\mathrm{T}}\boldsymbol{l}_k=\lambda_k$.

性质得证.

性质 5 $\sum_{k=1}^{p}\rho^2(\boldsymbol{Z}_k,\boldsymbol{X}_i)=\frac{1}{\sigma_{ii}}\sum_{k=1}^{p}\lambda_k l_{ki}^2.$

证明 因 $\sum_{k=1}^{p}\rho^2(\boldsymbol{Z}_k,\boldsymbol{X}_i)=\sum_{i=1}^{p}\lambda_k l_{ki}^2=\frac{1}{\sigma_{ii}}\sum_{k=1}^{p}\lambda_k l_{ki}^2.$

性质得证.

表 6.6

	$\boldsymbol{X}_1$	$\boldsymbol{X}_2$	…	$\boldsymbol{X}_P$	
$\boldsymbol{Z}_1$	ρ_{11}	ρ_{12}	…	ρ_{1p}	λ_1
⋮	⋮	⋮		⋮	⋮
$\boldsymbol{Z}_k$	l_{k1}	l_{k2}	…	l_{kp}	λ_k
	σ_{11}	σ_{22}	…	σ_{pp}	

表 6.7

	$\boldsymbol{Z}_1$	$\boldsymbol{Z}_2$	…	$\boldsymbol{Z}_m$
$\boldsymbol{X}_1$	p_{11}	p_{12}	…	ρ_{1m}
⋮	⋮	⋮		⋮
$\boldsymbol{X}_p$	a_{p1}	a_{p2}	…	a_{pm}

很显然,各指标变量的方差 $\boldsymbol{\sigma}_{ii}$及其估计值$\hat{\sigma}_{ii}=S_{ii}$与该指标采用的度量单位有关. 度量单位越小,则指标值越大,方差也越大. 这样往往突出了单位小、数值大的指标而贬低以致掩盖了其他指标的作用.

为了消除量纲的这种不合理影响,在实际应用中往往先对样本值进行标准化,即作变换

$$Y_{ij}=\frac{X_{ij}-\bar{X}_j}{S_j}\quad(i=1,2,\cdots,n;j=1,2,\cdots,p)$$

然后再由标准化样本数据 $\boldsymbol{Y}=(Y_{ij})_{n\times P}$计算样本协方差阵

$$\boldsymbol{S_Y}=(S_{ij}^*)_{p\times p}$$

其中

$$S_{ik}^{*}=\frac{1}{n-1}\sum_{i=1}^{n}(Y_{ij}-0)(Y_{ik}-0)=\frac{1}{n-1}\sum_{i=1}^{n}\frac{X_{ij}-\bar{X}_j}{S_j}\cdot\frac{X_{ik}-\bar{X}_k}{S_k}=\frac{S_{jk}}{S_jS_k}=r_{jk}$$

(不难看出，$\bar{Y}_j=\frac{1}{n}\sum_{i=1}^{n}\frac{X_{ij}-\bar{X}_j}{S_j}=\frac{X_j-\bar{X}_j}{S_j}=0, S_{jj}^{*}=r_{jj}=1, S_j=1, r_{jk}=r_{kj}$).

因此，实际上是以原数据 $\boldsymbol{X}=(X_{ij})_{n\times p}$ 计算出样本相关系数矩阵 $\boldsymbol{R}=(r_{jk})_{p\times p}$ 代替前面的样本协差阵 $\boldsymbol{S}$ 作主成分分析.

当原指标系中各指标(变量)之间量纲不同，观测值大小差异悬殊时，一般应采用 R－型主成分分析，当样本 $\boldsymbol{X}_1,\boldsymbol{X}_2,\cdots,\boldsymbol{X}_n$ 来自正态总体 $N_p(\boldsymbol{\mu},\Sigma)$ 时，若 $n>p$，$\Sigma>\boldsymbol{O}$，则 $\bar{X},S$ 分别为 $\boldsymbol{\mu},\Sigma$ 的 MLE，根据 MLE 的不变性，可推出 $\hat{R}$.

6.7 计算步骤与应用实例

6.7.1 主成分分析的计算步骤

(1)输入样本观测值：$\boldsymbol{X}=(X_{ij})_{n\times p}$.

(2)计算各指标的样本均值和样本标准差

$$\bar{X}_j=\frac{1}{n}\sum_{i=1}^{n}X_{ij},\quad S_j=\sqrt{\frac{1}{n-1}\sum_{i=1}^{n}(X_{ij}-\bar{X}_j)^2}\quad(j=1,2,\cdots,p)$$

(3)对 X_{ij} 标准化，计算样本相关阵，令

$$Y_{ij}=\frac{X_{ij}-\bar{X}_j}{S_j}\quad(i=1,2,\cdots,n;j=1,2,\cdots,p)$$

得标准化数据阵 $\boldsymbol{Y}=(Y_{ij})_{n\times p}$

$$r_{ij}=\frac{1}{n-1}\sum_{i=1}^{n}Y_{ij}\cdot Y_{ik}=\frac{1}{n-1}\sum_{i=1}^{n}\frac{(X_{ij}-\bar{X}_j)}{S_j}\cdot\frac{(X_{ik}-\bar{X}_k)}{S_k}$$

$$\boldsymbol{R}=(r_{ij})_{p\times p}$$

由于

$$r_{jj}=1,\ r_{ik}=r_{kj}$$

由 $\boldsymbol{R}$ 为对称阵，对角线上元素全为1，只需计算 $r_{21},\cdots,r_{p1},\cdots,r_{p,p-1}$.

(4)求 $\boldsymbol{R}$ 的特征值及特征向量. 若能通过正交变换 $\boldsymbol{Q}$ 使

$$Q^{T}RQ=\begin{pmatrix}\lambda_1 & & & \\ & \lambda_2 & & \\ & & \ddots & \\ & & & \lambda_p\end{pmatrix}$$

则 $\lambda_1,\lambda_2,\cdots,\lambda_p$ 即为 $\boldsymbol{R}$ 的 p 个特征值.

不妨设 $\lambda_1\geqslant\lambda_2\geqslant\cdots\geqslant\lambda_p>0$,则 $\boldsymbol{Q}$ 的各列 $\boldsymbol{l}_j=\begin{pmatrix}l_{ij}\\ \vdots \\ l_{pj}\end{pmatrix}$,$j=1,2,\cdots,p$,即为 λ_j 所对应的正则化特征向量.

(5)建立主成分.按累积方差贡献率 $\sum_{j=1}^{k}\lambda_j/\sum_{j=1}^{p}r_{jj}=\sum_{j=1}^{k}\lambda_j/p>85\%$(或 80%)的准则,确定 k,从而建立前 k 个主成分

$$\boldsymbol{Z}_j=\boldsymbol{l}_j^{T}\boldsymbol{Z}=l_{1j}\boldsymbol{Y}_1+\cdots+l_{pj}\boldsymbol{Y}_p\quad(j=1,\cdots,k)$$

其中 $\boldsymbol{Y}_1,\cdots,\boldsymbol{Y}_p$ 为标准化指标变量.

(6)计算前 k 个主成分的样本值

$$Z_{ij}=\sum_{i=1}^{p}Y_{it}l_{tj}\quad(i=1,2,\cdots,n;j=1,2,\cdots,k)$$

从而可得新指标(主成分)样本值 $(Z_{ij})_{n\times k}$ 代替原样本值 $(X_{ij})_{n\times p}$ 作统计分析,便可将问题简化.

上述计算步骤是对 R 型主成分分析而言,对于 S 型主成分分析,只需令 $(Y_{ij})_{n\times p}=(X_{ij})_{n\times p}$,即跳过标准化即可.

6.7.2 主成分分析实例

例 6.7.1 企业经济效益综合分析.

某公司对下属 20 个厂按 5 大经济指标考核统计(见表 6.8),试作综合分析:

(1)输入表 6.8 的样本值 $\boldsymbol{X}=(X_{ij})_{20\times 5}$;

(2)可求得各 $\bar{X}_j,S_j,j=1,2,\cdots,5$,如表 6.8 最后两行所示;

(3)对 X_{ij} 标准化,求得 $\boldsymbol{Y}=(Y_{ij})_{20\times 5}$;

表 6.8

指标 / 学生	x_1	x_2	x_3	x_4	x_5	第一主成分 Z_1	第二主成分 Z_2
1	243.87	16 521	6.46	34.57	149.85	0.483	2.435
2	240.31	8 210	9.89	16.92	55.89	-1.904	-0.173
3	211.15	15 349	10.09	29.77	80.13	-0.987	1.970
4	413.18	16 760	7.67	24.14	105.36	0.420	0.840
5	349.60	7 721	6.47	16.27	99.41	-0.825	-0.580
6	205.47	8 123	12.33	18.47	46.18	-2.593	0.410
7	298.11	13 308	5.05	27.35	138.76	0.322	1.119
8	414.94	13 781	4.10	16.65	98.20	0.432	-0.584
9	287.25	14 043	4.29	17.67	58.35	-0.391	-0.344
10	303.93	11 126	7.63	18.39	74.23	-0.974	-0.031
11	608.40	22 392	2.94	24.56	233.37	3.651	0.937
12	433.92	12 508	0.69	20.06	118.70	1.056	-0.639
13	572.63	12 102	2.76	12.08	110.43	13.059	-1.646
14	533.78	11 990	3.80	11.59	75.55	0.426	-1.683
15	545.70	9 678	3.55	9.46	61.19	0.077	-2.193
16	284.61	6 513	6.41	12.83	48.15	-1.713	-1.145
17	572.07	18 664	2.31	17.76	162.11	2.429	-0.390
18	409.86	7 329	5.89	12.23	76.68	-0.832	-1.367
19	564.02	14 911	4.93	28.50	233.58	2.392	1.194
20	221.20	6 443	14.08	30.25	80.48	-2.527	1.870
$\bar{X}_k$	385.70	12 373.60	6.02	19.98	105.33		
S_k	139.54	4 343.11	3.38	7.19	54.65		

例如

$$Y_{6,1}=\frac{205.47-385.70}{139.54}=-1.332$$

$$Y_{6,2}=\frac{8\ 123-12\ 373.60}{4\ 343.11}=-1.02$$

$$Y_{6,3}=\frac{12.33-6.02}{3.38}=1.964$$

$$Y_{6,4}=\frac{18.45-19.98}{7.19}=-0.209$$

$$Y_{6,5}=\frac{46.18-105.33}{54.65}=-1.082$$

$$\vdots$$

进而求出相关阵

$$R=\begin{pmatrix}1 & & & & \\ 0.4532 & 1 & & & \\ -0.7536 & -0.4545 & 1 & & \\ -0.3475 & 0.4244 & 0.3668 & 1 & \\ 0.5621 & 0.7316 & -0.4168 & 0.4949 & \end{pmatrix}_{5\times 5}$$

可见,5 个指标是相互关联、彼此相关的(相关系数 -0.75 ~0.73). 相关程度最大的是 X_1 与 X_2(负相关),X_2 与 X_5(正相关).

(4)不难求出 R 的 5 个特征值及相应的累积方差贡献率如表 6.9 所示.

表 6.9

λ_j	2.695	1.719	0.331	0.206	0.049
$\sum_{1}^{j}\lambda_t/p$	0.539	0.883	0.949	0.990	1.000

(5)显然,可取 $k=2$,λ_1,λ_2 对应的特征向量分别为

$$l_1=\begin{pmatrix}0.501\\0.503\\-0.470\\0.074\\0.520\end{pmatrix},l_2=\begin{pmatrix}-0.348\\0.285\\0.388\\0.744\\0.305\end{pmatrix}$$

由此可建立第一、二主成分(即两个新的综合指标)

$$Z_1=0.501Y_1+0.503Y_2-0.470Y_3+0.074Y_4+0.520Y_5$$

$$Z_2=-0.348Y_1+0.285Y_2+0.388Y_3+0.744Y_4+0.305Y_5$$

(6)计算出各厂的主成分(新指标)值

$$\begin{aligned}Z_{6,1}&=0.501\times(-1.332)+0.503\times(-1.02)-0.470\times1.964+0.074\times\\&\quad(-0.209)+0.520\times(-1.082)\\&=-2.593\end{aligned}$$

同理可求得 Z_{i1},Z_{i2},$i=1,2,\cdots,20$,如表 6.8 所示.

由 Z_1 的表达式可以看出:第一主成分 Z_1 主要综合了 X_1,X_2,X_3,X_4,X_5 这 5 个指标的信息(系数都在 0.5 左右). X_1,X_2,X_5 的值越大,X_3 的值越小,则 Z_1 值越大,可见 Z_1 综合反映了工厂的经营水平高低,Z_1 值越大,经营水平越高,由此可排出各厂水平次序,第 11 厂 Z_1 值最大,经营水平最高,第 6 厂 Z_1 值最小,经营水平

最低.

由 $\boldsymbol{Z}_2$ 表达式可以看出,第二主成分 $\boldsymbol{Z}_2$ 突出反映了 $\boldsymbol{X}_4$ 这一指标的信息(系数0.744远大于其他系数),可见 $\boldsymbol{Z}_2$ 综合反映了工厂的赢利能力. $\boldsymbol{Z}_2$ 越大,赢利能力越大. 不难算得:$\boldsymbol{Z}_{6,2}=0.410$,$\boldsymbol{Z}_{11,2}=0.937$,可见,第11厂的盈利能力也比6厂大.

进一步,可分别按 $\boldsymbol{Z}_1,\boldsymbol{Z}_2$ 的值排出名次,然后综合评定出各工厂的经济效益. 或以 $\boldsymbol{Z}_1,\boldsymbol{Z}_2$ 为作坐标描点,将20个厂分类(作聚类分析).

6.8 广义主成分分析

前面我们用原指标变量的线性组合(即最简单的线性函数)来构造新的综合指标(主成分). 故可称之为线性主成分或线性空间压缩. 线性主成分对于具有线性结构(或线性特征),即其散点图形为一长条形或扁椭球形的观测数据阵具有较好的压缩效果.

然而,有许多实际问题,其观测数据阵并非线性结构而呈现非线性结构. 这时,若仍采用线性方法,效果往往很差. 正如线性回归进一步发展到非线性回归一样,对于非线性结构的观测阵,应根据指标变量(R型)或样品(Q型)的具体的非线性结构,选用适当的曲面作坐标平面. 这种用原指标的非线性函数构造的综合指标称为非线性主成分,相应的主成分分析称为广义主成分分析或非线性空间压缩方法. 广义主成分分析是Grandesikan(1966)和维尔克(Wilk)(1968)提出的,目前仍在发展. 他们提议用原变量 $\boldsymbol{X}_1,\cdots,\boldsymbol{X}_p$ 的一个广义线性式

$$\boldsymbol{Z}=l_1f_1(\boldsymbol{X})+l_2f_2(\boldsymbol{X})+\cdots+l_qf_q(\boldsymbol{X}) \tag{6.30}$$

其中 $\boldsymbol{X}=(\boldsymbol{X}_1,\cdots,\boldsymbol{X}_p)^{\mathrm{T}}$,$l_1,\cdots,l_q$ 为待定参数. $f_1(\boldsymbol{X}),\cdots,f_q(\boldsymbol{X})$ 为 $\boldsymbol{X}$ 的已知函数形式.

若记 $\boldsymbol{Y}_j=f_j(\boldsymbol{X}),j=1,2,\cdots,q,\boldsymbol{Y}=(\boldsymbol{Y}_1,\cdots,\boldsymbol{Y}_q)^{\mathrm{T}},\boldsymbol{l}=(l_1\cdots l_q)^{\mathrm{T}}$,则式(6.30)可表为

$$\boldsymbol{Z}=l_1\boldsymbol{Y}_1+l_2\boldsymbol{Y}_2+\cdots+l_q\boldsymbol{Y}_q=\boldsymbol{l}^{\mathrm{T}}\boldsymbol{Y}$$

因此,对于一个给定的观测数据阵 $\boldsymbol{X}=(X_{ij})_{n\times p}$,若采用线性主成分分析效果很差(S或R的特征值取值分散,指标压缩很少或分析结果严重违反客观实际),我们可采用广义主成分分析. 为此,只需根据已给定的函数关系式

$$\boldsymbol{Y}_i=f_i(\boldsymbol{X})\quad(i=1,2,\cdots,q)$$

计算出 $\boldsymbol{Y}$ 的"观测"数据阵 $\boldsymbol{Y}=(Y_{ij})_{n\times q}$. 然后,对 $\boldsymbol{Y}$ 用线性压缩方法即求出

$$\bar{\boldsymbol{Y}}=(\bar{\boldsymbol{Y}}_1,\cdots,\bar{\boldsymbol{Y}}_k)^{\mathrm{T}},\boldsymbol{S}_Y=\frac{1}{n-1}\sum_{i=1}^{n}(\boldsymbol{Y}_{(i)}-\bar{\boldsymbol{Y}})(\boldsymbol{Y}_{(i)}-\bar{\boldsymbol{Y}})^{\mathrm{T}}$$

其中

$$\boldsymbol{Y}_{(i)}=(Y_{i1},\cdots,Y_{iq})^{\mathrm{T}}$$

再对 $\boldsymbol{S}_Y$(或 $\boldsymbol{R}_Y$)求特征值 $\lambda_1\geqslant\lambda_2\geqslant\cdots\geqslant\lambda_k>0$ 及相应的规格化特征向量 $\boldsymbol{l}_1$, $\boldsymbol{l}_2,\cdots,\boldsymbol{l}_k$(可称之为对 $\boldsymbol{S}_Y$ 作谱分解 $\boldsymbol{S}_Y=\sum_{j=1}^{k}\lambda_j\boldsymbol{l}_j\boldsymbol{l}_j^{\mathrm{T}}$),从而求得 k 个非线性主成分

$$\boldsymbol{Z}_j=\boldsymbol{l}_j^{\mathrm{T}}\boldsymbol{Y}=l_{1j}f_1(\boldsymbol{X})+l_{2j}f_2(\boldsymbol{X})+\cdots+l_{qj}f_q(\boldsymbol{X})\quad(j=1,2,\cdots,k)$$

这里,$\boldsymbol{Z}_j$ 是 $\boldsymbol{Y}$ 的线性主成分,原变量 $\boldsymbol{X}$ 的非线性主成分(广义主成分),将 $\boldsymbol{X}$ 的各次观测值(或变换后的 $\boldsymbol{Y}_{(i)}$ 值)代入上式便可求得 $\boldsymbol{X}$ 的广义主成分值. 注意,这里的 k 个主成分仍是两两相交的,从而将原来具有非线性结构的随机变量 $\boldsymbol{X}$ 转换压缩到以 $\boldsymbol{Z}_1,\cdots,\boldsymbol{Z}_k$ 为坐标轴的直角坐标系上来研究分析. 不难发现,广义主成分分析的关键在于确定非线性函数 $f_i(\boldsymbol{X})$,f_i 究竟应取何种形式,应视具体情况,结合有关专业理论或实践经验给定. 若单纯从数学角度考虑,可取 $\boldsymbol{X}$ 各分量的二次完全式,即简便程度仅次于直线(平面)的二次曲线(曲面)函数.

以 $\boldsymbol{X}=(\boldsymbol{X}_1,\boldsymbol{X}_2)^{\mathrm{T}}$ 为例,可令

$$\boldsymbol{Z}=l_1\boldsymbol{X}_1+l_2\boldsymbol{X}_1^2+l_3\boldsymbol{X}_1\boldsymbol{X}_2+l_4\boldsymbol{X}_2+l_5\boldsymbol{X}_2^2$$

即取

$$\boldsymbol{Y}=(\boldsymbol{X}_1\quad\boldsymbol{X}_1^2\quad\boldsymbol{X}_1\quad\boldsymbol{X}_2\quad\boldsymbol{X}_2\quad\boldsymbol{X}_2^2)^{\mathrm{T}}$$

(一般的,当 $\boldsymbol{X}=(\boldsymbol{X}_1,\cdots,\boldsymbol{X}_p)^{\mathrm{T}}$ 时,$\boldsymbol{Y}$ 为 $p(p+3)/2$ 维).

对于大多数实际问题,当采用线性方法效果很差时,采用二次广义主成分分析往往可取得良好效果,能很好地反映其非线性结构.

下面介绍一种最常用的广义主成分分析方法.

6.8.1 成分向量的广义主成分分析

首先引进成分向量的概念.

定义 6.8.1 设随机向量 $\boldsymbol{X}=(\boldsymbol{X}_1,\cdots,\boldsymbol{X}_d,\boldsymbol{X}_{d+1})^{\mathrm{T}}$ 满足下列条件:

(1) $\boldsymbol{X}_i>\boldsymbol{0}$,$i=1,2,\cdots,d+1$(即各指标变量均取正值);

(2) $\sum_{i=1}^{d+1}\boldsymbol{X}_i=1$(即各指标值之和为 1,即 100%).

从而每一分量可视为某一成分的含量,则称 $\boldsymbol{X}$ 为成分向量(vector of proportions).

其观测数据阵

$$X_{n\times(d+1)}=\begin{pmatrix} x_{11} & x_{12} & \cdots & x_{1,d+1} \\ x_{21} & x_{22} & \cdots & x_{2,d+1} \\ \vdots & \vdots & & \vdots \\ x_{n1} & x_{n2} & \cdots & x_{n,d+1} \end{pmatrix}$$

称为合成数据(compositional data).

成分向量和合成数据分析在社会、经济、地质、化学、生物等许多领域中屡见不鲜.

例如,岩石样品中各种氧化物的质量分数分析;产业结构(农、轻、重比例)分析;消费结构(衣、食、住、行、文化)分析等等.

可以证明,若 $\boldsymbol{X}$ 为成分向量,则 $D(\boldsymbol{X})$ 为奇异阵,即 $|D(\boldsymbol{X})|=0$.

理论分析和实际计算都表明,合成数据一般呈现非线性结构,因而用传统的线性主成分,其降维效果很差. 那么究竟应取何种函数形式的广义主成分呢?

6.8.2 "对数-线性比"主成分

原香港大学统计系主任 Aitchison 教授(1981 年)提出用对数-比(logratio)变换

$$\boldsymbol{Y}_i=\log(\boldsymbol{X}_i/g(\boldsymbol{X}))\quad(i=1,2,\cdots,d+1)$$

亦即 $\boldsymbol{Y}=\log(\boldsymbol{X}/g(\boldsymbol{X}))$,其中 $g(\boldsymbol{X})$ 为成分向量 $\boldsymbol{X}$ 的任一恒正函数. 为简便起见,一般可取 $g(\boldsymbol{X})=(\boldsymbol{X}_1\cdot\boldsymbol{X}_2\cdot\cdots\cdot\boldsymbol{X}_{d+1})^{1/(d+1)}$(即各指标之几何平均),这时

$$\boldsymbol{Y}_i=\log\boldsymbol{X}_i-\frac{1}{d+1}\sum_{j=1}^{d+1}\log\boldsymbol{X}_j$$

相应的,$\boldsymbol{Y}$ 的"观测数据库"为

$$\boldsymbol{Y}=(Y_{ij})_{n\times(d+1)}=(\log X_{ij}-\frac{1}{d+1}\sum_{j=1}^{d+1}\log X_{ij})_{n\times(d+1)}$$

称之为"对数-中心化"协方差阵.

同样可以证明 $D(\boldsymbol{Y})$ 为奇异阵,它至多有 d 个非零特征值. 对其作谱分解

$$D(\boldsymbol{Y})=\sum_{j=1}^{d}\lambda_j\boldsymbol{l}_j\boldsymbol{l}_j^{\mathrm{T}}$$

便可以求得其广义主成分

$$\boldsymbol{Z}_j=\boldsymbol{l}_j^{\mathrm{T}}\log(\boldsymbol{X}/g(\boldsymbol{X}))=l_{1j}\log\boldsymbol{X}_1+l_{2j}\log\boldsymbol{X}_2+\cdots+l_{d+1,j}\log\boldsymbol{X}_{d+1}$$

注 $l_j^{\mathrm{T}} \cdot (-\log g(\boldsymbol{X})) = -[l_{1j}+l_{2j}+\cdots+l_{d+1,j}]\log g(\boldsymbol{X}) = 0$ 称之为“对数－线性比”主成分，它不再是原变量 $\boldsymbol{X}_1,\cdots,\boldsymbol{X}_d,\boldsymbol{X}_{d+1}$ 的线性函数，而是其“对数”变换的线性组合.

综上所述，欲求合成数据 $\boldsymbol{X}_{n\times(d+1)}$ 的“对数－线性比”主成分，可首先对原数据 $\boldsymbol{X}$ 作对数变换，求出“对数－数据阵”(logcentered data matrix)

$$\begin{aligned}\boldsymbol{Z} &= (Z_{ij})_{n\times(d+1)} = \left(Y_{ij} - \frac{1}{d+1}\sum_{j=1}^{d+1} Y_{ij}\right)_{n\times(d+1)} \\ &= (\log X_{ij} - \log(\boldsymbol{X}))_{n\times(d+1)} = (\log X_{ij}/g(\boldsymbol{X}))_{n\times(d+1)}\end{aligned}$$

及其“对数－中心化”协方差阵

$$\boldsymbol{S}_{\boldsymbol{Z}} = \frac{1}{n-1}\begin{bmatrix} Z_{11}-\bar{Z}_1 & \cdots & Z_{1,d+1}-\bar{Z}_{d+1} \\ \vdots & & \vdots \\ Z_{n1}-\bar{Z}_1 & \cdots & Z_{n,d+1}-\bar{Z}_{d+1}\end{bmatrix}^{\mathrm{T}}\begin{bmatrix} Z_{11}-\bar{Z}_1 & \cdots & Z_{1,d+1}-\bar{Z}_{d+1} \\ \vdots & & \vdots \\ Z_{n1}-\bar{Z}_1 & \cdots & Z_{n,d+1}-\bar{Z}_{d+1}\end{bmatrix}$$

然后对 $\boldsymbol{S}_{\boldsymbol{Z}}$ 套用传统的 $\boldsymbol{S}$ 型主成分分析(其实只需把 $\boldsymbol{Z}$ 看做样本观测值数据阵输入 S－型线性主成分分析程序)，即可轻而易举地求得其“对数－线性比”主成分.

例 6.8.1 我国农民家庭消费结构的分析.

以全国 30 个省、自治区、直辖市 1993 年的资料为依据，选择了 8 个指标

x_1：食品

x_2：衣着

x_3：居住

x_4：家庭设备及有关服务

x_5：医疗保健

x_6：交通通讯

x_7：文教、娱乐消费

x_8：其他非商品及服务消费

这些 x_i 都是指该项支出占全部消费的百分比，因此自然有 $x_i \geqslant 0, \sum_{i=1}^{8} x_i = 1$，这表示这些指标本身是线性相关的，$\boldsymbol{X} = \begin{pmatrix} x_1 \\ \vdots \\ x_8 \end{pmatrix}$ 的协方差矩阵是退化的(即它的行列式为 0)，有关的资料见表 6.10.

表6.10　各省市农民家庭消费状况

地区	x_1	x_2	x_3	x_4	x_5	x_6	x_7	x_8
北京	48.16	10.58	11.29	9.26	4.62	3.04	11.61	1.4
天津	53.31	9.54	15.98	6.10	3.39	2.54	7.59	1.63
河北	58.39	7.50	13.86	5.16	6.32	1.63	5.90	1.23
山西	57.36	11.20	11.89	5.80	3.57	2.00	6.74	1.44
内蒙古	58.40	8.14	14.04	4.56	3.76	1.83	8.15	1.12
辽宁	55.14	10.47	12.34	4.79	4.30	1.98	8.91	2.07
吉林	60.63	9.70	9.99	4.03	4.44	1.98	8.91	2.07
黑龙江	61.4	8.88	15.25	3.88	3.38	1.56	5.04	0.97
上海	46.43	7.14	16.24	11.75	2.28	2.98	9.99	3.19
江苏	50.21	7.40	17.89	8.58	3.32	2.81	7.76	2.03
浙江	50.16	7.46	17.35	7.63	3.97	3.05	6.83	3.54
安徽	63.90	6.95	10.09	5.41	3.31	1.87	6.84	1.62
福建	60.60	4.99	13.44	5.04	2.43	2.90	7.46	3.13
江西	61.35	5.94	13.36	5.00	3.45	2.41	7.27	1.22
山东	57.36	8.31	16.64	5.60	3.41	2.04	8.32	1.31
河南	59.21	8.15	13.27	5.32	4.01	1.55	6.94	1.54
湖北	61.85	6.46	10.75	5.43	3.07	1.51	9.88	1.05
湖南	61.10	5.56	13.23	4.91	2.98	1.98	9.08	1.14
广东	52.77	3.73	16.98	6.69	3.17	4.28	9.41	2.97
广西	64.33	4.31	10.70	5.24	2.77	2.01	9.89	0.75
海南	67.17	4.67	7.06	4.87	2.55	2.66	9.08	1.94
四川	63.29	6.33	12.20	5.23	3.13	1.95	6.99	0.88
贵州	70.98	6.46	8.37	4.32	1.87	1.49	4.92	1.60
云南	61.20	6.92	13.20	6.50	3.22	1.65	5.96	1.35
西藏	66.53	8.78	18.21	3.40	0.49	0.98	0.62	1.00
陕西	57.13	7.75	15.39	5.50	4.58	1.33	7.08	1.24
甘肃	55.36	7.35	19.24	5.13	4.01	1.62	6.02	1.28
青海	55.50	9.54	20.86	4.43	3.84	1.75	3.01	1.08
宁夏	58.75	8.87	12.0	5.57	4.67	2.04	7.11	0.95
新疆	52.15	12.94	14.70	5.37	4.22	2.77	6.24	1.61

直接计算由这些数据给出的相关矩阵，即标准化之后的协方差矩阵，求得其前4个特征根由大到小依次为

$$\lambda_1 = 3.227\,2, \lambda_2 = 1.859\,8, \lambda_3 = 1.414\,7, \lambda_4 = 0.575\,1$$

这4个特征值加起来的贡献率为88.46%，单用 λ_1 还不足50%，所以降维的效果

不明显.

故对原始数据作对数中心化变换,对新的指标求主成分,得到第一主成分的贡献率就已达94.42%,降维效果非常明显,相应的广义主成分为

$$y=0.730\,7\lg x_1+0.067\,7\lg x_2+0.255\,3\lg x_3-0.038\,2\lg x_4-0.205\,8\lg x_5-0.36\lg x_6+0.021\,7\lg x_7-0.475\,1\lg x_8$$

$$=\lg\frac{x_1^{0.730\,7}x_2^{0.067\,7}x_3^{0.255\,3}x_7^{0.021\,7}}{x_4^{0.038\,2}x_5^{0.205\,8}x_6^{0.36}x_8^{0.471\,5}}$$

因此用 y 的值来评价各地区的消费结构的差异是可以的,y 的表达式显示:

(1)农民家庭中,消费的主要项目是食品、住房、医疗保健、交通通讯与非商品消费;在衣着、文教娱乐、家庭设备等方面消费是不多的.

(2)食品与住房是同步的、医疗和交通是同步的,实际情况也是如此. 与1990年相比,农民家庭中食品和住房均下降0.74与3.46个百分点,而医疗和交通分别上升0.28和0.82个百分点. 这就告诉我们,上述评价函数中,x_i 所处的位置与关系和实际是相符的. 我们比较一下,如直接用原始指标,第一主成分相应的为

$$\tilde{y}=0.479x_1+0.054x_2-0.155x_3-0.478\,6x_4-0.111\,9x_5-0.473\,1x_6-0.324\,5x_7-0.419x_8$$

它表示食品与住房是不同步的,x_1,x_4,x_6,x_8,x_7 是重要的消费内容,它与实际情况就不太相符,这涉及成分数据(即百分比数据)的特性,因为 $x_i\geqslant 0$,$\sum\limits_{i=1}^{8}x_i=1$,因此某一个 x_i 上升时,其他的 x_j 就会影响,就要下降,所以似乎内部一定是互相制约的负相关,因此内部的正相关性不易得到反映,经过对数变换后

$$\lg x_1,\lg x_2,\lg x_3,\lg x_4$$
$$\lg x_5,\lg x_6,\lg x_7,\lg x_8$$

是线性无关的,所以更易于表现出它们内部的真实关系,本例就是一个很好的说明.

本例的第二个特点是如此求出的 y,不仅可以用来评价,还可以用于分析农民家庭消费结构的内在联系,这对我们也是有启发作用的.

习　题　6

1. 设(X,Y)的联合分布密度函数为

$$f(x,y)=\begin{cases}1, x\in[0,1], y\in[0,1]\\0,\text{其他}\end{cases}$$

(1)求 $F(x,y)$;

(2)求 $F_X(x)$;

(3)求 $f_X(x)$;

(4)证明 X 与 Y 相互独立;

(5)求 $f_{X|Y}(x|y)$(注意:若 $f(x_0,y_0)=0$,则条件分布密度函数 $f_{X|Y}(x_0|y_0)=0$).

2. 设(X,Y)的联合分布密度函数为

$$f(x,y)=\begin{cases}2,0\leqslant y\leqslant x\leqslant 1\\0,\text{其他}\end{cases}$$

(1)求 $F(x,y)$;

(2)求 $F_X(x)$;

(3)求 $f_X(x)$;

(4)求 $F_Y(y)$;

(5)求 $f_Y(y)$;

(6)求 $f_{X|Y}(x|y)$;

(7)求 $f_{Y|X}(y|x)$;

(8)问 X 与 Y 是否相互独立?

3. 证明:式(6.6)~(6.11)成立.

4. 设 $\boldsymbol{X}$ 具有退化的正态分布,均值向量为 $\mathbf{0}$,协方差阵为

$$\Sigma=\begin{pmatrix}4 & 2\\2 & 1\end{pmatrix}$$

求出一个矩阵 $\boldsymbol{A}$,使得 $\boldsymbol{X}=\boldsymbol{AY}$,而 $\boldsymbol{Y}$ 具有非退化的正态分布,并给出 $\boldsymbol{Y}$ 的分布密度函数.

5. 设 $\boldsymbol{X}$ 服从 $N_p(\boldsymbol{\mu},\Sigma)$,其中

$$\boldsymbol{\mu}=(\mu_1,\cdots,\mu_p)^{\mathrm{T}}$$

$$\boldsymbol{X}=\begin{pmatrix}x_1\\\vdots\\x_p\end{pmatrix},\Sigma=\begin{pmatrix}\sigma_{11} & \cdots & \sigma_{1p}\\\vdots & & \vdots\\\sigma_{p1} & \cdots & \sigma_{pp}\end{pmatrix}$$

证明:(1)$E(x_j-\mu_j)(x_k-\mu_k)(x_g-\mu_g)=0,g,j,k=1,\cdots,p$;

(2)$E(x_j-\mu_j)(x_k-\mu_k)(x_g-\mu_g)(x_h-\mu_h)=\sigma_{jk}\sigma_{gh}+\sigma_{jg}\sigma_{kh}+\sigma_{jh}\sigma_{kg}$.

6. 设 $\boldsymbol{X}=(\boldsymbol{X}_{(1)}^{\mathrm{T}},\boldsymbol{X}_{(2)}^{\mathrm{T}})^{\mathrm{T}}$ 服从 $N_p(\boldsymbol{\mu},\Sigma)$,$\Sigma$为正定阵,记

$$X_{(1)}=\begin{pmatrix}x_1\\ \vdots\\ x_q\end{pmatrix},\boldsymbol{\mu}_{(1)}=\begin{pmatrix}\mu_1\\ \vdots\\ \mu_q\end{pmatrix}$$

$$X_{(2)}=\begin{pmatrix}x_{q+1}\\ \vdots\\ x_p\end{pmatrix},\boldsymbol{\mu}_{(2)}=\begin{pmatrix}\mu_{q+1}\\ \vdots\\ \mu_p\end{pmatrix}$$

$$\Sigma=\begin{pmatrix}\Sigma_{11} & \Sigma_{12}\\ \Sigma_{21} & \Sigma_{22}\end{pmatrix},\Sigma_{11\cdot 2}=\Sigma_{11}-\Sigma_{12}\Sigma_{22}^{-1}\Sigma_{21}$$

记 $X_{1,2}=(X_{(1)}-\boldsymbol{\mu}_{(1)})-\Sigma_{12}\Sigma_{12}^{-1}(X_{(2)}-\boldsymbol{\mu}_{(2)})$，称 $X_{1,2}$ 为剩余向量，它表示在由 $X_{(2)}$ 建立 $X_{(1)}$ 的预测值向量后，$X_{(1)}$ 与预测向量的差异. 试证：

(1) $E[(X_{(1)}-\boldsymbol{\mu}_{(1)})X_{1,2}^{\mathrm{T}}]=\Sigma_{11\cdot 2}$；

(2) $E[(X_{(2)}-\boldsymbol{\mu}_{(2)})X_{1,2}^{\mathrm{T}}]=\boldsymbol{O}$.

7. 设 $\boldsymbol{Y}$ 服从 $N_p(\boldsymbol{\mu},\Sigma)$，$\Sigma$ 为正定阵. 证明：$(\boldsymbol{Y}-\boldsymbol{\mu})^{\mathrm{T}}\Sigma^{-1}(\boldsymbol{Y}-\boldsymbol{\mu})$ 服从 χ_p^2 分布.

8. 设 $\boldsymbol{X}$ 服从 $N_p(\boldsymbol{0},\Sigma)$，$\Sigma$ 为正定阵，$\boldsymbol{A}$ 为 $r\times p$ 阶实数矩阵，且 $\mathrm{rank}(A)=r\leqslant p$，作变换 $\boldsymbol{Y}=\boldsymbol{AX}$. 试证：$\boldsymbol{Y}^{\mathrm{T}}(\boldsymbol{A}\Sigma\boldsymbol{A}^{\mathrm{T}})^{-1}\boldsymbol{Y}$ 服从 χ_r^2 分布.

9. 试证：x_1 同 $X_{(2)}=(x_2,\cdots,x_p)^{\mathrm{T}}$ 的多重相关系数 $R_{1\cdot 2,\cdots,p}$ 满足下述不等式

$$1-R_{1\cdot 2,\cdots,p}^2=(1-\rho_{1,2}^2)\cdot(1-\rho_{1,3;2}^2)\cdot\cdots\cdot(1-\rho_{1,p;2,\cdots,p-1}^2)$$

其中右边是偏相关系数的运算.

10. 设 $\boldsymbol{X}$ 服从 $N_p(\boldsymbol{\mu},\Sigma)$，$\Sigma$ 为正定阵. 试证：x_1 同 $X_{(2)}=(x_2,\cdots,x_p)^{\mathrm{T}}$ 之间的多重相关系数 $R_{1\cdot 2,\cdots,p}$ 满足下述不等式

$$R_{1\cdot 2}^2\leqslant R_{1\cdot 2\cdot 3}^2\leqslant\cdots\leqslant R_{1\cdot 2,\cdots,p}^2$$

11. 设 $\boldsymbol{X}=(x_1,x_2,x_3,x_4)^{\mathrm{T}}$ 服从 $N_4(\boldsymbol{\mu},\Sigma)$，其中

$$\Sigma=\sigma^2\begin{pmatrix}1 & \rho & \rho^2 & \rho^3\\ \rho & 1 & \rho & \rho^2\\ \rho^2 & \rho & 1 & \rho\\ \rho^3 & \rho^2 & \rho & 1\end{pmatrix}_{4\times 4}$$

试求当 $\boldsymbol{X}$ 的第 i 个分量给定值时，第 $i-1$ 个分量与第 $i+1$ 个分量之间的偏相关系数(即 $\rho_{13;2},\rho_{24;3}$)及全相关系数 $R_{4\cdot 12}$.

12. 证明:任一 p 维随机向量 $\boldsymbol{X}$ 的相关系数矩阵都是非负定阵.

13. 证明定理 6.2.2 的推论 1.

14. 证明定理 6.2.4 的逆定理:

设 $\boldsymbol{X}$ 为 p 维随机向量,且具有密度函数

$$f(\boldsymbol{x};\boldsymbol{\mu},\Sigma)=\frac{1}{(2\pi)^{\frac{p}{2}}|\Sigma|^{\frac{1}{2}}}\exp\left\{-\frac{1}{2}(\boldsymbol{x}-\boldsymbol{\mu})^{\mathrm{T}}\Sigma^{-1}(\boldsymbol{x}-\boldsymbol{\mu})\right\}$$

则 $\boldsymbol{x}\sim N_p(\boldsymbol{\mu},\Sigma)$.

15. 对北京市成年女子的总身高 x_1,胸围 x_2,腰围 x_3 等部位尺寸测量了 3 454 人后,求得

$$\boldsymbol{\mu}=\begin{pmatrix}154.98\\83.39\\70.26\end{pmatrix},\Sigma=\begin{pmatrix}29.57&&\\3.92&39.05&\\1.76&39.19&60.07\end{pmatrix}$$

设 $\boldsymbol{X}=(x_1,x_2,x_3)^{\mathrm{T}}\sim N_3(\boldsymbol{\mu},\Sigma)$,$\boldsymbol{x}_{(1)}=x_1$,$\boldsymbol{x}_{(2)}=(x_2,x_3)^{\mathrm{T}}$,试求:

(1) x_1 关于 $(x_2,x_3)^{\mathrm{T}}$ 的回归及当 $(x_2,x_3)^{\mathrm{T}}=(84,75)^{\mathrm{T}}$ 时的 $\hat{X}_1$;

(2) x_1 对 $(x_2,x_3)^{\mathrm{T}}$ 的全相关系数 R;

(3) $E(x_1|\boldsymbol{x}_{(2)})$ 与 $D(x_1|\boldsymbol{x}_{(2)})$.

16. 设 $\boldsymbol{x}=(x_1,x_2)^{\mathrm{T}}\sim N(\boldsymbol{0},\Sigma)$,其中 $\Sigma=\begin{pmatrix}1&\rho\\\rho&1\end{pmatrix}$,$\rho$ 为 x_1,x_2 的相关系数,$\rho>0$.

(1) 试求出 $\boldsymbol{x}=(x_1,x_2)^{\mathrm{T}}$ 的两个主成分.

(2) 指出主成分轴是由原坐标轴旋转了多少度得到的.

(3) 指出当相关系数 ρ 为多大时,第一主成分的方差贡献率才能达到 95%.

17. 将上题推广到 p 个变量相等的情况,即 $\boldsymbol{x}=(x_1,\cdots,x_p)^{\mathrm{T}}$ 的相关系数矩阵为

$$\boldsymbol{R}=\begin{pmatrix}1&\rho&\rho&\cdots&\rho\\\rho&1&\rho&\cdots&\rho\\\vdots&\vdots&\vdots&&\vdots\\\rho&\rho&\rho&\cdots&1\end{pmatrix}\quad(1>\rho>0)$$

试导出它的第一个主成分.

18. 设 $\boldsymbol{x}=(x_1,x_2,x_3)^{\mathrm{T}}$ 的协方差阵为

$$\Sigma=\begin{pmatrix}\sigma^2&\sigma^2\rho&0\\\sigma^2\rho&\sigma^2&\sigma^2\rho\\0&\sigma^2\rho&\sigma^2\end{pmatrix}\quad\left(-\frac{1}{\sqrt{2}}<\rho<\frac{1}{\sqrt{2}}\right)$$

试求主成分及每个主成分的方差贡献率.

19. 若随机向量 $\boldsymbol{x}=(x_1,\cdots,x_p)^{\mathrm{T}}$ 的协方差矩阵是$\Sigma(\Sigma\geqslant\boldsymbol{O})$,随机向量 $\boldsymbol{y}=(y_1,\cdots,y_p)^{\mathrm{T}}$的协方差矩阵是$\Sigma+\sigma^2\boldsymbol{I}$,其中 $\sigma^2>0$ 为常数,$\boldsymbol{I}$ 为单位阵,证明:$\boldsymbol{L}^{\mathrm{T}}\boldsymbol{x}$ 是 $\boldsymbol{x}$ 的主成分的充分必要条件是 $\boldsymbol{L}^{\mathrm{T}}\boldsymbol{y}$ 是 $\boldsymbol{y}$ 的主成分,其中 $\boldsymbol{L}$ 为正交阵.

20. 设标准化的样本数据 $\boldsymbol{x}_j(j=1,\cdots,n)$,其样本主成分向量为 $\boldsymbol{y}=(\boldsymbol{y}_1,\cdots,\boldsymbol{y}_p)^{\mathrm{T}}$,其中 $\boldsymbol{y}_i=\boldsymbol{e}_i^{\mathrm{T}}\boldsymbol{x}(i=1,\cdots,p)$,$\boldsymbol{e}_i$ 为样本协方差矩阵 $\boldsymbol{S}$ 的第 i 个大的特征根对应的标准化特征向量,求证

$$\bar{\boldsymbol{y}}=\frac{1}{n}\sum_{i=1}^{n}\boldsymbol{y}_i=\boldsymbol{0}$$

其中 $\boldsymbol{y}_i=(y_{ij},\cdots,y_{pj})^{\mathrm{T}}y_{ij}=\boldsymbol{e}_i^{\mathrm{T}}\boldsymbol{x}_j(i=1,\cdots,p,j=1,\cdots,n)$.

21. 根据表 6.11 中的 11 组数据,利用主成分方法建立 $\boldsymbol{y}$ 与 $\boldsymbol{x}_1,\boldsymbol{x}_2,\boldsymbol{x}_3$ 的回归方程(取两个主成分).

表 6.11

变量 序号	$\boldsymbol{x}_1$(总产量)	$\boldsymbol{x}_2$(存储量)	$\boldsymbol{x}_3$(总消费)	$\boldsymbol{x}_4$(进口额)
1	149.3	4.2	108.1	15.9
2	161.2	4.1	114.8	16.4
3	171.5	3.1	123.2	19.0
4	175.5	3.1	126.9	19.1
5	180.8	1.1	132.1	18.8
6	190.7	2.2	137.7	20.4
7	202.1	2.1	146.0	22.7
8	212.4	5.6	154.1	26.5
9	226.1	5.0	162.3	28.1
10	231.9	5.1	164.3	27.6
11	239.0	0.7	167.6	26.3

22. 用主成分分析方法探讨城市工业主体结构,表 6.12 是某市工业部门 13 个行业 8 个指标的数据.

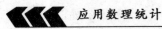

表6.12 某市工业部门13个行业8个指标的数据

指标值＼指标 序号	年末固定资产净值 X_1/万元	职工人数 X_2/人	工业总产值 X_3/万元	全员劳动生产率 X_4/元·(人·年$^{-1}$)	百元固定资产原值实现产值 X_5/元	资金利税率 X_6/%	标准燃料消费量 X_7/吨	能源利用效果 X_8/(万元·吨$^{-1}$)
1(冶金)	90 342	52 455	101 091	19 272	82.000	16.100	197 435	0.172
2(电力)	4 903	1 973	2 035	10 313	34.200	7.100	592 077	0.003
3(煤炭)	6 735	21 139	3 767	1 780	36.100	8.200	726 396	0.003
4(化学)	49 454	36 241	81 557	22 504	98.100	25.900	348 226	0.985
5(机械)	139 190	203 505	215 898	10 609	93.200	12.600	139 572	0.628
6(建材)	12 215	16 219	10 351	6 382	62.500	8.700	145 818	0.066
7(森工)	2 372	6 572	8 103	12 329	184.400	22.200	20 921	0.152
8(食品)	11 062	23 078	54 935	23 804	370.400	41.000	65 486	0.263
9(纺织)	17 111	23 907	52 108	21 796	221.500	21.500	63 806	0.276
10(缝纫)	1 206	3 930	6 126	15 586	330.400	29.500	1 840	0.437
11(皮革)	2 150	5 704	6 200	10 870	184.200	12.000	8 913	0.274
12(造纸)	5 251	6 155	10 383	16 875	146.400	27.500	78 796	0.151
13(文教艺术用品)	14 341	13 203	19 396	14 691	94.600	17.800	6 354	1.574

(1)试用主成分分析确定8个指标的几个主分量(综合变量),并对主分量进行解释;

(2)利用主成分分析分别对13个行业进行排序和分类.

23. 上海某县有19个乡,各乡的经济发展水平不尽相同,由县统计局得到下列数据:1986年乡人均收入(X_1);1986年乡净收入(X_2);1980年至1986年每年各乡的村办企业的总收入为 Y_1 至 Y_7(数据见表6.13).

(1)用主成分分析方法对变量 $X_1,X_2,Y_1\sim Y_7$ 进行综合;并解释综合指标(主成分)的含义;

(2)对19个乡的经济发展水平按综合量进行排序;

(3)对19个乡的经济发展水平进行分类.

表 6.13　上海某县各乡的经济发展数据

序号	X_1	X_2	Y_1	Y_2	Y_3	Y_4	Y_5	Y_6	Y_7
1	843	4 000	920	1 038	1 166	1 536	1 692	2 743	2 741
2	942	5 215	1 216	1 280	1 549	1 924	2 717	3 743	4 160
3	895	6 379	1 836	2 287	2 715	3 281	3 240	4 572	5 439
4	884	3 770	978	1 010	1 227	1 558	1 755	2 552	2 623
5	1 002	3 329	757	684	718	931	1 422	1 827	2 222
6	792	3 039	759	765	1 253	1 296	1 902	1 822	2 233
7	930	2 476	559	616	611	863	891	1 539	1 768
8	758	2 127	633	661	762	769	864	1 241	1 482
9	886	2 721	703	836	813	914	895	1 272	1 431
10	859	1 664	427	451	507	551	581	839	1 107
11	808	2 435	772	790	839	990	771	1 132	1 316
12	845	2 661	557	599	670	855	1 128	1 639	1 861
13	877	2 242	549	471	480	643	664	1 173	1 530
14	787	3 088	1 061	1 021	978	1 102	1 301	2 373	2 452
15	943	3 322	567	557	630	836	984	1 994	2 704
16	866	3 507	675	678	847	1 187	1 476	2 107	2 415
17	924	3 412	545	729	821	1 017	1 079	1 878	2 325
18	1 806	5 869	1 268	1 227	1 607	1 765	2 318	2 959	3 157
19	1 027	3 605	651	835	924	1 125	1 194	2 176	2 411

附录 常用数理统计表

附表1 标准正态分布表

$$\Phi(x)=\frac{1}{\sqrt{2\pi}}\int_{-\infty}^{x}e^{-\frac{t^2}{2}}dt=P\quad(X\leqslant x)$$

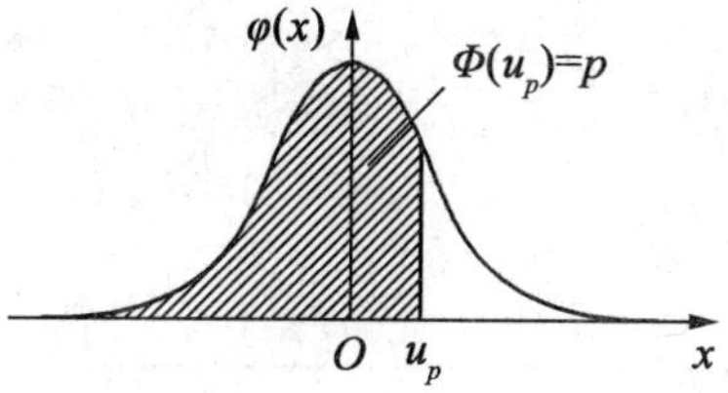

x	0.00	0.01	0.02	0.03	0.04	0.05	0.06	0.07	0.08	0.09
0.0	0.500 0	0.504 0	0.508 0	0.512 0	0.516 0	0.519 9	0.523 9	0.527 9	0.531 9	0.535 9
0.1	0.539 8	0.543 8	0.547 8	0.551 7	0.555 7	0.559 6	0.563 6	0.567 5	0.571 4	0.575 3
0.2	0.579 3	0.583 2	0.587 1	0.591 0	0.594 8	0.598 7	0.602 6	0.606 4	0.610 3	0.614 1
0.3	0.617 9	0.621 7	0.625 5	0.629 3	0.633 1	0.636 8	0.640 4	0.644 3	0.648 0	0.651 7
0.4	0.655 4	0.659 1	0.662 8	0.666 4	0.670 0	0.673 6	0.677 2	0.680 8	0.684 4	0.687 9
0.5	0.691 5	0.695 0	0.698 5	0.701 9	0.705 4	0.708 8	0.712 3	0.715 7	0.719 0	0.722 4
0.6	0.725 7	0.729 1	0.732 4	0.735 7	0.738 9	0.742 2	0.745 4	0.748 6	0.751 7	0.754 9
0.7	0.758 0	0.761 1	0.764 2	0.767 3	0.770 3	0.773 4	0.776 4	0.779 4	0.782 3	0.785 2
0.8	0.788 1	0.791 0	0.793 9	0.796 7	0.799 5	0.802 3	0.805 1	0.807 8	0.810 6	0.813 3
0.9	0.815 9	0.818 6	0.821 2	0.823 8	0.826 4	0.828 9	0.835 5	0.834 0	0.836 5	0.838 9
1.0	0.841 3	0.843 8	0.846 1	0.848 5	0.850 8	0.853 1	0.855 4	0.857 7	0.859 9	0.862 1
1.1	0.864 3	0.866 5	0.868 6	0.870 8	0.872 9	0.874 9	0.877 0	0.879 0	0.881 0	0.883 0
1.2	0.884 9	0.886 9	0.888 8	0.890 7	0.892 5	0.894 4	0.896 2	0.898 0	0.899 7	0.901 5

续表

x	0.00	0.01	0.02	0.03	0.04	0.05	0.06	0.07	0.08	0.09
1.3	0.903 2	0.904 9	0.906 6	0.908 2	0.909 9	0.911 5	0.913 1	0.914 7	0.916 2	0.917 7
1.4	0.919 2	0.920 7	0.922 2	0.923 6	0.925 1	0.926 5	0.927 9	0.929 2	0.930 6	0.931 7
1.5	0.933 2	0.934 5	0.935 7	0.937 0	0.938 2	0.939 4	0.940 6	0.941 8	0.943 0	0.944 1
1.6	0.945 2	0.946 3	0.947 4	0.948 4	0.949 5	0.950 5	0.951 5	0.952 5	0.953 5	0.953 5
1.7	0.955 4	0.956 4	0.957 3	0.958 2	0.959 1	0.959 9	0.960 8	0.961 6	0.962 5	0.963 3
1.8	0.964 1	0.964 8	0.965 6	0.966 4	0.967 2	0.967 8	0.968 6	0.969 3	0.970 0	0.970 6
1.9	0.971 3	0.971 9	0.972 6	0.973 2	0.973 8	0.974 4	0.975 0	0.975 6	0.976 2	0.976 7
2.0	0.977 2	0.977 8	0.978 3	0.978 8	0.979 3	0.979 8	0.980 3	0.980 8	0.981 2	0.981 7
2.1	0.982 1	0.982 6	0.983 0	0.983 4	0.983 8	0.984 2	0.984 6	0.985 0	0.985 4	0.985 7
2.2	0.986 1	0.986 4	0.986 8	0.987 1	0.987 4	0.987 8	0.988 1	0.988 4	0.988 7	0.989 0
2.3	0.989 3	0.989 6	0.989 8	0.990 1	0.990 4	0.990 6	0.990 9	0.991 1	0.991 3	0.991 6
2.4	0.991 8	0.992 0	0.992 2	0.992 5	0.992 7	0.992 9	0.993 1	0.993 2	0.993 4	0.993 6
2.5	0.993 8	0.994 0	0.994 1	0.994 3	0.994 5	0.994 6	0.994 8	0.994 9	0.995 1	0.995 2
2.6	0.995 3	0.995 5	0.995 6	0.995 7	0.995 9	0.996 0	0.996 1	0.996 2	0.996 3	0.996 4
2.7	0.996 5	0.996 6	0.996 7	0.996 8	0.996 9	0.997 0	0.997 1	0.997 2	0.997 3	0.997 4
2.8	0.997 4	0.997 5	0.997 6	0.997 7	0.997 7	0.997 8	0.997 9	0.997 9	0.998 0	0.998 1
2.9	0.998 1	0.998 2	0.998 2	0.998 3	0.998 4	0.998 4	0.998 5	0.998 5	0.998 6	0.998 6
3	0.998 7	0.999 0	0.999 3	0.999 5	0.999 7	0.999 8	0.999 8	0.999 9	0.999 9	0.999 9

附表2 t 分布分位数表

$$P(T \leqslant t_p(n)) = p$$

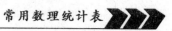

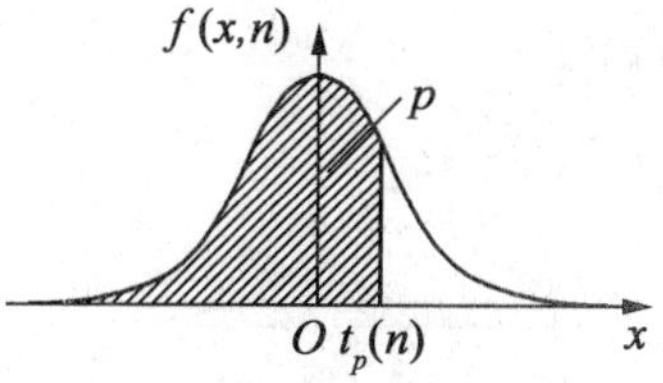

n \ p	0.9	0.95	0.975	0.99	0.995	0.999	0.999 5
1	3.078	6.314	12.706	31.821	63.657	318.309	636.619
2	1.886	2.920	4.303	6.965	9.925	22.327	31.599
3	1.638	2.353	3.182	4.541	5.841	10.215	12.924
4	1.533	2.132	2.776	3.747	4.604	7.173	8.610
5	1.476	2.015	2.571	3.365	4.032	5.893	6.869
6	1.440	1.943	2.447	3.143	3.707	5.208	5.959
7	1.415	1.895	2.365	2.998	3.499	4.785	5.408
8	1.397	1.860	2.306	2.896	3.355	4.501	5.041
9	1.383	1.833	2.262	2.821	3.250	4.297	4.781
10	1.372	1.812	2.228	2.764	3.169	4.144	4.587
11	1.363	1.796	2.201	2.718	3.106	4.025	4.437
12	1.356	1.782	2.179	2.681	3.055	3.930	4.318
13	1.350	1.771	2.160	2.650	3.012	3.852	4.221
14	1.345	1.761	2.145	2.624	2.977	3.787	4.140
15	1.341	1.753	2.131	2.602	2.947	3.733	4.073
16	1.337	1.746	2.120	2.583	2.921	3.686	4.015
17	1.333	1.740	2.110	2.567	2.898	3.646	3.965
18	1.330	1.734	2.101	2.552	2.878	3.610	3.922
19	1.328	1.729	2.093	2.539	2.861	3.579	3.883
20	1.325	1.725	2.086	2.528	2.845	3.552	3.850
21	1.323	1.721	2.080	2.518	2.831	3.527	3.819
22	1.321	1.717	2.074	2.508	2.819	3.505	3.792
23	1.319	1.714	2.069	2.500	2.807	3.485	3.768
24	1.318	1.711	2.064	2.492	2.979	3.467	3.745
25	1.316	1.708	2.060	2.485	2.787	3.450	3.725
26	1.315	1.706	2.056	2.479	2.779	3.435	3.707
27	1.314	1.703	2.052	2.473	2.771	3.421	3.690
28	1.313	1.701	2.048	2.467	2.763	3.408	3.674
29	1.311	1.699	2.045	2.462	2.756	3.396	3.659
30	1.310	1.697	2.042	2.457	2.750	3.385	3.646
40	1.303	1.684	2.021	2.423	2.704	3.307	3.551
60	1.296	1.671	2.000	2.390	2.660	3.232	3.460
120	1.289	1.658	1.980	2.358	2.617	3.160	3.373
∞	1.282	1.645	1.960	2.326	2.576	3.090	3.291

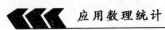

附表3　χ^2 分布分位数表

$$P(\chi^2 \leqslant \chi_p^2(n)) = p$$

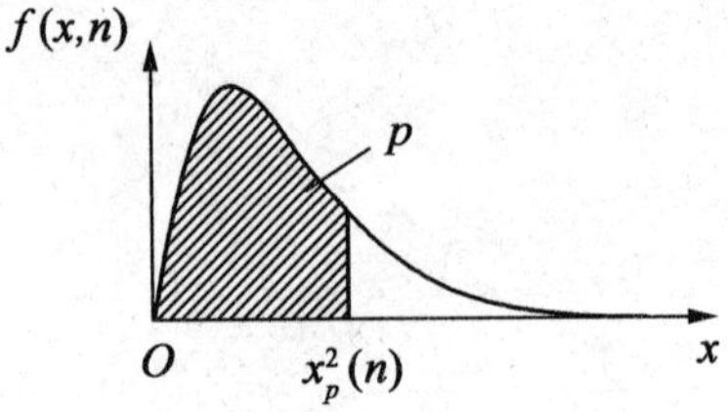

n \ p	0.005	0.01	0.025	0.05	0.1	0.25	0.5	0.75	0.9	0.95	0.975	0.99	0.995
1	0.00	0.00	0.00	0.00	0.02	0.10	0.45	1.32	2.71	3.84	5.02	6.63	7.88
2	0.01	0.02	0.05	0.10	0.21	0.58	1.39	2.77	4.61	5.99	7.38	9.21	10.60
3	0.07	0.11	0.22	0.35	0.58	1.21	2.37	4.11	6.25	7.81	9.35	11.34	12.84
4	0.21	0.30	0.48	0.71	1.06	1.92	3.36	5.39	7.78	9.49	11.14	13.28	14.86
5	0.41	0.55	0.83	1.15	1.61	2.67	4.35	6.63	9.24	11.07	12.83	15.09	16.75
6	0.68	0.87	1.24	1.64	2.20	3.45	5.35	7.84	10.64	12.59	14.45	16.81	18.55
7	0.99	1.24	1.69	2.17	2.83	4.25	6.35	9.04	12.02	14.07	16.01	18.48	20.28
8	1.34	1.65	2.18	2.73	3.49	5.07	7.34	10.22	13.36	15.51	17.53	20.09	21.95
9	1.73	2.09	2.70	3.33	4.17	5.90	8.34	11.39	14.68	16.92	19.02	21.67	23.59
10	2.16	2.56	3.25	3.94	4.87	6.74	9.34	12.55	15.99	18.31	20.48	23.21	25.19
11	2.60	3.05	3.82	4.57	5.58	7.58	10.34	13.70	17.28	19.68	21.92	24.72	26.76
12	3.07	3.57	4.40	5.23	6.30	8.44	11.34	14.85	18.55	21.03	23.34	26.22	28.30
13	3.57	4.11	5.01	5.89	7.04	9.30	12.34	15.98	19.81	22.36	24.74	27.69	29.82
14	4.07	4.66	5.63	6.57	7.79	10.17	13.34	17.12	21.06	23.68	26.12	29.14	31.32
15	4.60	5.23	6.26	7.26	8.55	11.04	14.34	18.25	22.31	25.00	27.49	30.58	32.80
16	5.14	5.81	6.91	7.96	9.31	11.91	15.34	19.37	23.54	26.30	28.85	32.00	34.27
17	5.70	6.41	7.56	8.67	10.09	12.79	16.34	20.49	24.77	27.59	30.19	33.41	35.72
18	6.26	7.01	8.23	9.39	10.86	13.68	17.34	21.60	25.99	28.87	31.53	34.81	37.16
19	6.84	7.63	8.91	10.12	11.65	14.56	18.34	22.72	27.20	30.14	32.85	36.19	38.58
20	7.43	8.26	9.59	10.85	12.44	15.45	19.34	23.83	28.41	31.41	34.17	37.57	40.00
21	8.03	8.90	10.28	11.59	13.24	16.34	20.34	24.93	29.62	32.67	35.48	38.93	41.40
22	8.64	9.54	10.98	12.34	14.04	17.24	21.34	26.04	30.81	33.92	36.78	40.29	42.80
23	9.26	10.20	11.69	13.09	14.85	18.14	22.34	27.14	32.01	35.17	38.08	41.64	44.18

续表

n \ p	0.005	0.01	0.025	0.05	0.1	0.25	0.5	0.75	0.9	0.95	0.975	0.99	0.995
24	9.89	10.86	12.40	13.85	15.66	19.04	23.34	28.24	33.20	36.42	39.36	42.98	45.56
25	10.52	11.52	13.12	14.61	16.47	19.94	24.34	29.34	34.38	37.65	40.65	44.31	46.93
26	11.16	12.20	13.84	15.38	17.29	20.84	25.34	30.43	35.56	38.89	41.92	45.64	48.29
27	11.81	12.88	14.57	16.15	18.11	21.75	26.34	31.53	36.74	40.11	43.19	46.96	49.64
28	12.46	13.56	15.31	16.93	18.94	22.66	27.34	32.62	37.92	41.34	44.46	48.28	50.99
29	13.12	14.26	16.05	17.71	19.77	23.57	28.34	33.71	39.09	42.56	45.72	49.59	52.34
30	13.79	14.95	16.79	18.49	20.60	24.48	29.34	34.80	40.26	43.77	46.98	50.89	53.67
31	14.46	15.66	17.54	19.28	21.43	25.39	30.34	35.89	41.42	44.99	48.23	52.19	55.00
32	15.13	16.36	18.29	20.07	22.27	26.30	31.34	36.97	42.58	46.19	49.48	53.49	56.33
33	15.82	17.07	19.05	20.87	23.11	27.22	32.34	38.06	43.75	47.40	50.73	54.78	57.65
34	16.50	17.79	19.81	21.66	23.95	28.14	33.34	39.14	44.90	48.60	51.97	56.06	58.96
35	17.19	18.51	20.57	22.47	24.80	29.05	34.34	40.22	46.06	49.80	53.20	57.34	60.27
36	17.89	19.23	21.34	23.27	25.64	29.97	35.34	41.30	47.21	51.00	54.44	58.62	61.58
37	18.59	19.96	22.11	24.07	26.49	30.89	36.34	42.38	48.36	52.19	55.67	59.89	62.88
38	19.29	20.69	22.88	24.88	27.34	31.81	37.34	43.46	49.51	53.38	56.90	61.16	64.18
39	20.00	21.43	23.65	25.70	28.20	32.74	38.34	44.54	50.66	54.57	58.12	62.43	65.48
40	20.71	22.16	24.43	26.51	29.05	33.66	39.34	45.62	51.81	55.76	59.34	63.69	66.77
41	21.42	22.91	25.21	27.33	29.91	34.58	40.34	46.69	52.95	56.94	60.56	64.95	68.05
42	22.14	23.65	26.00	28.14	30.77	35.51	41.34	47.77	54.09	58.12	61.78	66.21	69.34
43	22.86	24.40	26.79	28.96	31.63	36.44	42.34	48.84	55.23	59.30	62.99	67.46	70.62
44	23.58	25.15	27.57	29.79	32.49	37.36	43.34	49.91	56.37	60.48	64.20	68.71	71.89
45	24.31	25.90	28.37	30.61	33.35	38.29	44.34	50.98	57.51	61.66	65.41	69.96	73.17

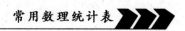

附表4　F 分布分位数表

附表4.1　$P(F \leqslant F_p(m,n))=p$　$(p=0.90)$

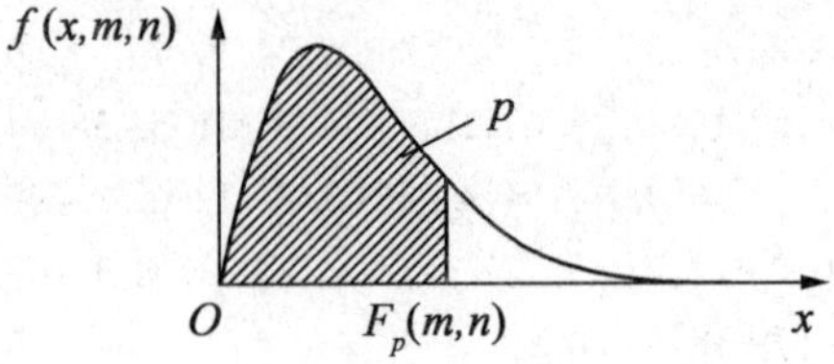

n \ m	1	2	3	4	5	6	7	8	9	10	11	12	15	20	30	50	∞
1	39.9	49.5	53.6	55.8	57.2	58.2	58.9	59.4	59.9	60.2	60.5	60.7	61.2	61.7	62.3	62.7	63.3
2	8.53	9.00	9.16	9.24	9.29	9.33	9.35	9.37	9.38	9.39	9.40	9.41	9.42	9.44	9.46	9.47	9.49
3	5.54	5.46	5.39	5.34	5.31	5.28	5.27	5.25	5.24	5.23	5.22	5.22	5.20	5.18	5.17	5.15	5.13
4	4.54	4.32	4.19	4.11	4.05	4.01	3.98	3.95	3.94	3.92	3.91	3.90	3.87	3.84	3.82	3.80	3.76
5	4.06	3.78	3.62	3.52	3.45	3.40	3.37	3.34	3.32	3.30	3.28	3.27	3.24	3.21	3.17	3.15	3.10
6	3.78	3.46	3.29	3.18	3.11	3.05	3.01	2.98	2.96	2.94	2.92	2.90	2.87	2.84	2.80	2.77	2.72
7	3.59	3.26	3.07	2.96	2.88	2.83	2.78	2.75	2.72	2.70	2.68	2.67	2.63	2.59	2.56	2.52	2.47
8	3.46	3.11	2.92	2.81	2.73	2.67	2.62	2.59	2.56	2.54	2.52	2.50	2.46	2.42	2.38	2.35	2.29
9	3.36	3.01	2.81	2.69	2.61	2.55	2.51	2.47	2.44	2.42	2.40	2.38	2.34	2.30	2.25	2.22	2.16
10	3.29	2.92	2.73	2.61	2.52	2.46	2.41	2.38	2.35	2.32	2.30	2.28	2.24	2.20	2.16	2.12	2.06
11	3.23	2.86	2.66	2.54	2.45	2.39	2.34	2.30	2.27	2.25	2.23	2.21	2.17	2.12	2.08	2.04	1.97
12	3.18	2.81	2.61	2.48	2.39	2.33	2.28	2.24	2.21	2.19	2.17	2.15	2.10	2.06	2.01	1.97	1.90
13	3.14	2.76	2.56	2.43	2.35	2.28	2.23	2.20	2.16	2.14	2.12	2.10	2.05	2.01	1.96	1.92	1.85
14	3.10	2.73	2.52	2.39	2.31	2.24	2.19	2.15	2.12	2.10	2.07	2.05	2.01	1.96	1.91	1.87	1.80
15	3.07	2.70	2.49	2.36	2.27	2.21	2.16	2.12	2.09	2.06	2.04	2.02	1.97	1.92	1.87	1.83	1.76
16	3.05	2.67	2.46	2.33	2.24	2.18	2.13	2.09	2.06	2.03	2.01	1.99	1.94	1.89	1.84	1.79	1.72
17	3.03	2.64	2.44	2.31	2.22	2.15	2.10	2.06	2.03	2.00	1.98	1.96	1.91	1.86	1.81	1.76	1.69
18	3.01	2.62	2.42	2.29	2.20	2.13	2.08	2.04	2.00	1.98	1.95	1.93	1.89	1.84	1.78	1.74	1.66
19	2.99	2.61	2.40	2.27	2.18	2.11	2.06	2.02	1.98	1.96	1.93	1.91	1.86	1.81	1.76	1.71	1.63
20	2.97	2.59	2.38	2.25	2.16	2.09	2.04	2.00	1.96	1.94	1.91	1.89	1.84	1.79	1.74	1.69	1.61
22	2.95	2.56	2.35	2.22	2.13	2.06	2.01	1.97	1.93	1.90	1.88	1.86	1.81	1.76	1.70	1.65	1.57
24	2.93	2.54	2.33	2.19	2.10	2.04	1.98	1.94	1.91	1.88	1.85	1.83	1.78	1.73	1.67	1.62	1.53
26	2.91	2.52	2.31	2.17	2.08	2.01	1.96	1.92	1.88	1.86	1.83	1.81	1.76	1.71	1.65	1.59	1.50

续表

m / n	1	2	3	4	5	6	7	8	9	10	11	12	15	20	30	50	∞
28	2.89	2.50	2.29	2.16	2.06	2.00	1.94	1.90	1.87	1.84	1.81	1.79	1.74	1.69	1.63	1.57	1.48
30	2.88	2.49	2.28	2.14	2.05	1.98	1.93	1.88	1.85	1.82	1.79	1.77	1.72	1.67	1.61	1.55	1.46
35	2.85	2.46	2.25	2.11	2.02	1.95	1.90	1.85	1.82	1.79	1.76	1.74	1.69	1.63	1.57	1.51	1.41
40	2.84	2.44	2.23	2.09	2.00	1.93	1.87	1.83	1.79	1.76	1.74	1.71	1.66	1.61	1.54	1.48	1.38
45	2.82	2.42	2.21	2.07	1.98	1.91	1.85	1.81	1.77	1.74	1.72	1.70	1.64	1.58	1.52	1.46	1.35
50	2.81	2.41	2.20	2.06	1.97	1.90	1.84	1.80	1.76	1.73	1.70	1.68	1.63	1.57	1.50	1.44	1.33
55	2.80	2.40	2.19	2.05	1.95	1.88	1.83	1.78	1.75	1.72	1.69	1.67	1.61	1.55	1.49	1.43	1.31
60	2.79	2.39	2.18	2.04	1.95	1.87	1.82	1.77	1.74	1.71	1.68	1.66	1.60	1.54	1.48	1.41	1.29
70	2.78	2.38	2.16	2.03	1.93	1.86	1.80	1.76	1.72	1.69	1.66	1.64	1.59	1.53	1.46	1.39	1.27
80	2.77	2.37	2.15	2.02	1.92	1.85	1.79	1.75	1.71	1.68	1.65	1.63	1.57	1.51	1.44	1.38	1.24
100	2.76	2.36	2.14	2.00	1.91	1.83	1.78	1.73	1.69	1.66	1.64	1.61	1.56	1.49	1.42	1.35	1.21
200	2.73	2.33	2.11	1.97	1.88	1.80	1.75	1.70	1.66	1.63	1.60	1.58	1.52	1.46	1.38	1.31	1.14
∞	2.71	2.30	2.08	1.94	1.85	1.77	1.72	1.67	1.63	1.60	1.57	1.55	1.49	1.42	1.34	1.26	1.00

附表4.2 $P(F\leqslant F_p(m,n))=p \quad (p=0.95)$

n \ m	1	2	3	4	5	6	7	8	9	10	11	12	15	20	30	50	∞
1	161.4	199.5	215.7	224.6	230.2	234.0	236.8	238.9	240.5	241.9	243.0	243.9	245.9	248.0	250.1	251.8	254.3
2	18.51	19.00	19.16	19.25	19.30	19.33	19.35	19.37	19.38	19.40	19.40	19.41	19.43	19.45	19.46	19.48	19.50
3	10.13	9.55	9.28	9.12	9.01	8.94	8.89	8.85	8.81	8.79	8.76	8.74	8.70	8.66	8.62	8.58	8.53
4	7.71	6.94	6.59	6.39	6.26	6.16	6.09	6.04	6.00	5.96	5.94	5.91	5.86	5.80	5.75	5.70	5.63
5	6.61	5.79	5.41	5.19	5.05	4.95	4.88	4.82	4.77	4.74	4.70	4.68	4.62	4.56	4.50	4.44	4.36
6	5.99	5.14	4.76	4.53	4.39	4.28	4.21	4.15	4.10	4.06	4.03	4.00	3.94	3.87	3.81	3.75	3.67
7	5.59	4.74	4.35	4.12	3.97	3.87	3.79	3.73	3.68	3.64	3.60	3.57	3.51	3.44	3.38	3.32	3.23
8	5.32	4.46	4.07	3.84	3.69	3.58	3.50	3.44	3.39	3.35	3.31	3.28	3.22	3.15	3.08	3.02	2.93
9	5.12	4.26	3.86	3.63	3.48	3.37	3.29	3.23	3.18	3.14	3.10	3.07	3.01	2.94	2.86	2.80	2.71
10	4.96	4.10	3.71	3.48	3.33	3.22	3.14	3.07	3.02	2.98	2.94	2.91	2.85	2.77	2.70	2.64	2.54
11	4.84	3.98	3.59	3.36	3.20	3.09	3.01	2.95	2.90	2.85	2.82	2.79	2.72	2.65	2.57	2.51	2.40
12	4.75	3.89	3.49	3.26	3.11	3.00	2.91	2.85	2.80	2.75	2.72	2.69	2.62	2.54	2.47	2.40	2.30
13	4.67	3.81	3.41	3.18	3.03	2.92	2.83	2.77	2.71	2.67	2.63	2.60	2.53	2.46	2.38	2.31	2.21
14	4.60	3.74	3.34	3.11	2.96	2.85	2.76	2.70	2.65	2.60	2.57	2.53	2.46	2.39	2.31	2.24	2.13
15	4.54	3.68	3.29	3.06	2.90	2.79	2.71	2.64	2.59	2.54	2.51	2.48	2.40	2.33	2.25	2.18	2.07
16	4.49	3.63	3.24	3.01	2.85	2.74	2.66	2.59	2.54	2.49	2.46	2.42	2.35	2.28	2.19	2.12	2.01
17	4.45	3.59	3.20	2.96	2.81	2.70	2.61	2.55	2.49	2.45	2.41	2.38	2.31	2.23	2.15	2.08	1.96
18	4.41	3.55	3.16	2.93	2.77	2.66	2.58	2.51	2.46	2.41	2.37	2.34	2.27	2.19	2.11	2.04	1.92
19	4.38	3.52	3.13	2.90	2.74	2.63	2.54	2.48	2.42	2.38	2.34	2.31	2.23	2.16	2.07	2.00	1.88
20	4.35	3.49	3.10	2.87	2.71	2.60	2.51	2.45	2.39	2.35	2.31	2.28	2.20	2.12	2.04	1.97	1.84
22	4.30	3.44	3.05	2.82	2.66	2.55	2.46	2.40	2.34	2.30	2.26	2.23	2.15	2.07	1.98	1.91	1.78
24	4.26	3.40	3.01	2.78	2.62	2.51	2.42	2.36	2.30	2.25	2.22	2.18	2.11	2.03	1.94	1.86	1.73
26	4.23	3.37	2.98	2.74	2.59	2.47	2.39	2.32	2.27	2.22	2.18	2.15	2.07	1.99	1.90	1.82	1.69
28	4.20	3.34	2.95	2.71	2.56	2.45	2.36	2.29	2.24	2.19	2.15	2.12	2.04	1.96	1.87	1.79	1.65
30	4.17	3.32	2.92	2.69	2.53	2.42	2.33	2.27	2.21	2.16	2.13	2.09	2.01	1.93	1.84	1.76	1.62
35	4.12	3.27	2.87	2.64	2.49	2.37	2.29	2.22	2.16	2.11	2.07	2.04	1.96	1.88	1.79	1.70	1.56
40	4.08	3.23	2.84	2.61	2.45	2.34	2.25	2.18	2.12	2.08	2.04	2.00	1.92	1.84	1.74	1.66	1.51
45	4.06	3.20	2.81	2.58	2.42	2.31	2.22	2.15	2.10	2.05	2.01	1.97	1.89	1.81	1.71	1.63	1.47
50	4.03	3.18	2.79	2.56	2.40	2.29	2.20	2.13	2.07	2.03	1.99	1.95	1.87	1.78	1.69	1.60	1.44
55	4.02	3.16	2.77	2.54	2.38	2.27	2.18	2.11	2.06	2.01	1.97	1.93	1.85	1.76	1.67	1.58	1.41
60	4.00	3.15	2.76	2.53	2.37	2.25	2.17	2.10	2.04	1.99	1.95	1.92	1.84	1.75	1.62	1.56	1.39
70	3.98	3.13	2.74	2.50	2.35	2.23	2.14	2.07	2.02	1.97	1.93	1.89	1.81	1.72	1.62	1.53	1.35
80	3.96	3.11	2.72	2.49	2.33	2.21	2.13	2.06	2.00	1.95	1.91	1.88	1.79	1.70	1.60	1.51	1.32
100	3.94	3.09	2.70	2.46	2.31	2.19	2.10	2.03	1.97	1.93	1.89	1.85	1.77	1.68	1.57	1.48	1.28
200	3.89	3.04	2.65	2.42	2.26	2.14	2.06	1.98	1.93	1.88	1.84	1.80	1.72	1.62	1.52	1.41	1.19
∞	3.84	3.00	2.60	2.37	2.21	2.10	2.01	1.94	1.88	1.83	1.79	1.75	1.67	1.57	1.46	1.35	1.00

附表4.3　$P(F \leqslant F_p(m,n))=p$　$(p=0.975)$

n \ m	1	2	3	4	5	6	7	8	9	10	11	12	15	20	30	50	∞
1	647.8	799.5	864.2	899.6	921.8	937.1	948.2	956.7	963.3	968.6	973.0	976.7	984.9	993.1	1 001	1 008	1 018
2	38.51	39.00	39.17	39.25	39.30	39.33	39.36	39.37	39.39	39.40	39.41	39.41	39.43	39.45	39.46	39.48	39.50
3	17.44	16.04	15.44	15.10	14.88	14.73	14.62	14.54	14.47	14.42	14.37	14.34	14.25	14.17	14.08	14.01	13.90
4	12.22	10.65	9.98	9.60	9.36	9.20	9.07	8.98	8.90	8.84	8.79	8.75	8.66	8.56	8.46	8.38	8.26
5	10.01	8.43	7.76	7.39	7.15	6.98	6.85	6.76	6.68	6.62	6.57	6.52	6.43	6.33	6.23	6.14	6.02
6	8.81	7.26	6.60	6.23	5.99	5.82	5.70	5.60	5.52	5.46	5.41	5.37	5.27	5.17	5.07	4.98	4.85
7	8.07	6.54	5.89	5.52	5.29	5.12	4.99	4.90	4.82	4.76	4.71	4.67	4.57	4.47	4.36	4.28	4.14
8	7.57	6.06	5.42	5.05	4.82	4.65	4.53	4.43	4.36	4.30	4.24	4.20	4.10	4.00	3.89	3.81	3.67
9	7.21	5.71	5.08	4.72	4.48	4.32	4.20	4.10	4.03	3.96	3.91	3.87	3.77	3.67	3.56	3.47	3.33
10	6.94	5.46	4.83	4.47	4.24	4.07	3.95	3.85	3.78	3.72	3.66	3.62	3.52	3.42	3.31	3.22	3.08
11	6.72	5.26	4.63	4.28	4.04	3.88	3.76	3.66	3.59	3.53	3.47	3.43	3.33	3.23	3.12	3.03	2.88
12	6.55	5.10	4.47	4.12	3.89	3.73	3.61	3.51	3.44	3.37	3.32	3.28	3.18	3.07	2.96	2.87	2.72
13	6.41	4.97	4.35	4.00	3.77	3.60	3.48	3.39	3.31	3.25	3.20	3.15	3.05	2.95	2.84	2.74	2.60
14	6.30	4.86	4.24	3.89	3.66	3.50	3.38	3.29	3.21	3.15	3.09	3.05	2.95	2.84	2.73	2.64	2.49
15	6.20	4.77	4.15	3.80	3.58	3.41	3.29	3.20	3.12	3.06	3.01	2.96	2.86	2.76	2.64	2.55	2.40
16	6.12	4.69	4.08	3.73	3.50	3.34	3.22	3.12	3.05	2.99	2.93	2.89	2.79	2.68	2.57	2.47	2.32
17	6.04	4.62	4.01	3.66	3.44	3.28	3.16	3.06	2.98	2.92	2.87	2.82	2.72	2.62	2.50	2.41	2.25
18	5.98	4.56	3.95	3.61	3.38	3.22	3.10	3.01	2.93	2.87	2.81	2.77	2.67	2.56	2.44	2.35	2.19
19	5.92	4.51	3.90	3.56	3.33	3.17	3.05	2.96	2.88	2.82	2.76	2.72	2.62	2.51	2.39	2.30	2.13
20	5.87	4.46	3.86	3.51	3.29	3.13	3.01	2.91	2.84	2.77	2.72	2.68	2.57	2.46	2.35	2.25	2.09
22	5.79	4.38	3.78	3.44	3.22	3.05	2.93	2.84	2.76	2.70	2.65	2.60	2.50	2.39	2.27	2.17	2.00
24	5.72	4.32	3.72	3.38	3.15	2.99	2.87	2.78	2.70	2.64	2.59	2.54	2.44	2.33	2.21	2.11	1.94
26	5.66	4.27	3.67	3.33	3.10	2.94	2.82	2.73	2.65	2.59	2.54	2.49	2.39	2.28	2.16	2.05	1.88
28	5.61	4.22	3.63	3.29	3.06	2.90	2.78	2.69	2.61	2.55	2.49	2.45	2.34	2.23	2.11	2.01	1.83
30	5.57	4.18	3.59	3.25	3.03	2.87	2.75	2.65	2.57	2.51	2.46	2.41	2.31	2.20	2.07	1.97	1.79
35	5.48	4.11	3.52	3.18	2.96	2.80	2.68	2.58	2.50	2.44	2.39	2.34	2.23	2.12	2.00	1.89	1.70
40	5.42	4.05	3.46	3.13	2.90	2.74	2.62	2.53	2.45	2.39	2.33	2.29	2.18	2.07	1.94	1.83	1.64
45	5.38	4.01	3.42	3.09	2.86	2.70	2.58	2.49	2.41	2.35	2.29	2.25	2.14	2.03	1.90	1.79	1.59
50	5.34	3.97	3.39	3.05	2.83	2.67	2.55	2.46	2.38	2.32	2.26	2.22	2.11	1.99	1.87	1.75	1.55
55	5.31	3.95	3.36	3.03	2.81	2.65	2.53	2.43	2.36	2.29	2.24	2.19	2.08	1.97	1.84	1.72	1.51
60	5.29	3.93	3.34	3.01	2.79	2.63	2.51	2.41	2.33	2.27	2.22	2.17	2.06	1.94	1.82	1.70	1.48
70	5.25	3.89	3.31	2.97	2.75	2.59	2.47	2.38	2.30	2.24	2.18	2.14	2.03	1.91	1.78	1.66	1.44
80	5.22	3.86	3.28	2.95	2.73	2.57	2.45	2.35	2.28	2.21	2.16	2.11	2.00	1.88	1.75	1.63	1.40
100	5.18	3.83	3.25	2.92	2.70	2.54	2.42	2.32	2.24	2.18	2.12	2.08	1.97	1.85	1.71	1.59	1.35
200	5.10	3.76	3.18	2.85	2.63	2.47	2.35	2.26	2.18	2.11	2.06	2.01	1.90	1.78	1.64	1.51	1.23
∞	5.02	3.69	3.12	2.79	2.57	2.41	2.29	2.19	2.11	2.05	1.99	1.94	1.83	1.71	1.57	1.43	1.00

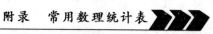

附表 4.4 $P(F \leqslant F_p(m,n)) = p \quad (p = 0.99)$

n \ m	1	2	3	4	5	6	7	8	9	10	11	12	15	20	30	50	∞
1	4 052	4 999	5 403	5 625	5 764	5 859	5 928	5 981	6 022	6 056	6 083	6 106	6 157	6 209	6 261	6 303	6 366
2	98.50	99.00	99.17	99.25	99.30	99.33	99.36	99.37	99.39	99.40	99.41	99.42	99.43	99.45	99.47	99.48	99.50
3	34.12	30.82	29.46	28.71	28.24	27.91	27.67	27.49	27.35	27.2	27.13	27.05	26.87	26.69	26.50	26.35	26.13
4	21.20	18.00	16.69	15.98	15.52	15.21	14.98	14.80	14.66	14.55	14.45	14.37	14.20	14.02	13.84	13.69	13.46
5	16.26	13.27	12.06	11.39	10.97	10.67	10.46	10.29	10.16	10.05	9.96	9.89	9.72	9.55	9.38	9.24	9.02
6	13.75	10.92	9.78	9.15	8.75	8.47	8.26	8.10	7.98	7.87	7.79	7.72	7.56	7.40	7.23	7.09	6.88
7	12.25	9.55	8.45	7.85	7.46	7.19	6.99	6.84	6.72	6.62	6.54	6.47	6.31	6.16	5.99	5.86	5.65
8	11.26	8.65	7.59	7.01	6.63	6.37	6.18	6.03	5.91	5.81	5.73	5.67	5.52	5.36	5.20	5.07	4.86
9	10.56	8.02	6.99	6.42	6.06	5.80	5.61	5.47	5.35	5.26	5.18	5.11	4.96	4.81	4.65	4.52	4.31
10	10.04	7.56	6.55	5.99	5.64	5.39	5.20	5.06	4.94	4.85	4.77	4.71	4.56	4.41	4.25	4.12	3.91
11	9.65	7.21	6.22	5.67	5.32	5.17	4.89	4.74	4.63	4.54	4.46	4.40	4.25	4.10	3.94	3.81	3.60
12	9.33	6.93	5.95	5.41	5.06	4.82	4.64	4.50	4.39	4.30	4.22	4.16	4.01	3.86	3.70	3.57	3.36
13	9.07	6.70	5.74	5.21	4.86	4.62	4.44	4.30	4.19	4.10	4.02	3.96	3.82	3.66	3.51	3.38	3.17
14	8.86	6.51	5.56	5.04	4.69	4.46	4.28	4.14	4.03	3.94	3.86	3.80	3.66	3.51	3.35	3.22	3.00
15	8.68	6.36	5.42	4.89	4.56	4.32	4.14	4.00	3.89	3.80	3.73	3.67	3.52	3.37	3.21	3.08	2.87
16	5.53	6.23	5.29	4.77	4.44	4.20	4.03	3.89	3.78	3.69	3.62	3.55	3.41	3.26	3.10	2.97	2.75
17	8.40	6.11	5.18	4.67	4.34	4.10	3.93	3.79	3.68	3.59	3.52	3.46	3.31	3.16	3.00	2.87	2.65
18	8.29	6.01	5.09	4.58	4.25	4.01	3.84	3.71	3.60	3.51	3.43	3.37	3.23	3.08	2.92	2.78	2.57
19	8.18	5.93	5.01	4.50	4.17	3.94	3.77	3.63	3.52	3.43	3.36	3.30	3.15	3.00	2.84	2.71	2.49
20	8.10	5.85	4.94	4.43	4.10	3.87	3.70	3.56	3.46	3.37	3.29	3.23	3.09	2.94	2.78	2.64	2.42
22	7.95	5.72	4.82	4.31	3.99	3.76	3.59	3.45	3.35	3.26	3.18	3.12	2.98	2.83	2.67	2.53	2.31
24	7.82	5.61	4.72	4.22	3.90	3.67	3.50	3.36	3.26	3.17	3.09	3.03	2.89	2.74	2.58	2.44	2.21
26	7.72	5.53	4.64	4.14	3.82	3.59	3.42	3.26	3.18	3.09	3.02	2.96	2.81	2.66	2.50	2.36	2.13
28	7.64	5.45	4.57	4.07	3.75	3.53	3.36	3.23	3.12	3.03	2.96	2.90	2.75	2.60	2.44	2.30	2.06
30	7.56	5.39	4.51	4.02	3.70	3.47	3.30	3.17	3.07	2.98	2.91	2.84	2.70	2.55	2.39	2.25	2.01
35	7.42	5.27	4.40	3.91	3.59	3.37	3.20	3.07	2.96	2.88	2.80	2.74	2.60	2.44	2.28	2.14	1.89
40	7.31	5.18	4.31	3.83	3.51	3.29	3.12	2.99	2.89	2.80	2.73	2.66	2.52	2.37	2.20	2.06	1.80
45	7.23	5.11	4.25	3.77	3.45	3.23	3.07	2.94	2.83	2.74	2.67	2.61	2.46	2.31	2.14	2.00	1.74
50	7.17	5.06	4.20	3.72	3.41	3.19	3.02	2.89	2.78	2.70	2.63	2.56	2.42	2.27	2.10	1.95	1.68
55	7.12	5.01	4.16	3.68	3.37	3.15	2.98	2.85	2.75	2.66	2.59	2.53	2.38	2.23	2.06	1.91	1.64
60	7.08	4.98	4.13	3.62	3.34	3.12	2.95	2.82	2.72	2.63	2.56	2.50	2.35	2.20	2.03	1.88	1.60
70	7.01	4.92	4.07	3.60	3.29	3.07	2.91	2.78	2.67	2.59	2.51	2.45	2.31	2.15	1.98	1.83	1.54
80	6.96	4.88	4.04	3.56	3.26	3.04	2.87	2.74	2.64	2.55	2.48	2.42	2.27	2.12	1.94	1.79	1.49
100	6.90	4.82	3.98	3.51	3.21	2.99	2.82	2.69	2.59	2.50	2.43	2.37	2.22	2.07	1.89	1.74	1.43
200	6.76	4.71	3.88	3.41	3.11	2.89	2.73	2.60	2.50	2.41	2.34	2.27	2.13	1.97	1.79	1.63	1.28
∞	6.63	4.61	3.78	3.32	3.02	2.80	2.64	2.51	2.41	2.32	2.25	2.18	2.04	1.88	1.70	1.52	1.00

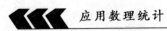

附表4.5 $P(F \leqslant F_p(m,n)) = p$ $(p = 0.995)$

n \ m	1	2	3	4	5	6	7	8	9	10	11	12	15	20	30	50	∞
1	16 211	19 999	21 615	22 500	23 056	23 437	23 715	23 925	24 091	24 224	24 334	24 426	24 630	24 836	25 044	25 211	25 464
2	198.5	199.0	199.2	199.2	199.3	199.3	199.4	199.4	199.4	199.4	199.4	199.4	199.4	199.4	199.5	199.5	199.5
3	55.55	49.80	47.47	46.19	45.39	44.84	44.43	44.13	43.88	43.69	43.52	43.39	43.08	42.78	42.47	42.21	41.83
4	31.33	26.28	24.26	23.15	22.46	21.97	21.62	21.35	21.14	20.97	20.82	20.70	20.44	20.17	19.89	19.67	19.32
5	22.78	18.31	16.53	15.56	14.94	14.51	14.20	13.96	13.77	13.62	13.49	13.38	13.15	12.90	12.66	12.45	12.14
6	18.63	14.54	12.92	12.03	11.46	11.07	10.79	10.57	10.39	10.25	10.13	10.03	9.81	9.59	9.36	9.17	8.88
7	16.24	12.40	10.88	10.05	9.52	9.16	8.89	8.68	8.51	8.38	8.27	8.18	7.97	7.75	7.53	7.35	7.08
8	14.69	11.04	9.60	8.81	8.30	7.95	7.69	7.50	7.34	7.21	7.10	7.01	6.81	6.61	6.40	6.22	5.95
9	13.61	10.11	8.72	7.96	7.47	7.13	6.88	6.69	6.54	6.42	6.31	6.23	6.03	5.83	5.62	5.45	5.19
10	12.83	9.43	8.08	7.34	6.87	6.54	6.30	6.12	5.97	5.85	5.75	5.66	5.47	5.27	5.07	4.90	4.64
11	12.23	8.91	7.60	6.88	6.42	6.10	5.86	5.68	5.54	5.42	5.32	5.24	5.05	4.86	4.65	4.49	4.23
12	11.75	8.51	7.23	6.52	6.07	5.76	5.52	5.35	5.20	5.09	4.99	4.91	4.72	4.53	4.33	4.17	3.90
13	11.37	8.19	6.93	6.23	5.79	5.48	5.25	5.08	4.94	4.82	4.72	4.64	4.46	4.27	4.07	3.91	3.65
14	11.06	7.92	6.68	6.00	5.56	5.26	5.03	4.86	4.72	4.60	4.51	4.43	4.25	4.06	3.86	3.70	3.44
15	10.80	7.70	6.48	5.80	5.37	5.07	4.85	4.67	4.54	4.42	4.33	4.25	4.07	3.88	3.69	3.52	3.26
16	10.58	7.51	6.30	5.64	5.21	4.91	4.69	4.52	4.38	4.27	4.18	4.10	3.92	3.73	3.54	3.37	3.11
17	10.38	7.35	6.16	5.50	5.07	4.78	4.56	4.39	4.25	4.14	4.05	3.97	3.79	3.61	3.41	3.25	2.98
18	10.22	7.21	6.03	5.37	4.96	4.66	4.44	4.28	4.14	4.03	3.94	3.86	3.68	3.50	3.30	3.14	2.87
19	10.07	7.09	5.92	5.27	4.85	4.56	4.34	4.18	4.04	3.93	3.84	3.76	3.59	3.40	3.21	3.04	2.78
20	9.94	6.99	5.82	5.17	4.76	4.47	4.26	4.09	3.96	3.85	3.76	3.68	3.50	3.32	3.12	2.96	2.69
22	9.73	6.81	5.65	5.02	4.61	4.32	4.11	3.94	3.81	3.70	3.61	3.54	3.36	3.18	2.98	2.82	2.55
24	9.55	6.66	5.52	4.89	4.49	4.20	3.99	3.83	3.69	3.59	3.50	3.42	3.25	3.06	2.87	2.70	2.43
26	9.41	6.54	5.41	4.79	4.38	4.10	3.89	3.73	3.60	3.49	3.40	3.33	3.15	2.97	2.77	2.61	2.33
28	9.28	6.44	5.32	4.70	4.30	4.02	3.81	3.65	3.52	3.41	3.32	3.25	3.07	2.89	2.69	2.53	2.25
30	9.18	6.35	5.24	4.62	4.23	3.95	3.74	3.58	3.45	3.34	3.25	3.18	3.01	2.82	2.63	2.46	2.18
35	8.98	6.19	5.09	4.48	4.09	3.81	3.61	3.45	3.32	3.21	3.12	3.05	2.88	2.69	2.50	2.33	2.04
40	8.83	6.07	4.98	4.37	3.99	3.71	3.51	3.35	3.22	3.12	3.03	2.95	2.78	2.60	2.40	2.23	1.93
45	8.71	5.97	4.89	4.29	3.91	3.64	3.43	3.28	3.15	3.04	2.96	2.88	2.71	2.53	2.33	2.16	1.85
50	8.63	5.90	4.83	4.23	3.85	3.58	3.38	3.22	3.09	2.99	2.90	2.82	2.65	2.47	2.27	2.10	1.79
55	8.55	5.84	4.77	4.18	3.80	3.53	3.33	3.17	3.05	2.94	2.85	2.78	2.61	2.42	2.23	2.05	1.73
60	8.49	5.79	4.73	4.14	3.76	3.49	3.29	3.13	3.01	2.90	2.82	2.74	2.57	2.39	2.19	2.01	1.69
70	8.40	5.72	4.66	4.08	3.70	3.43	3.23	3.08	2.95	2.85	2.76	2.68	2.51	2.33	2.13	1.95	1.62
80	8.33	5.67	4.61	4.03	3.65	3.39	3.19	3.03	2.91	2.80	2.72	2.64	2.47	2.29	2.08	1.90	1.56
100	8.24	5.59	4.54	3.96	3.59	3.33	3.13	2.87	2.85	2.74	2.66	2.58	2.41	2.23	2.02	1.84	1.49
200	8.06	5.44	4.41	3.84	3.47	3.21	3.01	2.86	2.73	2.63	2.54	2.47	2.30	2.11	1.91	1.71	1.31
∞	7.88	5.30	4.28	3.72	3.35	3.09	2.90	2.74	2.62	2.52	2.43	2.36	2.19	2.00	1.79	1.59	1.00

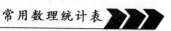

附表5　符号检验表

$$P(S \leqslant s_{\alpha}, (n)) = \alpha$$

n \ α	0.01	0.05	0.1	0.25	n \ α	0.01	0.05	0.1	0.25	n \ α	0.01	0.05	0.1	0.25	n \ α	0.01	0.05	0.1	0.25
1					24	5	6	7	8	47	14	16	17	19	70	23	26	27	29
2					25	5	7	7	9	48	14	16	17	19	71	24	26	28	30
3				0	26	6	7	8	9	49	15	17	18	19	72	24	27	28	30
4				0	27	6	7	8	10	50	15	17	18	20	73	25	27	28	31
5			0	0	28	6	8	9	10	51	15	18	19	20	74	25	28	29	31
6		0	0	1	29	7	8	9	10	52	16	18	19	21	75	25	28	29	32
7		0	0	1	30	7	9	10	11	53	16	18	20	21	76	26	28	30	32
8	0	0	1	1	31	7	9	10	11	54	17	19	20	22	77	26	29	30	32
9	0	1	1	2	32	8	9	10	12	55	17	19	20	22	78	27	29	31	33
10	0	1	1	2	33	8	10	11	12	56	17	20	21	23	79	27	30	31	33
11	0	1	2	3	34	9	10	11	13	57	18	20	21	23	80	28	30	32	34
12	1	2	2	3	35	9	11	12	13	58	18	21	22	24	81	28	31	32	34
13	1	2	3	3	36	9	11	12	14	59	19	21	22	24	82	28	31	33	35
14	1	2	3	4	37	10	12	13	14	60	19	21	23	25	83	29	32	33	35
15	2	3	3	4	38	10	12	13	14	61	20	22	23	25	84	29	32	33	36
16	2	3	4	5	39	11	12	13	15	62	20	22	24	25	85	30	32	34	36
17	2	4	4	5	40	11	13	14	15	63	20	23	24	26	86	30	33	34	37
18	3	4	5	6	41	11	13	14	16	64	21	23	24	26	87	31	33	35	37
19	3	4	5	6	42	12	14	15	16	65	21	24	25	27	88	31	34	35	38
20	3	5	5	6	43	12	14	15	17	66	22	24	25	27	89	31	34	36	38
21	4	5	6	7	44	13	15	16	17	67	22	25	26	28	90	32	35	36	39
22	4	5	6	7	45	13	15	16	18	68	22	25	26	28					
23	4	6	7	8	46	13	15	16	18	69	23	25	27	29					

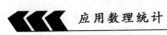

附表6 秩和检验表

$$P(t_1(n,m) < T < t_2(n,m)) = 1-\alpha \quad (n \leqslant m)$$

n	m	$\alpha=0.025$		$\alpha=0.05$		n	m	$\alpha=0.025$		$\alpha=0.05$	
		T_1	T_2	T_1	T_2			T_1	T_2	T_1	T_2
	4			3	11		5	18	37	19	36
	5			3	13		6	19	41	20	40
2	6	3	15	4	14	5	7	20	45	22	43
	7	3	17	4	16		8	21	49	23	47
	8	3	19	4	18		9	22	53	25	50
	9	3	21	4	20		10	24	56	26	54
	10	4	22	5	21		6	26	52	28	50
3	3			6	15	6	7	28	56	30	54
	4	6	18	7	17		8	29	61	32	58
	5	6	21	7	20		9	31	65	33	63
	6	7	23	8	22		10	33	69	35	67
	7	8	25	9	24		7	37	68	39	66
	8	8	28	9	27	7	8	39	73	43	76
	9	9	30	10	29		9	41	78	43	76
	10	9	33	11	31		10	43	83	46	80
4	4	11	25	12	24		8	49	87	52	84
	5	12	28	13	27	8	9	51	93	54	90
	6	12	32	14	30		10	54	98	57	95
	7	13	35	15	33	9	9	63	108	66	105
	8	14	38	16	36		10	66	114	69	111
	9	15	41	17	39	10	10	79	131	83	127
	10	16	44	18	40						

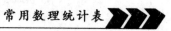

附表7 相关系数临界值 r_α

$$P(|r|>r_\alpha(n-2))=\alpha$$

$n-2$	0.5	0.2	0.1	0.05	0.02	0.01	0.005	0.002	0.001
1	0.707	0.951	0.988	0.997	1	1	1	1	1
2	0.5	0.08	0.9	0.95	0.98	0.99	0.995	0.998	0.999
3	0.404	0.687	0.805	0.878	0.934	0.959	0.974	0.986	0.991
4	0.347	0.603	0.729	0.811	0.882	0.917	0.942	0.963	0.974
5	0.309	0.551	0.669	0.755	0.833	0.875	0.906	0.935	0.951
6	0.281	0.507	0.621	0.707	0.789	0.834	0.87	0.605	0.925
7	0.26	0.472	0.582	0.666	0.75	0.798	0.836	0.875	0.898
8	0.242	0.443	0.549	0.632	0.715	0.765	0.805	0.847	0.872
9	0.228	0.419	0.521	0.602	0.685	0.735	0.776	0.82	0.847
10	0.216	0.398	0.497	0.576	0.658	0.708	0.75	0.795	0.823
11	0.206	0.38	0.476	0.553	0.634	0.684	0.726	0.772	0.801
12	0.197	0.365	0.457	0.532	0.612	0.661	0.703	0.75	0.78
13	0.189	0.351	0.441	0.514	0.592	0.641	0.683	0.73	0.76
14	0.182	0.338	0.426	0.497	0.574	0.623	0.664	0.711	0.742
15	0.176	0.327	0.412	0.482	0.558	0.606	0.647	0.694	0.725
16	0.17	0.317	0.4	0.468	0.542	0.59	0.631	0.678	0.708
17	0.165	0.308	0.389	0.456	0.529	0.575	0.616	0.622	0.693
18	0.16	0.299	0.378	0.444	0.515	0.561	0.602	0.648	0.679
19	0.156	0.291	0.369	0.433	0.503	0.549	0.589	0.635	0.665
20	0.152	0.284	0.36	0.423	0.492	0.537	0.576	0.622	0.652
25	0.136	0.255	0.323	0.381	0.445	0.487	0.524	0.568	0.597
30	0.124	0.233	0.296	0.349	0.409	0.449	0.484	0.526	0.554
35	0.115	0.216	0.275	0.325	0.381	0.418	0.452	0.492	0.519
40	0.107	0.202	0.257	0.304	0.358	0.393	0.425	0.463	0.49
45	0.101	0.19	0.243	0.288	0.338	0.372	0.403	0.439	0.465
50	0.096	0.181	0.231	0.273	0.322	0.354	0.384	0.419	0.443
60	0.087	0.165	0.211	0.25	0.295	0.325	0.352	0.385	0.408
70	0.081	0.153	0.195	0.232	0.274	0.302	0.327	0.358	0.38
80	0.076	0.143	0.183	0.217	0.257	0.283	0.307	0.336	0.357
90	0.071	0.135	0.173	0.205	0.242	0.267	0.29	0.318	0.338
100	0.068	0.128	0.164	0.195	0.23	0.254	0.276	0.303	0.321
150	0.055	0.105	0.134	0.159	0.189	0.208	0.227	0.249	0.264
200	0.048	0.091	0.116	0.138	0.164	0.181	0.197	0.216	0.23
300	0.039	0.074	0.095	0.113	0.134	0.148	0.161	0.177	0.188
500	0.03	0.057	0.074	0.088	0.104	0.115	0.125	0.138	0.146
700	0.026	0.048	0.062	0.074	0.088	0.037	0.106	0.116	0.104

附表8 正交表

$L_4(2^3)$

试验号	列号		
	1	2	3
1	1	1	1
2	1	2	2
3	2	1	2
4	2	2	1

注 任意两列间的交互作用出现于另一列.

$L_8(2^7)$

试验号	列号						
	1	2	3	4	5	6	7
1	1	1	1	1	1	1	1
2	1	1	1	2	2	2	2
3	1	2	2	1	1	2	2
4	1	2	2	2	2	1	1
5	2	1	2	1	2	1	2
6	2	1	2	2	1	2	1
7	2	2	1	1	2	2	1
8	2	2	1	2	1	1	2

$L_8(2^7)$ 两列间的交互作用表

列号	列号						
	1	2	3	4	5	6	7
	(1)	3	2	5	4	7	6
		(2)	1	6	7	4	5
			(3)	7	6	5	4
				(4)	1	2	3
					(5)	3	2
						(6)	1
							(7)

$L_{12}(2^{11})$

试验号	列号										
	1	2	3	4	5	6	7	8	9	10	11
1	1	1	1	1	1	1	1	1	1	1	1
2	1	1	1	1	1	2	2	2	2	2	2
3	1	1	2	2	2	1	1	1	2	2	2
4	1	2	1	2	2	1	2	2	1	1	2
5	1	2	2	1	2	2	1	2	1	2	1
6	1	2	2	2	1	2	2	1	2	1	1
7	2	1	2	2	1	1	2	2	1	2	1
8	2	1	2	1	2	2	2	1	1	1	2
9	2	1	1	2	2	2	1	2	2	1	1
10	2	2	2	1	1	1	1	2	2	1	2
11	2	2	1	2	1	2	1	1	1	2	2
12	2	2	1	1	2	1	2	1	2	2	1

$L_{16}(2^{15})$

试验号	列号														
	1	2	3	4	5	6	7	8	9	10	11	12	13	14	15
1	1	1	1	1	1	1	1	1	1	1	1	1	1	1	1
2	1	1	1	1	1	1	1	2	2	2	2	2	2	2	2
3	1	1	1	2	2	2	2	1	1	1	1	2	2	2	2
4	1	1	1	2	2	2	2	2	2	2	2	1	1	1	1
5	1	2	2	1	1	2	2	1	1	2	2	1	1	2	2
6	1	2	2	1	1	2	2	2	2	1	1	2	2	1	1
7	1	2	2	2	2	1	1	1	1	2	2	2	2	1	1
8	1	2	2	2	2	1	1	2	2	1	1	1	1	2	2
9	2	1	2	1	2	1	2	1	2	1	2	1	2	1	2
10	2	1	2	1	2	1	2	2	1	2	1	2	1	2	1
11	2	1	2	2	1	2	1	1	2	1	2	2	1	2	1
12	2	1	2	2	1	2	1	2	1	2	1	1	2	1	2
13	2	2	1	1	2	2	1	1	2	2	1	1	2	2	1
14	2	2	1	1	2	2	1	2	1	1	2	2	1	1	2
15	2	2	1	2	1	1	2	1	2	2	1	2	1	1	2
16	2	2	1	2	1	1	2	2	1	1	2	1	2	2	1

$L_{16}(2^{15})$ 两列间的交互作用表

列号	列号														
	1	2	3	4	5	6	7	8	9	10	11	12	13	14	15
	(1)	3	2	5	4	7	6	9	8	11	10	13	12	15	14
		(2)	1	6	7	4	5	10	11	8	9	14	15	12	13
			(3)	7	6	5	4	11	10	9	8	15	14	13	12
				(4)	1	2	3	12	13	14	15	8	9	10	11
					(5)	3	2	13	12	15	14	9	8	11	10
						(6)	1	14	15	12	13	10	11	8	9
							(7)	15	14	13	12	11	10	9	8
								(8)	1	2	3	4	5	6	7
									(9)	3	2	5	4	7	6
										(10)	1	6	7	4	5
											(11)	7	6	5	4
												(12)	1	2	3
													(13)	3	2
														(14)	1

$L_9(3^4)$

试验号	列号			
	1	2	3	4
1	1	1	1	1
2	1	2	2	2
3	1	3	3	3
4	2	1	2	3
5	2	2	3	1
6	2	3	1	2
7	3	1	3	2
8	3	2	1	3
9	3	3	2	1

注 任意两列间的交互作用出现于另一列.

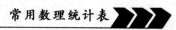

$L_{16}(2^{15})$

试验号	列号												
	1	2	3	4	5	6	7	8	9	10	11	12	13
1	1	1	1	1	1	1	1	1	1	1	1	1	1
2	1	1	1	1	2	2	2	2	2	2	2	2	2
3	1	1	1	1	3	3	3	3	3	3	3	3	3
4	1	2	2	2	1	1	1	2	2	2	3	3	3
5	1	2	2	2	2	2	2	3	3	3	1	1	1
6	1	2	2	2	3	3	3	1	1	1	2	2	2
7	1	3	3	3	1	1	1	3	3	3	2	2	2
8	1	3	3	3	2	2	2	1	1	1	3	3	3
9	1	3	3	3	3	3	3	2	2	2	1	1	1
10	2	1	2	3	1	2	3	1	2	3	1	2	3
11	2	1	2	3	2	3	1	2	3	1	2	3	1
12	2	1	2	3	3	1	2	3	1	2	3	1	2
13	2	2	3	1	1	2	3	2	3	1	3	1	2
14	2	2	3	1	2	3	1	3	1	2	1	2	3
15	2	2	3	1	3	1	2	1	2	3	2	3	1
16	2	3	1	2	1	2	3	3	1	2	2	3	1
17	2	3	1	2	2	3	1	1	2	3	3	1	2
18	2	3	1	2	3	1	2	2	3	1	1	2	3
19	3	1	3	2	1	3	2	1	3	2	1	3	2
20	3	1	3	2	2	1	3	2	1	3	2	1	3
21	3	1	3	2	3	2	1	3	2	1	3	2	1
22	3	2	1	3	1	3	2	2	1	3	3	2	1
23	3	2	1	3	2	1	3	3	2	1	1	3	2
24	3	2	1	3	3	2	1	1	3	2	2	1	3
25	3	3	2	1	1	3	2	3	2	1	2	1	3
26	3	3	2	1	2	1	3	1	3	2	3	2	1
27	3	3	2	1	3	2	1	2	1	3	1	3	2

$L_{16}(4^5)$

试验号	列号				
	1	2	3	4	5
1	1	1	1	1	1
2	1	2	2	2	2
3	1	3	3	3	3
4	1	4	4	4	4
5	2	1	2	3	4
6	2	2	1	4	3
7	2	3	4	1	2
8	2	4	3	2	1
9	3	1	3	4	2
10	3	2	4	3	1
11	3	3	1	2	4
12	3	4	2	1	3
13	4	1	4	2	3
14	4	2	3	1	4
15	4	3	2	4	1
16	4	4	1	3	2

$L_8(4\times2^4)$

列号 试验号	1	2	3	4	5
1	1	1	1	1	1
2	1	2	2	2	2
3	2	1	1	2	2
4	2	2	2	1	1
5	3	1	2	1	2
6	3	2	1	2	1
7	4	1	2	2	1
8	4	2	1	1	2

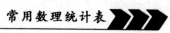

$L_{12}(3\times 2^4)$

试验号＼列号	1	2	3	4	5
1	1	1	1	1	1
2	1	1	1	2	2
3	1	2	2	1	2
4	1	2	2	2	1
5	2	1	2	1	1
6	2	1	2	2	2
7	2	2	1	1	1
8	2	2	1	2	2
9	3	1	2	1	2
10	3	1	1	2	1
11	3	2	1	1	2
12	3	2	2	2	1

$L_{12}(6\times 2^2)$

试验号＼列号	1	2	3
1	2	1	1
2	5	1	2
3	5	2	1
4	2	2	2
5	4	1	1
6	1	1	2
7	1	2	1
8	4	2	2
9	3	1	1
10	6	1	2
11	6	2	1
12	3	2	2

$L_{16}(8\times 2^3)$

列号 试验号	1	2	3	4	5	6	7	8	9
1	1	1	1	1	1	1	1	1	1
2	1	2	2	2	2	2	2	2	2
3	2	1	1	1	1	2	2	2	2
4	2	2	2	2	2	1	1	1	1
5	3	1	1	2	2	1	1	2	2
6	3	2	2	1	1	2	2	1	1
7	4	1	1	2	2	2	2	1	1
8	4	2	2	1	1	1	1	2	2
9	5	1	2	1	2	1	2	1	2
10	5	2	1	2	1	2	1	2	1
11	6	1	2	1	2	2	1	2	1
12	6	2	1	2	1	1	2	1	2
13	7	1	2	2	1	1	2	2	1
14	7	2	1	1	2	2	1	1	2
15	8	1	2	2	1	2	1	1	2
16	8	2	1	1	2	1	2	2	1

参考文献

[1] 郃淑彩,孙韫玉,何娟娟.应用数理统计[M].武汉:武汉大学出版社,2005.

[2] 余锦华,杨维权.多元统计分析与应用[M].广州:中山大学出版社,2005.

[3] 孙荣恒.应用数理统计[M].北京:科学出版社,1998.

[4] MORRIS H D, MARK J S. Probability and Satistics[M]. San Antonio: Pearson Education, 2010.

[5] 何晓群,刘文卿.应用回归分析[M].北京:中国人民大学出版社,2001.

[6] 王勇.概率论与数理统计[M].北京:高等教育出版社,2007.

[7] JOHN A R.数理统计与数据分析[M].北京:机械工业出版社,2011.

[8] 何晓群.回归分析与经济数据建模[M].北京:中国人民大学出版社,1997.

[9] 方开泰.实用回归分析[M].北京:科学出版社,1988.

[10] 陈希孺.概率论与数理统计[M].合肥:中国科学技术大学出版社,1992.

[11] 张尧庭,方开泰.多元统计分析引论[M].北京:科学出版社,1982.

[12] 陈希孺.数理统计引论[M].北京:科学出版社,1981.

[13] 茆诗松,丁元,周纪芗等.回归分析及其试验设计[M].上海:华东师范大学出版社,1981.

[14] 高惠璇.实用统计方法与SAS系统[M].北京:北京大学出版社,2001.

[15] 杨虎,刘琼荪,钟波.数理统计[M].北京:高等教育出版社,2004.

[16] 茆诗松.贝叶斯统计[M].北京:中国统计出版社,1999.

[17] 费宇.应用数理统计——基本概念与方法[M].北京:科学出版社,2007.

[18] 陈希孺.统计学概貌[M].北京:科学技术文献出版社,1989.

[19] 张忠占,徐兴忠.应用数理统计[M].北京:机械工业出版社,2008.

[20] 马逢时,何良材,余明书等.应用概率统计[M].北京:高等教育出版社,1989.